数学思维 1

逻辑与数

（原书第7版）

[美] 罗伯特·布利策 著　　汪雄飞 汪荣贵 译
Robert Blitzer

U0095895

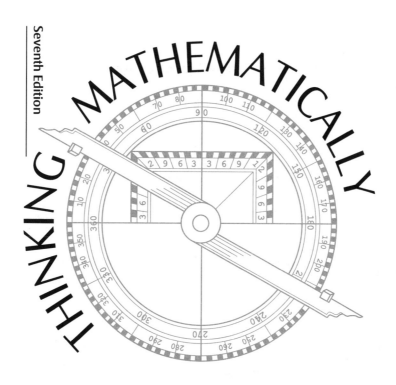

Seventh Edition

MATHEMATICALLY

THINKING

机械工业出版社
CHINA MACHINE PRESS

本书是一本经典的数学思维入门图书，从最基本的归纳与演绎、集合、逻辑以及数的知识开始，将不同方面的数学内容巧妙地加以安排和设计，使得它们在逻辑上层层展开，形成易于理解的知识体系。本书以趣味性的写作风格和与实际相关的例子，吸引读者的数学学习兴趣，培养读者的数学思维，体现数学知识在日常生活中的重要性。

本书内容丰富，表述通俗易懂，例子讲解详细，图例直观形象，适合作为青少年数学思维课程的教材或阅读资料，也可供广大数学爱好者、数学相关专业的科研人员和工程技术人员自学参考。

Authorized translation from the English language edition, entitled *Thinking Mathematically*, Seventh Edition, ISBN: 978-0-13-468371-3, by Robert Blitzer, published by Pearson Education, Inc., Copyright © 2019, 2015, 2011.

All rights reserved. No part of this book may be reproduced or transmitted in any form or by any means, electronic or mechanical, including photocopying, recording or by any information storage retrieval system, without permission from Pearson Education, Inc.

Chinese simplified language edition published by China Machine Press, Copyright © 2024.

本书中文简体字版由 Pearson Education（培生教育出版集团）授权机械工业出版社在中国大陆地区（不包括香港、澳门特别行政区及台湾地区）独家出版发行. 未经出版者书面许可，不得以任何方式抄袭、复制或节录本书中的任何部分.

本书封底贴有 Pearson Education（培生教育出版集团）激光防伪标签，无标签者不得销售.

北京市版权局著作权合同登记 图字：01-2020-5653 号。

图书在版编目（CIP）数据

数学思维. 1，逻辑与数：原书第 7 版 /（美）罗伯特·布利策（Robert Blitzer）著；汪雄飞，汪荣贵译. —北京：机械工业出版社，2023.6

书名原文：Thinking Mathematically，Seventh Edition

ISBN 978-7-111-73563-2

Ⅰ . ①数… Ⅱ . ①罗… ②汪… ③汪… Ⅲ . ①数学—思维方法 Ⅳ . ① O1-0

中国国家版本馆 CIP 数据核字（2023）第 138170 号

机械工业出版社（北京市百万庄大街 22 号 邮政编码 100037）
策划编辑：刘 慧　　　　　责任编辑：刘 慧
责任校对：王小童 刘雅娜　　责任印制：常天培
北京铭成印刷有限公司印刷
2024 年 7 月第 1 版第 1 次印刷
186mm×240mm · 18.5 印张 · 410 千字
标准书号：ISBN 978-7-111-73563-2
定价：99.00 元

电话服务　　　　　　　　　　网络服务
客服电话：010-88361066　　　机 工 官 网：www.cmpbook.com
　　　　　010-88379833　　　机 工 官 博：weibo.com/cmp1952
　　　　　010-68326294　　　金 书 网：www.golden-book.com
封底无防伪标均为盗版　　　　机工教育服务网：www.cmpedu.com

译者序

无论是科学研究还是技术开发，都离不开对相关问题进行数学方面的定量表示和分析，数学知识和数学思维的重要性是毋庸置疑的。长期以来，国内初等数学的教学侧重于数学知识体系的讲授，对数学思维能力的培养则重视不够。所谓数学思维能力，就是用数学进行思考的能力，主要包括逻辑思维能力、抽象思维能力、计算思维能力、空间思维能力等，以及这些思维能力的组合。数学思维能力的形成并不是一件容易的事情，通常需要较长时间的系统学习和训练。目前，国内尚比较缺乏系统性介绍和讨论初等数学思维的课程和相关教材，而机械工业出版社引进的 *Thinking Mathematically, Seventh Edition*（《数学思维（第 7 版）》）可以很好地弥补这方面的不足。

原书《数学思维（第 7 版）》是一本从青少年的视角，以日常生活中大量生动有趣的实际问题求解为导向的书，使用通俗诙谐的语言介绍和讨论了"逻辑与数""代数与几何""概率、统计与图论"等多个数学领域的基本知识，并将这些问题求解过程作为培养学生数学思维的训练过程，这种方式符合青少年的学习心理特征和学习习惯，能够较好地激发学生的数学学习兴趣，唤醒学生的数学潜能，培养学生的数学思维。但是，在翻译的过程中，我们感觉到这部鸿篇巨著过于庞大，对于任何想要了解数学的青少年或者其他初学者来说，都会是一种无形压力。于是，在中文版的出版中，根据知识体系的自洽性和相互依赖关系将原书分成相对独立的三本书，形成一套:《数学思维 1：逻辑与数（原书第 7 版）》《数学思维 2：代数与几何（原书第 7 版）》《数学思维 3：概率、统计与图论（原书第 7 版）》。

《数学思维 1》专注于数学思维的根本——逻辑与数，是相对较为基础的一部分，包括原书的第 1～5 章：解决问题与批判性思维，集合论，逻辑，数字表示法及计算，数论与实数系统。《数学思维 2》聚焦数学思维的核心，也是当前初等数学的核心——代数与几何，包括原书的第 6～10 章：代数（等式与不等式），代数（图像、函数与线性方程组），个人理财，测量，几何。《数学思维 3》关注现代数学中更贴合实际应用的领域——概率、统计与图论，阐述了从事科学研究和技术开发的几种工具，包括原书的第 11～14 章：计数法与概率论，统计学，选举与分配，图论。这三本书的学习没有必然的先后顺序，读者完全可以根据自己的兴趣进行选择性学习，但是，如果按照章节的先后顺序进行学习，更能理解数学思维从古到今的演进，也更能达到训练数学思维的效果。具体来说，其基本特点主要表现在如下三个方面：

首先，系统性强。三本书分别基于不同的知识领域介绍和讨论相关的初等数学思维，所涉及的数学内容非常广，几乎涵盖了初等数学的所有分支。只要完成这三本书的学习，就可以较好地掌握几乎所有的初等数学基本知识以及相应的逻辑、抽象、计算、空间等数学思维能力。

其次，可读性好。原书是一本比较经典的数学思维教材，从最简单、最基本的数学知识开始介绍，循序渐进，通过将来自不同领域的数学知识进行巧妙安排和设计，使得它们在逻辑上层层展开、环环相扣，形成一套易于理解的知识体系。经过多年的使用和迭代改进，知识体系和表达方式已基本趋于成熟稳定。

最后，趣味性强。以实际问题求解为导向并结合有趣的历史资料进行介绍，很好地展示了数学知识的实用性和数学存在的普遍性，通过实用性和趣味性巧妙化解了青少年数学学习的困难，不仅能够有效消除他们数学学习的抵触心理和畏惧心理，而且能够很好地激发他们的好奇心和问题求解动力，使其在不知不觉中习得数学思维。

这套书内容丰富，文字表述通俗易懂，实例讲解详细，图例直观形象。每章均配有丰富的习题，使得本书不仅适合作为青少年数学思维课程的教材或阅读资料，也可供广大数学爱好者、数学相关专业的科研人员和工程技术人员自学参考。

这套书由汪雄飞、汪荣贵共同翻译，统稿工作由汪荣贵完成。感谢研究生张前进、江丹、孙旭、尹凯健、王维、张珉、李婧宇、修辉、雷辉、张法正、付炳光、李明熹、董博文、麻可可、李懂、刘兵、王耀、杨伊、陈震、沈俊辉、黄智毅、禚天宇等同学提供的帮助，感谢机械工业出版社各位编辑的大力支持。

由于时间仓促，译文难免存在不妥之处，敬请读者不吝指正！

译者
2023 年 4 月

前 言

本书为我们提供了能够在现实世界中派上用场的数学知识纲要。我编写这本书的主要目的是向学生展示如何以有趣、愉快和有意义的方式将数学应用到实际生活中。本书主题丰富，各章相对独立，十分适合作为一个或两个学期数学课程的教材，包含了文科数学、定量推理、有限数学等内容，以及为满足基本数学要求所专门设计的内容。

本书具有如下四个主要目标：

1. 帮助学生掌握数学的基础知识。

2. 向学生展示如何使用数学知识解决实际生活中的问题。

3. 使得学生在面对大学、工作和生活中可能遇到的定量问题和数学思想时，能够对其进行正确的理解和推理。

4. 在有趣的环境中培养学生解决问题的能力并形成批判性思维。

实现这些目标的一个主要障碍在于，很少有学生能够做到用心阅读课本。这一直是我和我的同事经常感到沮丧的原因。我多年来收集的逸事证据显著地表明，导致学生不认真阅读课本的基本因素主要有如下两个：

"这些知识我永远都用不上。"

"我看不懂这些解释。"

本书就是为了消除上述两个因素。

新内容

- **全新的和更新的应用案例和实际数据**。我一直在寻找可以专门用于说明数学应用的实际数据和应用案例。为了准备第 7 版，我查阅了大量的书籍、杂志、报纸、年鉴和网站。第 7 版包含了 110 个使用新数据集的可解示例和练习，以及 104 个使用更新数据的示例和练习。新的应用案例包括学生贷款债务统计、电影租赁选择、学业受阻的五大因素、大学生未按时完成作业的借口、2020 年工作岗位对不同教育背景的需求、不同专业大学生的平均收入、员工薪酬差距、拼字游戏以及发明家是先天的还是后天的等。

- **全新的"布利策补充"内容**。第 7 版补充了许多全新的但可选的小文章。新版中的"布利策补充"内容比以往任何版本的都要多，例如，新增了"用归纳法惊呆朋友吧""预测预期寿命""上大学值得吗？""量子计算机""大学毕业生的最佳理财建议""三个奇怪的测量单位""屏幕尺寸的数学"等。

- **新的图形计算器截屏**。所有截屏都使用 TI-84 Plus C 进行了更新。

- **全新的 MyLab 数学**[⊖]。除了更新后的 MyLab 数学中的新功能，MyLab 数学还包含了特有的新项目：

  —新的目标视频及评估；

  —互动概念视频及评估；

  —带评估的动画；

  —StatCrunch 集成。

特色

- **章开头和节开头的场景**　每一章、每一节都由一个具体的场景展开，呈现了数学在学生课外生活中的独特应用。这些场景将在章或节的例子、讨论或练习中得到重新讨论。这些开场白通常语言幽默，旨在帮助害怕和不情愿学习数学的学生克服他们对数学的负面看法。每一章的开头都包含了一个叫作"相关应用所在位置"的特色栏目。

- **学习目标（我应该能学到什么？）**　每节的开头都有明确的学习目标说明。这些目标可以

⊖　关于教辅资源，仅提供给采用本书作为教材的教师用作课堂教学、布置作业、发布考试等。如有需要的教师，请直接联系Pearson北京办公室查询并填表申请。联系邮箱：Copub.Hed@pearson.com。——编辑注

帮助学生认识并专注于本节中一些最重要的知识点。这些学习目标会在相关知识点处得到重申。

- **详细的可解例子**　每个例子都有标题，以明确该例子的目的。例子的书写尽量做到思路清晰，并能够为学生提供详细的、循序渐进的解决方案。每一步都有详细的解释，没有省略任何步骤。

- **解释性对话框**　解释性对话框以各种各样的具有特色的语言表达方式揭开数学的神秘面纱。它们将数学语言翻译成自然语言，帮助阐明解决问题的过程，提供理解概念的替代方法，并在解决问题的过程中尽量与学生已经学过的概念联系起来。

- **检查点的例子**　每个例子后面都配有一个相似的问题，我们称之为检查点，通过类似的练习题来测试学生对概念的理解程度。检查点的答案附在书后的"部分练习答案"部分。MyLab 数学课程为很多检查点制作了视频解决方案。

- **好问题！**　这个特色栏目会在学生提问时展现学习技巧，能够在学生回答问题时提供解决问题的建议，指出需要避免的常见错误并提供非正式的提示和建议。这个特色栏目还可以避免学生在课堂上提问时感到焦虑或害怕。

- **简单复习**　本书的"简单复习"总结了学生以前应该掌握的数学技能，但很多学生仍然需要对它们进行复习。当学生首次需要使用某种特定的技能，相关的"简单复习"就会出现，以便重新介绍这些技能。

- **概念和术语检查**[⊖]　第 7 版包含 653 道简答题，其中主要是填空题和判断题，用于评估学生对于每一节所呈现的定义和概念的理解。概念和术语检查作为一种单独的专题放在练习集之前，可以在 MyLab 数学课程中进行概念和术语检查。

- **覆盖面广且内容多样的练习集**[⊖]　在每节的结尾都有一组丰富的练习。其中的练习包含七个基本类型：实践练习、实践练习＋、应用题、概念解释题、批判性思维练习、技术练习和小组练习。"实践练习＋"通常需要学生综合使用多种技能或概念才能得到解决，可供教师选为更具挑战性的实践练习。

- **总结、回顾练习和测试**[⊖]　每一章都包含一个总结图表，总结了每一节中的定义和概念。图表还引用了可以阐述关键概念的例题。总结之后是每节的回顾练习。随后是一个测试，用于测试学生对本章所涵盖内容的理解程度。在 MyLab 数学课程或 YouTube 上，

○○○　相关内容扫封底二维码获取。——编辑注

每章测试需要准备的问题都附有精心制作的视频解决方案以供参考。

- **学习指南** 本书"学习指南"的知识内容是根据学习目标进行组织的,可以为笔记、练习和录像复习提供良好的支持。"学习指南"以 pdf 文件形式在 MyLab 数学中给出。该文件也可以与教科书和 MyLab 数学访问代码打包在一起。

我希望我对学习的热爱,以及对多年来所教过的学生的尊重,能够在本书中体现出来。我想通过把数学知识与学生学习环节联系起来,向学生展示数学在这个世界上是无处不在的,π 是真实存在的。

罗伯特·布利策

目 录

第 1 章

解决问题与批判性思维

如果 1 加仑的汽油售价为 9.15 美元，那么你的生活方式会发生什么变化？或者说如果某种主要食品，比如牛奶，涨到 15 美元，那么你的生活会发生什么变化？20 世纪 80 年代以来，大学学费的涨幅就有这么大。

大学四年学费

	2000 年	2016 年
公立学校	3 349 美元	9 410 美元
私立学校	15 518 美元	33 480 美元

来源：大学委员会

如果学费的增长趋势持续下去，到 21 世纪 20 年代会涨到多少？我们可以使用估算的方法解决这个问题，这种方法需要使用数学形式表示数据。有了这种名为数学模型的数据表示方法，我们就可以直观地预测某种问题的未来发展趋势，从大学学费到全球变暖都可以预测。

相关应用所在位置

有关大学学费问题的数学模型将在 1.2 节的例 8 和检查点 8 中进一步说明。在练习集 1.2 的第 51 题和第 52 题中，将根据全球变暖的数据构建数学模型，并从数学的角度分析气候变化。

学习目标

学完本节之后，你应该能够：

1. 理解并使用归纳推理。
2. 理解并使用演绎推理。

放大后的曼德尔布罗特集，
Richard F. Voss

归纳推理与演绎推理

一个较新的数学前沿研究显示，看似随机的事物中其实也有隐含的秩序，比如你调节收音机频道时发出的背景噪声。心律不齐，严重的可导致心脏病，或者不规律的睡眠模式，比如失眠，都是混沌行为的例子。数学意义上的混沌并不意味着完全没有形式或布局。在数学中，混沌用于描述某种看似是随机的但实际上并不是随机的事件。混沌的模式如左边的图片所示，这种模式名叫曼德尔布罗特集，放大后的部分图像产生了原始结构的重复，以及全新的和意想不到的模式。曼德尔布罗特集将混沌事件的隐藏结构转化为奇迹和灵感的源泉。

许多人将数学与烦琐的计算、无意义的代数处理过程和令人生畏的方程组联系在一起。实际上，数学是我们探索世界和描述世界如何运作的最强大的手段。数学（mathematics）这个词来源于希腊单词 mathematikos，意思是"乐于学习的"。从字面上来说，拥有数学思维意味着要有好奇心、开放的思想并乐于终生追求知识！

数学与你的生活

这套书的主要目的是向你展示数学如何以有趣、愉快且有意义的方式服务于你的生活。数学思维和定量推理的能力将帮助你：

- 通过分类和归纳信息来整理和安排你的生活（第 2 章，集合论）；
- 使用逻辑来评价别人的论断，并更有效率地宣扬自己的信念（第 3 章，逻辑）；
- 理解前沿技术与古老数字表示系统之间的关系（第 4 章，数字表示法及计算）；
- 清楚地认识新闻中的数字，从思考国债到理解 1 万亿美元究竟有多少钱（第 5 章，数论与实数系统）；
- 使用数学模型来直观地理解事物，包括幽默与欢笑对人生的积极影响（第 6 章，代数：等式与不等式）；
- 使用诸如存款、贷款和投资等基本概念来实现理财目标（第 8 章，个人理财）；

学习过多的数学知识总比学得不够要好。改变职业计划、实现新的教育或培训目标最大的阻碍之一就是数学知识储备不足。此外，掌握更多数学知识的人不仅能做更多的工作，还能将工作做得更好。

——Occupational Outlook Quarterly

- 使用几何来学习你所在世界的形状，培养你对自然形状和美的欣赏眼光（第 10 章，几何）；
- 理解统计学的基础以及人们是如何使用数字下决定的（第 12 章，统计学）；
- 理解民主政治的投票悖论，提升你的公民意识（第 13 章，选举与分配）；
- 使用图论来分析人们是如何使用数学来解决商务问题的（第 14 章，图论）。

数学与你的职业

一般来说，一份职业的收入与职业要求的教育程度有关。因而，收入通常与职业要求的语言和数学的技能水平有关。随着我们对技术的依赖日益增强，你的数学知识储备越多，你的职业选择就会越多。

数学与你的世界

数学是一门科学，它能够帮助我们认识、分类和探索宇宙中隐藏的模式。数学关注的领域多种多样，如行星运动、动物标记、病毒形状、花样滑冰运动员的空气动力学以及宇宙的起源，数学是揭示世界隐藏结构秘密的最强大的工具。在过去的40 年里，数学家甚至发现了混沌事件中的秩序，例如癫痫发作时大脑神经细胞中不受控制的噪声风暴。

1　理解并使用归纳推理

归纳推理

数学涉及学习模式。在日常生活中，我们经常会依赖模式与惯例得出结论。下面有个例子。

我最近去了 6 次海滩，周三的交通通畅，周日的交通很拥挤。我的结论是周末的交通比工作日的要拥挤。

这种推理过程就叫作**归纳推理**，或归纳法。

> **归纳推理**
>
> **归纳推理**是根据观察特定示例得出一般性结论的过程。

尽管归纳推理是一种很有力的得出结论的方法，但我们永远不能确定得出的结论是不是真的。因此，归纳推理得出的结论被称为**猜想**、**假设**或有根据的推测。虽然一个有力的归纳论断不能保证结论的真实性，但是它能够提供对于结论的有力支持。如果有一种情况不符合猜想，那么这个猜想就是错误的。这种情况就叫作**反例**。

例 1 寻找反例

我们使用十个符号 0，1，2，3，4，5，6，7，8，9，即**数字**（digit），来写数。在下面的两个例子中，两个两位数的和都是一个三位数。

$$\begin{array}{r} 47 \\ +73 \\ \hline 120 \end{array} \qquad \begin{array}{r} 56 \\ +46 \\ \hline 102 \end{array}$$

两位数 ↗ 47 +73 / 56 +46

三位数 ↘ 120 / 102

两个两位数的和是一个三位数吗？请找到一个反例，证明下列说法是错误的：

两个两位数的和是一个三位数。

解答

这个论断有很多反例，我们只需要找到一个即可。下面就是一个反例的示例：

两位数 →
$$\begin{array}{r} 56 \\ +43 \\ \hline 99 \end{array}$$

这是个两位数的和，不是三位数

这个反例证明了"两个两位数的和是一个三位数"这一说法是错误的。

☑ **检查点 1** 找到一个反例，证明"两个两位数的积是一个三位数"是错误的。

归纳推理分为以下两种：

● **强归纳论证** 在对 722 所大学的 38 万名大一新生的随机抽样中，有 25% 的新生表示他们经常没完成阅

从一个随机选择的群组中得到的观测值可以提供整个总体的真实概率，其中每个群组被选择的机会相等。

好问题！

为什么本书的检查点那么重要？

最好在练习中学习。不要只是看看给出解答的例子，就觉得自己也能解决这个问题。为了确保自己理解了给出解答的例子，尝试计算每个检查点吧。在继续学习之前检查你的回答对不对。学习本书的时候，要备好纸笔做检查点的题。

读或作业就去上课了（来源：全美国学生参与调查）。我们可以得出结论，有95%的可能性，所有大一新生中的24.84%到25.15%没准备好就去上课了。

● **弱归纳论证** 我的爸爸和男朋友都没有在我面前哭过，所以男人不擅长表达自己的感受。

> 观察自己的情况和经历，当从这些观察结果中进行概括时，可以避免得到基于少数观察的仓促结论。心理学家认为我们这样做——把每个人都放在一个整齐的范畴——是为了对自己和我们与他人的关系感到更安全。

对于数学家而言，归纳推理非常重要。数学的发现经常来源于单一案例的实验，进而发现数字规律。

例2 使用归纳推理

找出下列数的规律，然后利用规律填写下一个数字。

a. 3，12，21，30，39，_____
b. 3，12，48，192，768，_____
c. 3，4，6，9，13，18，_____
d. 3，6，18，36，108，216，_____

解答

a. 由于 3，12，21，30，39，_____ 的增长较慢，我们将考虑加法规律。

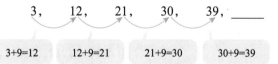

从观察中可以得出结论，每一个数是前一个数加9的和。利用这一规律，可以算出下一个数是39+9，即48。

b. 由于 3，12，48，192，768，_____ 的增长较快，我们将考虑乘法规律。

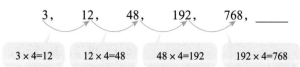

从观察中可以得出结论，每一个数是前一个数乘以4的积。利用这一规律，可以算出下一个数为768×4，即3 072。

千百年来，人们一直喜欢数，并热衷于发现数中的规律与结构。数的吸引力并不局限于以实际方式改变世界的愿望，也不会受到这种愿望的驱使。当我们观察数之间的联系方式时，我们看见了一个基本概念的内部原理。

——Edward B. Burger and Michael Starbird, *Coincidences, Chaos, and All That Math Jazz*, W. W. Norton and Company, 2005

c. 由于 3，4，6，9，13，18，_____ 的增长相对较慢，我们将考虑加法规律。

3，　4，　6，　9，　13，　18，　_____

| 3+1=4 | 4+2=6 | 6+3=9 | 9+4=13 | 13+5=18 |

从观察中可以得出结论，每一个数是前一个数加上某个加数的和。加数从 1 开始，每一次都会再加上 1。利用这一规律，可以算出下一个数为 18+6，即 24。

d. 由于 3，6，18，36，108，216，_____ 的增长速度较快，我们将考虑乘法规律。

3，　6，　18，　36，　108，　216，　_____

| 3×2=6 | 6×3=18 | 18×2=36 | 36×3=108 | 108×2=216 |

从观察中可以得出结论，每一个数是前一个数乘上某个数的积。乘数为 2 或 3，第一次乘以 2，第二次乘以 3，第三次乘以 2，第四次乘以 3，依此类推。

利用这一规律，可以算出下一个数为 216×3，即 648。

☑ **检查点 2**　找出下列数的规律，然后使用规律填写下一个数。

a. 3，9，15，21，27，_____

b. 2，10，50，250，_____

c. 3，6，18，72，144，432，1 728，_____

d. 1，9，17，3，11，19，5，13，21，_____

在下一个例子中，数的规律会比例 2 中的加法和乘法稍微复杂一点。

例 3　使用归纳推理

找出下列数的规律，然后使用规律填写下一个数。

a. 1，1，2，3，5，8，13，21，_____

b. 23，54，95，146，117，98，_____

解答

a. 我们从 1，1，2，3，5，8，13，21，_____ 开始分析。

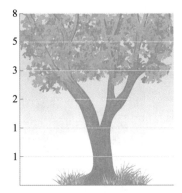

数一数这棵树的树枝，
树枝数目构成了斐波那契数列

观察数列中的第三个数，比较这个数与它前面两个数的和之间的关系。

$$1,\quad 1,\quad 2,\quad 3,\quad 5,\quad 8,\quad 13,\quad 21,\quad \underline{\quad\quad}$$

由1加1得到：$1+1=2$	由1加2得到：$1+2=3$	由2加3得到：$2+3=5$	由3加5得到：$3+5=8$	由5加8得到：$5+8=13$	由8加13得到：$8+13=21$

前两个数都是1。通过观察推理，我们可以得出，每个数是前两个数的和。利用这个规律，我们可以确定下一个数是 $13+21$，即 34。（1，1，2，3，5，8，13，21 和 34 是斐波那契数列的前 9 个数，详见第 5 章 5.7 节。）

b. 现在我们考虑 23，54，95，146，117，98，____。我们先从构成每个数的数字开始分析。关注每个数的各位数字之和，后一个数的最后一位数字较前一个数增加 1。

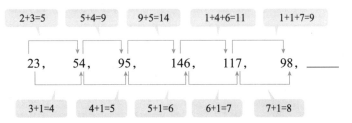

总结上述观察，我们可以得出，每一个数的首位数字或前两位数字是前一个数的所有数字的和。最后一位数字是前一个数的最后一位数字加上 1。

应用这一规律可以发现，98 后面数的首位数字是 $9+8=17$，后一位数字是 $8+1=9$，因此下一个数是 179。

好问题！

一个数列可以有多种规律吗?

可以的。请看图 1.1。这幅模棱两可的图像包含两种解读方式，我们并不清楚哪一种方式占主导地位。你看到是一个酒杯还是两幅互相凝视的面孔？和这幅模棱两可的图像一样，某些数列，尤其是有限数列包含多种规律。在下面的例子中，归纳推理可以得出不止一个可能的值。

示例：1，2，4，____。

规律：每一个数都等于前一个数乘以 2。因此，下一个数是 4×2，即 8。

规律：第一个数之后的每一个数都是前一个数加上从 1 开始递增的数。数列中的第二个数是 $1+1=2$，第三个数是 $2+2=4$。因此第四个数是 $4+3=7$。

归纳推理也可能找到规律不同但是推出的数字相同的情况。

示例：1，4，9，16，25，_____。

规律：第一个数之后的每个数都是前一个数加上从 3 开始递增的奇数，即 3，5，7，9。因此，下一个数是 25+11，即 36。

规律：这个数列中的每一个数都是某个数的平方。第一个数是 $1^2=1×1=1$，第二个数是 $2^2=2×2=4$，第三个数是 $3^2=3×3=9$，依此类推。因此，下一个数是 $6^2=6×6=36$。

例 2 和例 3 中填上的数都是可能的答案。可能你会发现其他规律，得出不一样的答案。

图 1.1

☑ **检查点 3** 找出下列数的规律，然后根据规律填写下一个数。

a. 1，3，4，7，11，18，29，47，_____

b. 2，3，5，9，17，33，65，129，_____

数学不仅仅能识别数的规律，它还与我们周围世界中出现的规律息息相关。例如，数学家正是通过描述各种结形成的规律，来帮助科学家研究病毒的复杂形状和规律。一种用来抗击病毒的武器正是基于识别视觉规律，即可能的打结方式的规律。

我们的下一个例子是关于发现视觉规律的。

这是一张电子显微镜拍摄的照片，展示了埃博拉病毒的多结形状

例 4 找出视觉序列中的下一张图

描述下列图中的两种规律，并使用这两种规律画出序列中的下一张图。

  ，   ，   ，   ， _____

解答

这些图中最显著的规律是，图形不是圆形就是正方形，并且交替变化。我们可以得出结论，下一个图形是个圆形。第二个规律是，在图形的 4 个区域中，有 1 个区域没有点、1 个区域有 1 个点、1 个区域有 2 个点以及 1 个区域有 3 个点。这些点的排列方式是有规律的（没有点、1 个点、2 个点和 3 个点按顺时针排列）。然而，按照从左到右的顺序，整个序列的图中的点是按照逆时针方向旋转的。这就意味着，在下一个图形中，右边的区域有 1 个点，下方的区域有 2 个点，左边的区域有 3 个点，上方的区域没有点。

图 1.2

序列中的下一个图是这样一个圆形，右边的区域中有 1 个点，下方的区域有 2 个点，左边的区域有 3 个点，上方的区域没有点，如图 1.2 所示。

☑ **检查点 4**　描述下列图中的两种规律，并使用这两种规律画出序列中的下一个图。

布利策补充

进谷歌工作，你够聪明吗？

在《进谷歌工作，你够聪明吗？》这本书中，作者威廉·庞德斯通指导读者解答富有挑战性的求职面试问题，答案令人称奇。这本书包含了归纳推理、估计和解决问题中重要的创造性思维。这本书最好的地方是，庞德斯通解释了问题的答案。

不管你是在准备求职面试还是单纯想要锻炼创造性思维，我们强烈推荐你解答《进谷歌工作，你够聪明吗？》这本书中提出的问题。下面有两个有关归纳推理的示例，我们给出了帮助你解答问题的提示。答案参见参考答案。

1. 序列的下一项是什么？

SSS，SCC，C，SC，＿＿＿＿

提示：考虑大写英文字母。A 由三条直线构成，B 由一条直线两条曲线构成，C 由一条曲线构成。

2. 数字序列的下一行是什么？

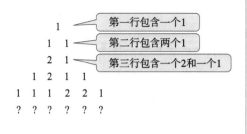

2　理解并使用演绎推理　　**演绎推理**

我们会在日常生活中用到归纳推理。虽然有很多来源于这种推理的猜想看上去很有可能是真的，但是我们永远不可能完全肯定这些猜想是真的。另一种名叫演绎推理或演绎法的推理方法能用来证明某些猜想是真的。

演绎推理

演绎推理是从一个或多个一般性陈述出发证明某个特定结论的过程。经由演绎推理证明为真的结论称为**定理**。

我们能够利用演绎推理从一个或多个一般性陈述中得出一个特定的结论。下面展示了关于演绎推理的两个例子。注意，在这两种日常情况中，得出结论的一般性陈述是隐含的，而不是直接陈述的。

日常情况	演绎推理
一位拼字游戏玩家对另一位玩家说："你必须移动那 5 个字母。禁止出现单词 TEXAS。"	● 拼字游戏中禁止出现专有名词。 TEXAS 是一个专有名词。 （一般性陈述） 因此，拼字游戏中禁止出现 TEXAS。 （结论）
有一个给大学新生选课的建议："永远不要选早上 7 点的课。没错，你在高中上过这么早的课，但那个时候你的妈妈总会把你叫起来。而且，即使你奇迹般地起床去上课，也会整堂课都睡过去。" （来源：*How to Survive Your Freshman Year*, Hundreds of Heads Books, 2004）	● 所有人早上 7 点的时候都要睡觉。 你选了早上 7 点的课。 （一般性陈述） 因此，要么你会在课上睡觉，要么就会睡过了没去上课。 （结论）
	你将会在第 3 章中学习如何由第一行中的一般性陈述证明出结论。但一般性陈述是正确的吗？我们能假设所有人睡眠规律都一样吗？还是说我们使用演绎推理强化了错误的假设？

简单复习

为了防止你忘记一些基本的算术术语，这里有一个简单的复习。

和：加法的结果

差：减法的结果

积：乘法的结果

商：除法的结果

我们的下一个例子阐释了归纳推理和演绎推理的不同点。例子的第一部分包含从特定例子到一般情况的推理过程，即归纳推理。例子的第二部分则是从一般情况到特定例子的推理，即演绎推理。在一般情况时，我们使用一个字母来表示各种数中的任意一个。用来表示一组数中的任意数的字母称为**变量**。利用变量和其他数学符号，我们就可以以非常简洁的方式处理一般情况。

例 5 使用归纳推理和演绎推理

思考下列步骤：

选择一个数，将它乘以 6，再加上 8，接着除以 2，最后减去 4。

　　a. 对至少 4 个不同的数重复这些步骤。猜想得到的结果与原来的数的关系。

　　b. 使用 n 来代表原来的数，并利用演绎推理证明 a 中的猜想。

　　解答

　　a. 首先，我们选择起始的数。我们可以选择任意数，这次选择了 4，7，11 和 100。接下来，我们应用上述步骤计算 4，7，11 和 100，见表 1.1。

表 1.1　分别对 4 个数进行计算

选择一个数	4	7	11	100
乘以 6	$4 \times 6 = 24$	$7 \times 6 = 42$	$11 \times 6 = 66$	$100 \times 6 = 600$
加上 8	$24 + 8 = 32$	$42 + 8 = 50$	$66 + 8 = 74$	$600 + 8 = 608$
除以 2	$32/2 = 16$	$50/2 = 25$	$74/2 = 37$	$608/2 = 304$
减去 4	$16 - 4 = 12$	$25 - 4 = 21$	$37 - 4 = 33$	$304 - 4 = 300$

　　因为题目要求我们写出有关计算结果和原始数之间的关系的猜想，所以我们首先关注每个数的计算结果。

选择的原始数	4	7	11	100
计算结果	12	21	33	300

　　你发现规律了吗？计算结果是原始数的三倍。我们使用归纳推理得出了这个结论。

　　b. 现在我们开始研究一般性的情况，而非特定的数。我们使用字母 n 来代替任意数。

选择一个数	n
乘以 6	$6n$
加上 8	$6n+8$
除以 2	$(6n+8)/2=6n/2+8/2=3n+4$
减去 4	$3n+4-4=3n$

　　我们使用变量 n 来表示任意数，结果为 $3n$，即 n 的三倍。这证明了上述步骤的结果是所选的任意原始数的三倍。我们使用了演绎推理。观察并思考代数表示法是如何让我们通过使用变量来相当有效地处理一般情况的。

☑ **检查点 5** 思考下列步骤：

选择一个数，将它乘以 4，再加上 6，接着除以 2，最后减去 3。

a. 对至少 4 个不同的数重复这些步骤。猜想得到的结果与原来的数的关系。

b. 使用 n 来代表原来的数，并利用演绎推理证明 a 中的猜想。

布利策补充

用归纳法惊呆朋友吧

让你的朋友跟着下列的步骤走：

写下 2～10 中的某个数。将这个数乘以 9，进一位，再减去 3。使用 A=1，B=2，C=3 的方式表示结果，依此类推。写下以这个字母开头的州的名字，选择一种以州的单词的末位字母开头的昆虫，举出一个首字母是该昆虫单词的末位字母的水果或蔬菜。在进行完这些步骤之后，问你的朋友一个问题，吓呆 TA 吧！问题是："你是不是想的是在佛罗里达州（Florida）吃西红柿（tomato）的蚂蚁（ant）？"（尝试使用归纳推理来确定，如何想出这种"令人称奇"的问题。你还能使用归纳推理想出其他"令人称奇"的问题吗？）

1.2

估算、图表与数学模型

学习目标

学完本节之后，你应该能够：

1. 使用估算方法求出问题的近似解。
2. 使用估算方法分析图表中的信息。
3. 建立能够估算变量之间关系的数学模型。

如果以现在的趋势持续下去，我们的后代有可能活到 200 岁吗？要回答这个问题，我们需要检查预期寿命的数据，并开发用数学表示这些数据的估算技术。在本节中，你将学习估算方法，学会用数学来表示图表中的数据，并使用这些表示来预测未来可能发生的情况。

估算

估算是求出一个问题的近似解的过程。例如，公司估算消费者可能使用的产品数量，经济学家估算金融趋势。如果你要过马路，可以估算迎面驶来车辆的速度，这样就知道在过马路

1　使用估算方法求出问题的近似解

前要不要等一会儿。四舍五入也是一种估算方法。你可能四舍五入了一个数，甚至都没有意识到。你可能会说自己是 20 岁，而不是 20 岁又 5 个月，或者你会说大概半个小时到家，而不会说 25 分钟。

你会发现估算在你的课堂作业中同样重要。使用计算器或计算机计算很容易出错。估算则可以告诉我们，计算器显示的答案是否正确。

在本节中，我们将演示几种估算方法。在本节的第二部分中，我们将这几种方法应用于分析图表提供的信息。

四舍五入

我们用来计数的数称为**自然数**，比如 1, 2, 3, 4, 5, 6, 7, … 自然数再加上 0，就是非负整数。

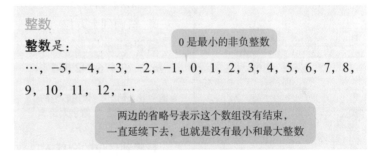

整数

整数是：

0 是最小的非负整数

…, −5, −4, −3, −2, −1, 0, 1, 2, 3, 4, 5, 6, 7, 8, 9, 10, 11, 12, …

两边的省略号表示这个数组没有结束，一直延续下去，也就是没有最小和最大整数

0, 1, 2, 3, 4, 5, 6, 7, 8, 9 称为**数字**（digit），来源于拉丁语的手指。人们使用数字来书写整数。

一个整数中数字的位置表示这个数字的值。下面有一个整数的例子，表示 2017 年 1 月 9 日的全球总人口数。

位值

十亿	亿	千万	百万	十万	万	千	百	十	一
7	4	7	6	2	4	2	0	5	6

这个数是"七十四亿七千六百二十四万两千零五十六"。

四舍五入整数

开始四舍五入时，从右向左观察这个整数的数字。

a. 如果最右边的数字大于或等于 5，进一位，并用 0 代替最右边的数字。

b. 如果最右边的数字小于 5，不用进位，用 0 代替最右边的数字即可。

符号 ≈ 意味着约等于，我们在四舍五入的过程中使用这个符号。

例 1　四舍五入整数

按照下列要求四舍五入全球人口数（7 476 242 056）

a. 精确到亿位

b. 精确到百万位

c. 精确到十万位

解答

a.　　7 476 242 056　　　　≈　　　　7 500 000 000，

| 四舍五入到亿位 | 数位右边的数字大于 5 | 亿位加 1 得到四舍五入的数字 | 剩下的数字全部用 0 替换 |

精确到亿位的全球人口数是 75 亿。

b.　　7 476 242 056　　　　≈　　　　7 476 000 000，

| 四舍五入到百万位 | 数位右边的数字小于 5 | 百万位保持不变得到四舍五入的数字 | 剩下的数字全部用 0 替换 |

精确到百万位的全球人口数是 74 亿 7600 万。

c.　　7 476 242 056　　　　≈　　　　7 476 200 000，

| 四舍五入到十万位 | 数位右边的数字小于 5 | 十万位保持不变得到四舍五入的数字 | 剩下的数字全部用 0 替换 |

精确到十万位的全球人口数是 74 亿 7620 万。

☑ **检查点 1**　按照下列要求四舍五入全球人口数（7 476 242 056）。

a. 精确到十亿位

b. 精确到千万位

我们还可以用四舍五入来表示小数，表示整体中的某一部分。同样地，数字的位置表示数字的值。下面有一个例子，表示圆周率 π 的前 7 位数。（π 小数点后的数字无限不循环，我们会在第 5 章中详细介绍。）

π ≈ 3 . 1 4 1 5 9 2

小数点

四舍五入小数的方式与四舍五入整数的方式大同小异。唯一的区别在于我们丢弃四舍五入位右边的数字，而不是用 0 来代替这些数字。

例 2　四舍五入数的小数部分

按照下列要求四舍五入 π 的前 7 位。

a. 精确到百分位

b. 精确到千分位

解答

a.　　　　　　3.141592　　≈　　　3.14

| 四舍五入到百分位 | 数位右边的数字小于 5 | 百分位保持不变到四舍五入的数字 | 删除右边剩下的所有数字 |

π 的前 7 位精确到百分位是 3.14。

b.　　　　　　3.141592　　≈　　　3.142

| 四舍五入到千分位 | 数位右边的数字等于 5 | 千分位加 1 得到四舍五入的数字 | 删除右边剩下所有的数字 |

π 的前 7 位精确到千分位是 3.142。

☑ **检查点 2**　按照下列要求四舍五入 π 的前 7 位。

a. 精确到十分位

b. 精确到万分位

好问题！

你能不能讲解一下小数应该怎么读？

当然可以了！小数点左边的整数部分的读法与整数的读法一致，在例 2 中读作"三"。小数点部分读作"点"，小数点右边有什么数字就读什么数字，如 3.14 读作"三点一四"，3.142 读作"三点一四二"。

例 3　利用四舍五入估算

　　你买了 2.59 美元的面包，5.17 美元的清洁剂，一块 3.65 美元的三明治，一个 0.47 美元的苹果，还有 8.79 美元的咖啡。总共 24.67 美元。这个总金额合理吗？

解答

　　如果你习惯去商店的时候带个计算器，那么你就能轻易算出来总金额。然而，如果你没带计算器，可以使用估算的方法检查总金额是否合理。我们四舍五入每一样商品的价格。

	四舍五入到整数　使用十分位上的数字来四舍五入（单位：美元）
面包	$2.59 \approx 3.00$
清洁剂	$5.17 \approx 5.00$
三明治	$3.65 \approx 4.00$
苹果	$0.47 \approx 0.00$
咖啡	$8.79 \approx 9.00$
共计	21.00

　　与估算的 21 美元相比，24.67 美元有点偏高了。你应该在付钱之前再检查一下账单。将 5 个商品加起来，真正的总金额是 20.67 美元。

☑ **检查点 3**　你和你的朋友在一家咖啡店吃午饭。小票上显示，汤 3.40 美元，西红柿汁 2.25 美元，烤牛肉三明治 5.60 美元，鸡肉沙拉三明治 5.40 美元，两杯咖啡 3.40 美元，苹果派 2.85 美元，巧克力蛋糕 3.95 美元。

　　a. 四舍五入每一道食物的价格，并估算午饭的总金额。

　　b. 午饭的税前总金额是 29.85 美元。这个金额合理吗？

例 4　利用四舍五入估算

　　一名全职木匠的平均时薪是 28 美元。

　　a. 估算这名木匠的周薪。

　　b. 估算这名木匠的年薪。

解答

a. 为了简化计算，我们可以将时薪 28 美元四舍五入为 30 美元。在计算中注意，不要弄错每个数的单位。每周的平均工作时间是 40 小时，平均时薪约为 30 美元。我们得到了：

$$\frac{40 \text{ 小时}}{\text{周}} \text{ 和 } \frac{30 \text{ 美元}}{\text{小时}}$$

我们使用分数线来代表"每"。我们将这两个数相乘，计算木匠的周薪。我们约掉了分数线上、下相同的单位。

$$\frac{40 \text{ \sout{小时}}}{\text{周}} \times \frac{30 \text{ 美元}}{\text{\sout{小时}}} = \frac{1\,200 \text{ 美元}}{\text{周}}$$

因此，这名木匠的周薪是 1 200 美元，记作 ≈ 1 200 美元。

b. 对于估算这名木匠的年薪，我们将一年 52 周四舍五入为 50 周。年薪就是 50 周乘以周薪 1 200 美元，如下所示：

$$\frac{1\,200 \text{ 美元}}{\text{周}} \times \frac{50 \text{ 周}}{\text{年}} = \frac{60\,000 \text{ 美元}}{\text{年}}$$

因此，这名木匠的年薪是 60 000 美元，记作 ≈ 60 000 美元。

☑ **检查点 4**　一名景观设计师的平均时薪是 52 美元。

　　a. 估算这名景观设计师的周薪。

　　b. 估算这名景观设计师的年薪。

好问题！

可不可以约掉相同的单位？

可以。同一个单位都可以约掉。

2　使用估算方法分析图表中的信息

图表的估算

杂志、报纸和网站常常使用扇形图、柱状图和折线图传递信息。下面的例子阐释了四舍五入和其他估算方法是如何在这些图表中派上用场的。

扇形图，又称**饼图**，展示一个被分割成部分的整体。扇形图被**扇区**分割成一块一块。图 1.3 是一幅表示美国人对"什么是老年"的不同看法的扇形图。

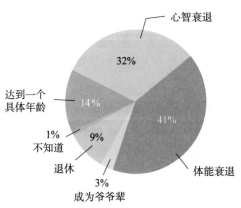

心智衰退

32%

达到一个具体年龄

14%

1% 不知道

9%

退休

3%

成为爷爷辈

41%

体能衰退

图 1.3　美国人对老年的定义

来源：*American Demographics*

简单复习

百分数

● 百分数是用 100 作分母的分数。百分比的意思是每一百。例如，图 1.3 显示，有 41% 的美国人认为体能的衰退意味着变老。因此，每 100 个美国人中有 41 个人这么认为，记作 $41\% = \dfrac{41}{100}$。

● 要想将一个百分数转变成小数，需要将小数点前移两位，并删去百分号。例如：

$$41\% = 41.\% = 0.41$$

因此 $41\% = 0.41$。

● 很多百分数的相关应用与下列公式有关：

$$A \quad = \quad \underset{\text{百分之 } P}{P} \quad \cdot \quad B$$

读作 A 是 B 的百分之 P。

在下一个例子中，我们将使用图 1.3 的信息来估算一种数量。尽管不同精确度的四舍五入会有不同的估算值，但四舍五入背后的理念就是简化计算。

例 5　在扇形图中应用估算方法

根据美国统计局，2016 年有 219 345 624 名美国人大于或等于 25 岁。假设图 1.3 中的扇形图能够代表这一个年龄群体。

a. 使用扇形图中的近似信息计算有多少大于或等于 25 岁的美国人认为变老意味着体能的衰退。

b. 使用四舍五入法合理估算这一计算值。

解答

a. 图 1.3 中的扇形图显示有 41% 的美国人认为变老意味着体能的衰退，在 219 345 624 名大于或等于 25 岁的美国人中，认为变老意味着体能衰退的人数是 219 345 624 的 41%。

认为体能衰退是变老的 25 岁及以上的美国人的人数	41%	25 岁及以上的美国人的人数
=	0.41	×	219 345 624

b. 我们可以使用四舍五入的方法来合理估算 $0.41 \times 219\,345\,624$，如下所示：

四舍五入到千万位

$$0.41 \quad \times \quad 219\,345\,624 \quad \approx \quad 0.4 \quad \times \quad 220\,000\,000 = 88\,000\,000$$

四舍五入到小数点后第一位

答案显示，约有 $88\,000\,000$（8800 万）大于或等于 25 岁的美国人认为变老意味着体能的衰退。

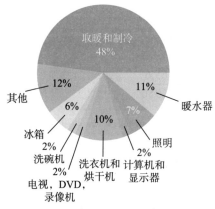

图 1.4　家庭能源消耗分布情况扇形图

来源：*Natural Home and Garden*

☑ **检查点 5**　了解家中哪些电器和活动消耗的能源最多可以帮助你做出合理的决定，从而减少能源消耗，增加存款。图 1.4 中的扇形图展示了一个典型家庭的能源消耗分布情况。

假设去年你家在天然气和电费上一共花费了 $2\,148.2$ 美元，假定图 1.4 中的扇形图能够代表你家的能源消耗情况。

a. 使用扇形图中的近似信息计算你家一年要在取暖和制冷上花费多少钱。

b. 使用四舍五入法合理估算这一计算值。

柱状图可用来比较不同项的某些可估算属性，十分便捷。这些柱子可以是水平的，也可以是垂直的，它们的长度或高度显示了不同项的数量。图 1.5 是一个典型柱状图的示例。该图显示了 1950 年至 2020 年不同年份出生的美国男性和女性的预期寿命。

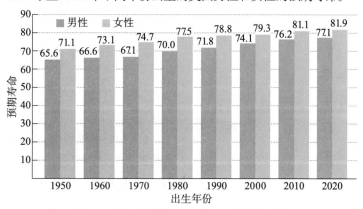

图 1.5　按出生年份划分美国人的预期寿命

来源：National Center for Health Statistics

例6 应用估算方法与归纳推理分析柱状图中的数据

使用图 1.5 中的男性数据来估算下列问题：

a. 每年男性的预期寿命的增长，四舍五入到百分位。

b. 2030 年出生的男性的预期寿命。

解答

a. 有一种估算每年预期寿命的增长的方法，收集 1950 年（男性预期寿命：65.6 岁）和 2020 年（男性预期寿命：77.1 岁）的数据。平均每年预期寿命的增长就是 1950 年到 2020 年预期寿命的变化除以年数。

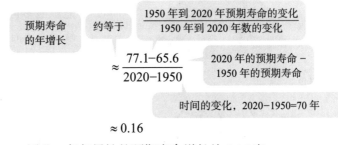

$$\approx \frac{77.1-65.6}{2020-1950}$$

$$\approx 0.16$$

因此，每年男性的预期寿命增长约 0.16 岁。

技术

要想用计算器计算例 6 中 a 的答案，需要按照顺序点击计算器的按钮。

$$[\![(77.1 \boxed{-} 65.6)]\!] \div (\![(2020 \boxed{-} 1950)]\!]$$

接着点击计算器的 = 键或回车键即可得出答案。最后再根据题目要求，四舍五入到百分位。

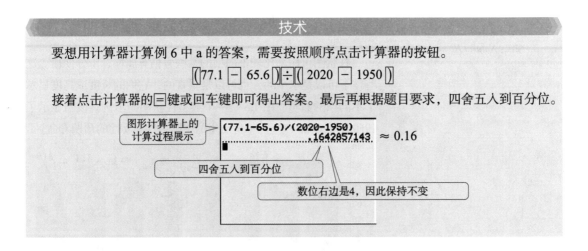

b. 我们可以利用 a 部分的结果来预测生于 2030 年的美国男性的平均预期寿命。柱状图显示，1950 年出生的男性的预期寿命是 65.6 岁。1950 年之后的第 80 年是 2023 年，每年男性的预期寿命增长约 0.16 岁。

好问题！

右边的计算过程是先进行乘法运算再进行加法运算的。我能不能从左到右先进行加法运算再进行乘法运算？

不可以。算术操作需要遵循一定的运算顺序规则。当要计算的式子没有分组符号，比如各种括号时，乘法永远在加法之前进行。我们将在第5章详细讨论计算的顺序。

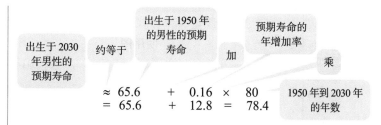

$$\begin{aligned} &\approx \ 65.6 \ + \ 0.16 \ \times \ 80 \\ &= \ 65.6 \ + \ 12.8 \ = \ 78.4 \end{aligned}$$

因此，2030 年出生的男性的预期寿命约为 78.4 岁。

☑ **检查点 6**　使用图 1.5 中的女性数据来估算下列问题：
a. 每年女性的预期寿命的增长，四舍五入到百分位
b. 2030 年出生的女性的预期寿命。

人们通常使用**折线图**来表示一段时间内的趋势。一些时间度量，比如月或年，经常出现在横轴上，而数量通常列在纵轴上。画出来的数据点用来代表给定的信息。折线图是由点与线段连接而成的。

图 1.6 是一个典型的折线图的例子。该图表显示了从 1890 年到 2015 年美国女性首次结婚的平均年龄。年份列在横轴上，年龄列在纵轴上。纵轴上的折线符号表示 0 和 20 之间的值有断点。因此，纵轴上的第一个刻度表示 20 岁的平均年龄。

图 1.6 展示了应该如何寻找 1980 年的女性首次结婚的平均年龄。

步骤 1　在横轴上定位 1980 年。

步骤 2　定位 1980 年在线上的点。

步骤 3　观察这个点对应的纵轴的年龄。

这个年龄是 22 岁。因此，1980 年女性首次结婚的平均年龄是 22 岁。

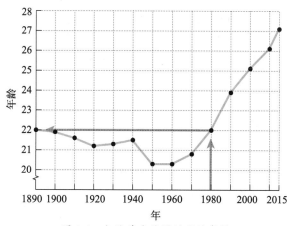

图 1.6　女性首次结婚的平均年龄

来源：U.S. Census Bureau

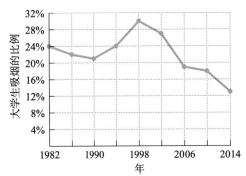

图 1.7　美国大学生吸烟比例

来源：Rebecca Donatelle, *Health The Basics*, 10th Edition, Pearson; *Monitoring the Future Study*, University of Michigan.

例 7　使用折线图

图 1.7 中的折线图显示了 1982 年到 2014 年，美国大学生吸烟的比例。

a. 估算 2010 年美国大学生吸烟的比例。

b. 在哪四年，大学生吸烟的比例下降得最快？

c. 在哪一年，大学生吸烟的比例达到 30%？

| 解答

a. 估算 2010 年美国大学生吸烟的比例。

纵轴的值大约在 16% 与 20% 中间

2010年大约18%的大学生吸烟

美国大学生吸烟比例

b. 识别在哪四年，大学生吸烟的比例下降得最快。

这是全部下降线段中最陡的，表示下降速度最快

2002年至2006年大学生吸烟的比例下降最快

美国大学生吸烟比例

c. 识别在哪一年，大学生吸烟的比例达到 30%。

图中最高点对应30%

30%的大学生吸烟的对应年份是1998

美国大学生吸烟比例

☑ **检查点 7**　利用图 1.7 完成下列练习。

a. 估算 2016 年美国大学生吸烟的比例。

b. 在哪四年，大学生吸烟的比例上升得最快？

c. 在哪一年，大学生吸烟的比例达到 24%？

d. 在哪一年，大学生吸烟的比例最低？最低的比例是多少？

3　建立能够估算变量之间关系的数学模型

数学模型

我们已经了解到，1950 年出生的美国男性的预期寿命是

65.6 岁，预期寿命每年增长约 0.16 岁。我们可以使用变量 E 来代表预期寿命，x 代表美国男性的出生年份与 1950 的差值。

美国人的预期寿命	是	出生于1950年的男性的预期寿命	加	预期寿命的年增长	乘以1950年后的年数
E	$=$	65.6	$+$	$0.16x$	

公式是使用字母来表达两个或更多变量之间关系的等式。因此，$E = 65.6 + 0.16x$ 是描述预期寿命 E 与美国男性的出生年份与 1950 的差值 x 的公式。注意，这个公式还能预测预期寿命，如表 1.2 所示。

表 1.2　图 1.5 中数据与公式估算数据的对比

出生年份	预期寿命（图1.5中数据）	预期寿命（计算过程）$E=65.6+0.16x$
1950	65.6	$E=65.6+0.16(0)=65.6+0=65.6$
1960	66.6	$E=65.6+0.16(10)=65.6+1.6=67.2$
1970	67.1	$E=65.6+0.16(20)=65.6+3.2=68.8$
1980	70.0	$E=65.6+0.16(30)=65.6+4.8=70.4$
1990	71.8	$E=65.6+0.16(40)=65.6+6.4=72.0$
2000	74.1	$E=65.6+0.16(50)=65.6+8.0=73.6$
2010	76.2	$E=65.6+0.16(60)=65.6+9.6=75.2$
2020	77.1	$E=65.6+0.16(70)=65.6+11.2=76.8$

在每一行中，我们用1950年后的年数来代替x，其中1950年，1990年，2020年的估计值很好。

寻找公式来描述现实世界现象的过程叫作**数学建模**。找出来的公式与变量的意义合在一起，就是**数学模型**。我们经常说，这些公式模型描述变量之间的关系。

例8　公立大学的费用建模

图 1.8 中的柱状图展示了公立四年制大学的平均学杂费，已根据通货膨胀进行了调整。

布利策补充

预测预期寿命

表 1.2 中的公式并没有将身体健康状况、生活方式以及家庭病史纳入考量，而这些因素都有可能影响预期寿命。波士顿大学医学院的托马斯·波尔斯发明了一种更加详细的预期寿命公式，网址是 ivingto100.com。他的模型将各种各样的因素都纳入考量，从压力等级到睡眠习惯，可以精确预测预期寿命。

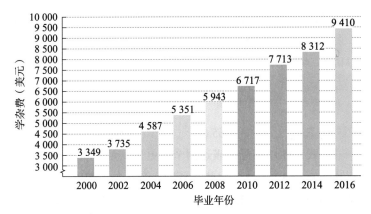

图 1.8　公立四年制大学平均学杂费

来源：U.S. Department of Education

a. 估算每年增加的学杂费，四舍五入到美元。

b. 寻找一个数学模型，描述平均学杂费 T 与公立四年制大学的毕业年份和 2000 的差值 x 之间的关系。

c. 利用 b 中的数学模型预测 2020 年毕业的公立四年制大学的平均学杂费。

解答

a. 我们可以利用图 1.8 中从 2000 年到 2016 年的数据估算平均每年增加的学杂费金额。

学杂费的年增加	约等于	$\dfrac{2016年到2000年学杂费的变化}{2016年到2020年年数的变化}$

$$\approx \frac{9\,410 - 3\,349}{2\,016 - 2\,000}$$

$$= \frac{6\,061}{16} = 378.812\,5 \approx 379$$

因此，公立四年制大学平均每年增加的学杂费金额为 379 美元。

b. 现在，我们可以利用变量来寻找描述平均学杂费 T 与公立四年制大学的毕业年份和 2000 之差 x 之间关系的数学模型。

平均学杂费	是	2000年的学杂费	加	学杂费的年增加	乘以2000年之后的年数
T	$=$	$3\,349$	$+$	$379x$	

数学模型 $T = 3\,349 + 379x$ 估算平均学杂费 T 与公立四年制大学的毕业年份与 2000 之差 x 之间的关系。

c. 现在，我们利用上述数学模型预测 2020 年毕业的公立四年制大学的平均学杂费。由于 2020 年是 2000 年的 20 年后，所以 $x = 20$。

$T=3\,349+379x$	这是来自 b 部分的数学模型
$T=3\,349+379\times20$	用 20 代替 x
$T=3\,349+7\,580$	执行乘法：$379\times20=7\,580$
$=10\,929$	执行加法：在计算器上键入 3349⊞379 ⊠ 20 然后点击 ENTER 或者 ⊟ 键

因此，我们的数学模型预测 2020 年毕业的公立四年制大学的平均学杂费为 10 929 美元。

☑ **检查点 8** 图 1.9 展示了私立四年制大学的平均学杂费，已根据通货膨胀进行了调整。

a. 估算每年增加的学杂费，四舍五入到美元。

b. 寻找一个数学模型，描述平均学杂费 T 与私立四年制大学的毕业年份和 2000 的差值 x 之间的关系。

c. 利用 b 中的数学模型预测 2020 年毕业的私立四年制大学的平均学杂费。

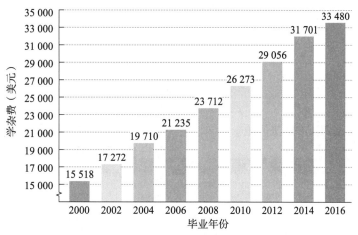

图 1.9 私立四年制大学平均学杂费

来源：U.S. Department of Education

有时，数学模型给出的估算结果并不是一个较好的近似值，或者扩展到包含没有意义的变量值。在这些情况下，我们就说发生了模型故障。准确地描述过去 10 年数据的模型，可能并不能可靠地预测未来可能发生的情况。当公式预测的未来过于遥远时，就会发生模型故障。

布利策补充

上大学值得吗?

　　College Board Advocacy 和 Policy Center 出版的《教育有回报》一书表示，"有人质疑上大学到底值不值得。对于一般的学生来说，上大学在一生中的回报完全是值得的，即使考虑到学杂费也是值得的。"

　　《教育有回报》一书中有一些发现：

- 持有学士学位的人的平均全职收入是 63 000 美元，比高中毕业生要多 28 000 美元。

- 和高中毕业生相比，18 岁入学的四年制大学毕业生会在 33 岁时收支平衡。大学毕业生将在那时赚到足够多的钱以弥补没有工作的大学四年，并还清借来的学杂费，见图 1.8。

1.3

学习目标

学完本节之后，你应该能够：

使用四步法解决问题。

使用四步法解决问题

　　如果你不知道自己要去哪里，那么你最终可能会去到一个意想不到的地方。

　　　　　　——Yogi Berra

解决问题

　　在学校和工作中，批判性思维和解决问题的能力都是必不可少的。一位富有魅力的教师及数学家乔治·波利亚（1887—1985）在 *How to Solve It* 一书中提出了一个解决问题的模型。通过解决问题的四步法，波利亚的书展示了如何在任何领域清晰地思考。

波利亚解决问题的四步法

第一步　理解问题。阅读几遍问题，第一遍可以通读。阅读第二遍时记下给出的信息并准确地判断需要你解决什么问题。

第二步　制定计划。你所制定的解决问题计划可能会涉及下列一个或多个解决问题的策略：

- 使用归纳推理寻找规律。

- 制作系统的清单或表格。

- 使用估算的方法得出对于解答有根据的猜测。检查猜测是否符合问题的条件，并反过来利用猜测最终解决问题。

- 尝试简化问题的表述，解决简化后的问题。

- 使用试错法。
- 在图表中罗列给出的信息。
- 尝试绘制问题的简图或图解。
- 将这个问题与你之前见过的问题联系起来。尝试应用解决过相似问题的方法解决这个问题。
- 如果问题的解答看上去太过明显，寻找有没有"陷阱"。
- 或许问题中有一些花招想要误导你。
- 使用给出的信息估算概率。
- 使用常识进行分析。

第三步　执行计划并解决问题。

第四步　回顾并验算。解答必须满足问题的条件。解答必须有意义且合理。如果你的解答不满足上述要求，再检查一下你的方法和计算有没有问题。或许还有其他方法能够正确地解决问题。

解决问题的第一步涉及深思熟虑地评估问题给出的信息。给出的信息足够解决问题吗？给出的信息与解决问题有关联吗？或者给出的信息并不是解决问题所需的？

好问题！

我们需要记住解决问题的四步法吗？

不用记住。你应该将这种方法看作有助于组织解决问题过程的指导方针，而不是你必须记住的死规则。你可能不用波利亚的解决问题四步法也能解决某些问题。

例 1　寻找缺少的信息

在下列问题中，缺失解决问题所必要的哪些信息？

一名男子买了 5 件衬衫，每一件的折扣价都一样。这名男子一共花了多少钱？

解答

第一步　理解问题。给出的信息是：

买了 5 件衬衫。我们必须求出男子买 5 件衬衫花了多少钱。

第二步　制定计划。男子花的钱是 5 件衬衫的价格，也就是 1 件衬衫价格的 5 倍。每一件衬衫的折扣价没有给出。我们缺失了这条信息，所以不可能解答这个问题。

☑ **检查点 1**　在下列问题中，哪一条解决问题的必要信息缺失了？

包括税，你的餐费一共 20.36 美元。你应该收到多少找零？

布利策补充

单价与偷偷涨价

在 *200% of Nothing* 一书中，作者 A. K. Dewdney 写道，"当一家公司偷偷上调了商品的价格而没有被任何人发现时，就像是公司发财的美梦成真了"。他给出了两个偷偷涨价的例子，都可以利用单价轻易识别出来。Mennen Speed Stick 除臭剂的制造商增加了包装的大小，保持价格不变，将产品里的除臭剂含量由 2.5 盎司 下调至 2.25 盎司。Fabergé 的低糖酒保持价格和包装大小不变，但是将酒含量由 5 盎司下调至 4 盎司。令人意想不到的是，新产品的包装上还写着"更多的低糖酒"。*Consumer Reports* 联系了 Fabergé 公司，该公司回应称，新的包装包含"更多的香气"。*Consumer Reports* 嘲讽道，"Et tu Brut?"

例 2　寻找不必要的信息

在下列问题中，有一条信息对于解决问题来说是不必要的。找到这条不必要的信息，并解决问题。

一卷 E-Z Wipe 牌厕纸有 100 张，售价 1.38 美元。而一卷 Kwik-Clean 牌厕纸有 60 张，售价 1.23 美元。如果你需要三卷厕纸，哪一个品牌性价比更高？

解答

第一步　理解问题。给出的信息如下。

E-Z Wipe：一卷有 100 张，售价 1.38 美元；

Kwik-Clean：一卷有 60 张，售价 1.23 美元；

需要：三卷厕纸。

我们必须判断哪一个品牌的性价比更高。

第二步　制定计划。性价比更高的品牌的每张厕纸的价格最低。因此，我们可以通过比较两家品牌厕纸的单价来判断哪一个品牌的性价比更高。每张厕纸的价格，又称**单价**，是通过一卷厕纸的价格除以一卷厕纸的张数得出来的。其实，需要三卷厕纸这个信息对于解决问题而言并不是必要的。判断哪一个品牌的性价比更高不需要这条信息。

第三步　执行计划并解决问题。

E-Z Wipe：

$$每张厕纸的单价 = \frac{一卷厕纸的价格}{一卷厕纸的张数}$$

$$= \frac{1.38 美元}{100 张} = 0.013\,8 美元 \approx 0.01 美元$$

Kwik-Clean：

$$每张厕纸的单价 = \frac{一卷厕纸的价格}{一卷厕纸的张数}$$

$$= \frac{1.23 美元}{60 张} = 0.020\,5 美元 \approx 0.02 美元$$

通过比较单价，我们可以看出，E-Z Wipe 的单价为 0.01 美元，性价比更高。

⊖　1 盎司 = 28.350 克。——编辑注

⊜　这句话是一句拉丁语名言，是罗马共和国晚期执政官恺撒临死前所说的最后一句话。中文一般译作"你也有份，布鲁图？"，用来表示背叛。——编辑注

第四步　回顾并验算。我们可以再次检查一下计算单价的过程有没有错误。我们也可以检查一下单价是否满足问题的条件。单价乘以张数应该等于一卷厕纸的价格。

E-Z Wipe：检查 0.013 8 美元

0.013 8 美元 ×100 = 1.38 美元　　给定每个品牌每卷的价格

Kwik-Clean：检查 0.020 5 美元

0.020 5 美元 ×60 = 1.23 美元　　给定每个品牌每卷的价格

算出来的单价符合问题的要求。

归纳例 2 的解题步骤，我们就能够比较不同的品牌并选择不同规格的商品。当你在超市购物时，记住商品的单价是十分有用的。**单价**是由总价格除以总量得出的。在比较的品牌的单位统一的情况下，单价最低的产品性价比最高。

"每"这个字是用来表示单价的。例如，如果一箱 12 盎司的谷物售价 3 美元，那么它的单价就是：

$$单价 = \frac{总价格}{总量} = \frac{3\ 美元}{12\ 盎司} = 0.25\ 美元/盎司$$

☑ **检查点 2**　解决下列问题。如果有些信息对于解决问题来说是不必要的，找出不必要的信息，并解决问题。

一家生产商用瓶子和盒子装苹果汁。一瓶 128 盎司的苹果汁的价格是 5.39 美元，9 盒苹果汁的价格是 3.15 美元，其中每盒有 6.75 盎司苹果汁。哪一种包装的性价比更高？

例3　应用四步解决问题法

分期买一辆售价 680 美元的自行车，首付 100 美元，每周还款 20 美元，多长时间能还完？

解答

第一步　理解问题。题目给出的信息如下。

自行车售价：680 美元；

现金首付：100 美元；

每周还款：20 美元。

还款的意思是还需要付的金额。我们必须求出还需要还的金额，再算出多长时间能够还完。

第二步 制定计划。自行车的售价减去首付的金额，得到的差就是还需要还的金额。又因为每周还 20 美元，所以需要还的金额除以每周还的 20 美元就是还完所需的时间。

第三步 执行计划并解决问题。我们从求出需要还的金额开始入手。

$$
\begin{array}{ll}
680\ \text{美元} & \text{自行车的售价} \\
\underline{-100\ \text{美元}} & \text{已经支付的金额} \\
580\ \text{美元} & \text{还需要支付的金额}
\end{array}
$$

然后再用 580 美元除以每周 20 美元，算出来的结果就是还完所需的时间。

$$
\frac{580\text{美元}}{20\text{美元}/\text{周}} = 580\text{美元} \times \frac{\text{周}}{20\text{美元}}
$$

$$
= \frac{580\text{周}}{20} = 29\text{周}
$$

还完需要 29 周。

第四步 回顾并验算。我们可以使用纸笔或者计算器验算答案是否正确。我们也可以检查答案是否满足题目的条件，即 29 周支付总额满足自行车售价 680 美元。

这是我们要检查的答案

$$
\begin{array}{ll}
20 & \text{每周需要支付的费用} \\
\underline{\times 29} & \text{一共需要支付的周数} \\
580 & \text{按周支付的总费用}
\end{array}
$$

$$
\begin{array}{ll}
580 & \text{按周支付的总费用} \\
\underline{+100} & \text{已经支付的现金} \\
680 & \text{自行车的售价}
\end{array}
$$

算出来的答案 29 周满足题目自行车售价 680 美元的条件。

☑ **检查点 3** 分期买一辆售价 980 美元的电脑，首付 350 美元，每周还款 45 美元，多长时间能还完？

制作清单和表格是解决问题的有效方法。

例 4 通过列清单来解决问题

假设你是一名工程师，需要设计一个收 50 美分的自动门。

自动门应该只收正确的金额，而且不收 1 美分。你必须设计多少种收款的可能性？

解答

第一步　理解问题。自动门收的金额必须是 50 美分。一种可能是 2 枚 25 美分硬币，还有一种可能是 5 枚 10 美分的硬币。我们需要罗列出所有的可能性。

第二步　制定计划。列出所有满足条件的可能性。从面值最大的硬币开始，一直到面值最小的硬币。

第三步　执行计划并解决问题。首先，我们必须找到所有除了 1 美分之外的能够凑到 50 美分的硬币。这些硬币包括 50 美分、25 美分、10 美分和 5 美分。现在我们来列一个表格，使用这些硬币种类作为表格表头。

50 美分	25 美分	10 美分	5 美分

表格的每一行都代表一种凑够 50 美分的可能性，我们从最大的面值 50 美分开始。一枚 50 美分的硬币就凑够了 50 美分，不需要其他硬币。因此，我们在 50 美分这一栏下面填上 1，其他硬币下面填上 0。这就是第一种可能性。

50 美分	25 美分	10 美分	5 美分
1	0	0	0

同样地，2 枚 25 美分也能凑到 50 美分。我们在 50 美分这一栏下面填上 2，其他硬币下面填上 0。

50 美分	25 美分	10 美分	5 美分
1	0	0	0
0	2	0	0

这样，我们依此类推，找到所有凑够 50 美分的硬币组合。这些组合见表 1.3。

表 1.3　正好 50 美分

50 美分	25 美分	10 美分	5 美分
1	0	0	0
0	2	0	0

（续）

50 美分	25 美分	10 美分	5 美分
0	1	2	1
0	1	1	3
0	1	0	5
0	0	5	0
0	0	4	2
0	0	3	4
0	0	2	6
0	0	1	8
0	0	0	10

　　计算表 1.3 中的硬币组合数。自动门需要收多少种硬币组合？你必须通过编程让它收 11 种硬币组合。

　　第四步　回顾并验算。再次检查一下表 1.3，确保没有遗漏任何能凑够 50 美分的硬币组合。再次检查有没有算错组合的数量。

☑ **检查点 4**　假设你是一名工程师，需要设计一个收 30 美分的自动门。自动门应该只收正确的金额，而且不收 1 美分。你必须设计多少种收款的可能性？

　　绘制草图和图解有时对于解决问题也是有帮助的。

例 5　通过画图解决问题

　　四名运动员比赛跑 1 英里，她们分别是玛利亚、艾瑞莎、西尔玛和黛比。只有得到第一名或第二名的运动员才能获得分数，第一名获得的分数比第二名获得的多。四名运动员取得第一名和第二名的情况有哪几种？

　　解答

　　第一步　理解问题。首先写下第一名和第二名的三种情况（非全部）：

　　玛利亚 – 艾瑞莎

玛利亚 – 西尔玛

艾瑞莎 – 玛利亚

注意，玛利亚第一艾瑞莎第二与艾瑞莎第一玛利亚第二是两种不同的情况。由于第一名获得的分数比第二名获得的多，所以第一名和第二名的顺序很重要。我们必须找出第一名和第二名的所有可能的情况。

第二步　制定计划。如果玛利亚得了第一，那么剩下的三名运动员的排名可能性如下：

第一名	第二名	第一名和第二名 的可能情况
玛利亚	艾瑞莎	玛利亚–艾瑞莎
	西尔玛	玛利亚–西尔玛
	黛比	玛利亚–黛比

同样地，我们可以列出所有运动员得第一的情况。然后我们再列举剩下三位运动员的排名情况，接着确定第一名和第二名的可能情况。下列图解罗列了四名运动员取得第一名和第二名的情况。

第三步　执行计划并解决问题。现在，我们补充完整第二步中的图解，该图解见图 1.10。

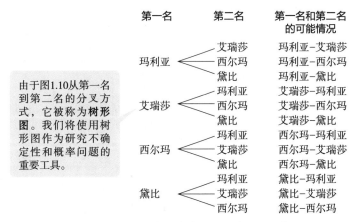

> 由于图1.10从第一名到第二名的分叉方式，它被称为**树形图**。我们将使用树形图作为研究不确定性和概率问题的重要工具。

图 1.10　四名运动员取得第一名和第二名的情况

我们来数一下第三栏"第一名和第二名的可能情况"中有多少种。你能数出来一共有 12 种可能吗？因此，四名运动员取得第一名和第二名的情况一共有 12 种。

第四步　回顾并验算。检查一遍图 1.10 的图解，确保没有遗漏可能的第一名和第二名的排列情况。再检查一遍有没有数错可能情况的数量。

☑ **检查点 5** 你的"衣柜"放不了多少衣服，只有两件牛仔裤（一条蓝色的、一条黑色的）和三件 T 恤衫（一件米黄色的、一件蓝色的和一件黄色的）。你有多少种穿衣搭配的可能性？

在第 14 章中，我们将会学习图的图解，图提供了描述关系的结构。在例 6 中，我们会用这种图解来描述城市与连接城市的单向航班之间的关系。

例 6 运用合理的选择来解决解法不唯一的问题

一名住在 A 市的销售总监需要飞到位于城市 B、C、D 和 E 的地方办事处。除了从 A 出发必须再返回 A 之外，旅途的安排没有任何限制。

表 1.4 给出了城市之间的机票价格，图 1.11 则描绘了表 1.4 所给出的信息。

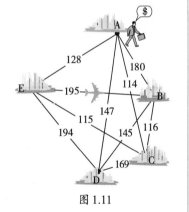

图 1.11

表 1.4 单程机票 （单位：美元）

	A	B	C	D	E
A	*	180	114	147	128
B	180	*	116	145	195
C	114	116	*	169	115
D	147	145	169	*	194
E	128	195	115	194	*

请帮助销售总监安排一条路线，从 A 市出发，访问 B、C、D、E 市之后再返回 A 市，机票总价必须少于 750 美元。

解答

第一步 理解问题。 有很多路线能够从 A 市出发，经过 B、C、D、E 市之后再返回 A 市，其中一条路线如下所示：

$$A \rightarrow E \rightarrow D \rightarrow C \rightarrow B \rightarrow A$$

从 A 飞到 E，再到 D，再到 C，再到 B，最后返回 A

根据表 1.4 和图 1.11，这条路线的机票总价为：

$$128+194+169+116+180 = 787 \text{ 美元}$$

总价超过了 750 美元，不满足题目要求。

第二步 制定计划。销售总监从 A 市出发，第一站选择机票最便宜的城市，然后第二站也选择机票最便宜的城市，依此类推。最后从最后一站飞回 A 市。我们将这些机票价格加起来，看看有没有超过 750 美元。如果超过 750 美元，我们可以用试错法寻找其他满足条件的路线安排。

第三步 执行计划并解决问题。请看图 1.12，我们用带有箭头的线标注了路线。

- 从 A 市开始。
- 选择机票最便宜的路线，即 114 美元。从 A 市飞往 C 市。（花费 114 美元）
- 在 C 市选择除了通往 A 市之外机票最便宜的路线，即 115 美元。从 C 市飞往 E 市。（花费 115 美元）
- 在 E 市选择除了通往去过的城市之外机票最便宜的路线，即 194 美元。从 E 市飞往 D 市。（花费 194 美元）
- 在 D 市选择除了通往去过的城市之外机票最便宜的路线，即 145 美元。从 D 市飞往 B 市。（花费 145 美元）
- 从 B 市飞回 A 市。（花费 180 美元）

我们考虑的这条路线是 A → C → E → D → B → A，算一下机票总价有没有超过 750 美元。

$$114+115+194+145+180 = 748 \text{ 美元}$$

由于机票总价少于 750 美元，这名销售总监是可以按照路线 A → C → E → D → B → A 出差的。

第四步 回顾并验算。查阅表 1.4 或图 1.12 来确保计算过程中的机票价格是正确的。使用估算的方法确认 748 美元是不是一个合理的花销。

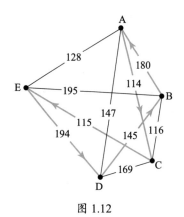

图 1.12

☑ **检查点 6** 和例 6 一样，一名住在 A 市的销售总监需要飞到位于城市 B、C、D 和 E 的地方办事处。图 1.13 显示了城市之间的单程机票价格。请帮助销售总监安排一条路线，从 A 市出发，访问 B、C、D、E 之后再返回 A 市，机票总价必须少于 1 460 美元。

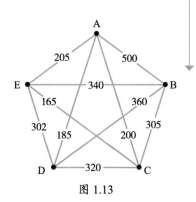

图 1.13

第 2 章

集合论

　　我们的身体不仅脆弱而且复杂，容易感染疾病，还很容易受到伤害。2003 年的人类基因组测序（共有 14 万个基因）推动了心脏病、癌症、抑郁症、阿尔茨海默症和艾滋病的治疗的快速进展。关于神经干细胞的研究可以修复大脑损伤，甚至再造整个大脑。我们的身体中可以被替换的部位似乎并没有受到限制。相比之下，在 20 世纪初，我们甚至缺乏对人类的不同血型的基本了解。科学家发现了血型，将其组织成称为"集合"的合集，并用一个特殊的集合图加以说明，因而将手术病人从碰运气的、通常是致命的输血中拯救了出来。从这个意义上来说，将在这一章中学习的血型集合图加强了我们对世界向前进步的信心，我们的生活确实得到了改善，今天要比 100 年前更好。

相关应用所在位置

　　人类血型的组织和集合表示出现在 2.4 节的布利策补充栏目中。这一发现对于输血的重要意义出现在练习集 2.4 的练习 113～117 中。

2.1

学习目标

学完本节之后，你应该能够：

1. 使用三种方法来表示集合。
2. 定义并识别空集。
3. 使用符号 ∈ 和 ∉。
4. 将集合符号应用于自然数集中。
5. 确定一个集合的基数。
6. 识别等价的集合。
7. 辨别有限集和无限集。
8. 识别相等的集合。

基本的集合概念

我们倾向于对事物进行分类，这样我们就能够对世界进行秩序化和结构化。例如，你属于哪个群体？你把自己归类为大学生吗？你是什么性别呢？你的专业和种族背景是什么？如果不建立集合，我们的大脑就无法找到秩序和意义。数学家称这样的合集为集合。**集合**是对象的合集，对象的内容可以明确确定。集合中的对象称为集合的**元素**或**成员**。

一个集合的含义必须**准确无误**，也就是说它的内容被确定得很清楚。按照这个标准，获得过奥斯卡奖的演员是一个集合。我们总是可以确定某个演员是否是这个集合的一个元素。相比之下，考虑一下杰出演员的集合。一个演员是否属于这个集合，取决于我们如何解读"杰出"这个词。在本文中，我们将只考虑形成含义准确无误的集合的合集。

1　使用三种方法来表示集合

表示集合的方法

下面是一个集合的例子。设一个一周七天的集合，因此它的元素是周一、周二、周三、周四、周五、周六和周日。

我们一般使用大写字母来给集合命名。我们使用 W 来代表一周七天的集合。

通常有三种方法可以用来表示集合。第一种方法是**描述法**，我们可以将 W 描述为一周七天的集合。第二种方法是**列举法**，也就是在一对花括号内列举集合的所有元素。这一头一尾的花括号表示，我们表示的是集合。列举法使用逗号来隔开集合中的元素。因此，我们可以通过列举集合 W 中的元素来指定它，如下所示：

$W = \{周一，周二，周三，周四，周五，周六，周日\}$

分组符号，如圆括号 () 和方括号 [] 不用来代表集合。我们只能用逗号来隔开花括号中的集合元素，不能使用冒号或者分号。最后一点，集合中元素的列举顺序并不重要。因此，我们可以将 W 表示为：

$W = \{周六，周日，周一，周二，周三，周四，周五\}$

例 1 使用描述法表示集合

写出下列集合的描述。

$$P = \{\text{华盛顿，亚当斯，杰弗逊，麦迪逊，门罗}\}$$

解答

集合 P 是美国前五位总统的集合。

☑ **检查点 1** 写出下列集合的描述。

$$L = \{a, b, c, d, e, f\}$$

例 2 使用列举法表示集合

令 C 为小于一美元的美国硬币的集合。使用列举法表示该集合。

解答

$$C = \{1\text{美分}, 5\text{美分}, 10\text{美分}, 25\text{美分}, 50\text{美分}\}$$

☑ **检查点 2** 令 M 是以字母 A 开头的英文月份。使用列举法表示该集合。

好问题！

在使用符号法时，只能用 x 来代表变量吗？

不是的。我们可以使用任何字母来代表变量。因此，$\{x|x$ 是一周中的某天$\}$、$\{y|y$ 是一周中的某天$\}$ 和 $\{z|z$ 是一周中的某天$\}$ 表示的都是同一个集合。

第三种表示集合的方法是**集合符号表示法**。使用这种方法，我们可以将一周中的一天表示为

$$W \quad = \quad \{x|x \text{ 是一周中的某天}\}。$$

集合 W \qquad 所有 x 元素

我们将这个表示法读作："集合 W 是所有 x 的集合，其中 x 是一周中的某天。"竖线前面的是变量 x，代表一般意义的元素。竖线之后的是 x 作为集合元素必须满足的条件。

表 2.1 中是两个集合的示例，分别由描述法、列举法和集合符号表示法来表示。

披头士乐队在 1963 年登上了英国乐坛的巅峰，并在一年后征服了美国乐坛

表 2.1 三种方法表示集合

描述法	列举法	集合符号表示法
B 是1963年的披头士乐队成员的集合	B={乔治·哈里森，约翰·列侬，保罗·麦卡特尼，林格·斯塔}	B={x|x 是1963年的披头士乐队成员}
S 是以字母A开头的美国州的集合	S={Alabama, Alaska, Arizona, Arkansas}	S={x|x 是以字母A开头的美国州}

例 3 将集合符号表示法转换成列举法

用列举法表示集合：

$$A = \{x \mid x \text{ 是以字母 M 开头的英文月份}\}$$

解答

集合 A 是以字母 M 开头的英文月份的集合。符合条件的月份有两个，March（三月）和 May（五月），因此

$$A=\{\text{March，May}\}$$

☑ 检查点 3 用列举法表示集合：

$$O = \{x \mid x \text{ 是小于 10 的正奇数}\}$$

使用列举法表示某些集合存在一些问题，如某些集合元素过多，列举起来十分冗长，或者根本不可能列举出所有的元素。例如，考虑一下小写英文字母的集合。如果 L 表示小写英文字母的集合，我们可以使用集合符号表示法将其表示为

$$L = \{x \mid x \text{ 是小写的英文字母}\}$$

而列举所有元素的列举法则较为冗长：

$$L = \{a, b, c, d, e, f, g, h, i, j, k, l, m, n, o, p, q, r, s, t, u, v, w, x, y, z\}$$

我们可以将其简写为

$$L = \{a, b, c, d, \cdots, z\}$$

元素 d 后面的三个点叫省略号，表示接下来的元素和之前的元素一样，是按顺序排列的小写英文字母。

布利策补充

消失的集合

　　你有没有想过，如果有一天我们突然失去了回想起类别的能力以及命名类别的能力，会发生什么事？这就是刘易斯·卡罗尔笔下的《爱丽丝梦游仙境》中的女主角爱丽丝的遭遇，她和一只小鹿在"无名的森林"中漫步。

　　他们俩一起在林中漫步，爱丽丝的手臂可爱地环绕住小鹿柔软的脖子。他们走到了一片开阔的地带，突然小鹿跳了

起来，挣脱了爱丽丝的手臂。"我是一只小鹿！"它高兴地大叫道。"哦天呐！你是个人类小孩！"小鹿美丽的棕色眼睛里闪过一丝警觉，随后它就全速跑离了爱丽丝。

　　小鹿意识到爱丽丝属于人类这一集合，进而认识到她属于危险事物的集合，小鹿就吓坏了。因此，小鹿的经历是由它将世界分为不同种类的集合而决定的。

2　定义并识别空集

空集

思考下列集合：

$$\{x|x\text{是会说话的小鹿}\}$$

$$\{x|x\text{是大于10且小于4的数}\}$$

你能发现这两个集合有什么共同点吗？它们都没有元素。世界上不存在会说话的小鹿，也没有既大于 10 又小于 4 的数。这样没有元素的集合称为空集。

空集

空集是没有元素的集合。我们使用 $\{\}$ 或 $\varnothing$ 来表示空集。

注意，虽然 $\{\}$ 和 $\varnothing$ 的含义一样，但是不用 $\{\varnothing\}$ 来表示空集。这个集合表示含有元素 $\varnothing$ 的集合。

例 4　　识别空集

下面哪一个集合是空集？

a. $\{0\}$

b. 0

c. $\{x|x\text{是大于10或小于4的数}\}$

布利策补充

空集的音乐之声

约翰·凯奇（1912—1992）是一位美国前卫音乐家，将空集翻译转换成了世界上最安静的音乐。他的钢琴曲《4分33秒》需要一名音乐家坐在钢琴前，整整4分33秒（或273秒）一动不动。（273的意义在于，大约在零下273摄氏度，所有的分子运动都会停止。）集合 { $x|x$ 是 4 分 33 秒中的音乐声 } 是一个空集，整个曲子中根本没有任何声音。数学家马丁·加德纳写道，"我从来没有听过《4分33秒》的演奏，但我的朋友跟我说它是凯奇作的最棒的曲子"。

3　使用符号∈和∉

d. {$x|x$是三条边的正方形}

解答

a. {0} 是含有一个元素 0 的集合。由于这个集合含有一个元素，因此它不是空集。

b. 0 是一个数，不是一个集合，所以它也不可能是一个空集。然而，它表示的是空集的元素数量。

c. {$x|x$是大于10或小于4的数} 包含所有小于 4 的数或大于 10 的数，如 3 和 11。由于这个集合内含有元素，因此它不是空集。

d. {$x|x$是三条边的正方形} 内没有任何元素。不存在三条边的方形，因此它是空集。

☑ **检查点 4**　下面哪一个集合是空集？

a. {$x|x$是大于5或小于3的数}

b. {$x|x$是大于5且小于3的数}

c. 无

d. {∅}

集合关系的表示法

现在，我们学习两个特别的集合符号，分别表示一个对象属不属于一个集合。

符号∈和∉

符号∈用来表示对象是集合的元素，用来代替"是……的元素"。

符号∉用来表示对象不是集合的元素，用来代替"不是……的元素"。

例5　使用符号∈和∉

判断下列论断是否正确。

好问题！

一个集合可以属于另一个集合吗，也就是集合中的集合？

可以的。一个集合可以是另一个集合的元素。例如，$\{\{a,b\},c\}$ 这一集合有两个元素，一个元素是集合 $\{a,b\}$，另一个元素是字母 c。因此 $\{a,b\} \in \{\{a,b\},c\}$，$c \in \{\{a,b\},c\}$。

a. $r \in \{a,b,c,\cdots,z\}$

b. $7 \notin \{1,2,3,4,5\}$

c. $\{a\} \in \{a,b\}$

解答

a. 由于 r 是 $\{a,b,c,\cdots,z\}$ 中的元素，因此 $r \in \{a,b,c,\cdots,z\}$ 是正确的。注意，在列举法中，即使一个元素被省略了，它也是属于这个集合的。

b. 由于 7 不是 $\{1,2,3,4,5\}$ 中的元素，因此 $7 \notin \{1,2,3,4,5\}$ 是正确的。

c. 由于 $\{a\}$ 是一个集合，而且不是 $\{a,b\}$ 中的元素，因此 $\{a\} \in \{a,b\}$ 是错误的。

☑ **检查点 5** 判断下列命题是否正确。

a. $8 \in \{1,2,3,\cdots,10\}$

b. $r \notin \{a,b,c,z\}$

c. $\{周一\} \in \{x \mid x 是一周中的一天\}$

4 将集合符号应用于自然数集中

自然数集

在本节的剩下部分，我们将关注用来计数的数的集合：

$$\{1,2,3,4,5,6,7,8,9,10,11,\cdots\}$$

用来计数的数的集合又被称作**自然数**集，我们用加粗的字母 **N** 来代表这个集合。

自然数集

$$\mathbf{N} = \{1,2,3,4,5,\cdots\}$$

例6 表示自然数集

使用列举法表示下列集合：

a. 集合 A 是小于 5 的自然数的集合。

　　b. 集合 B 是大于或等于 25 的自然数的集合。

　　c. $E = \{x \mid x \in \mathbf{N}$ 且 x 是偶数 $\}$

解答

　　a. 小于 5 的自然数有 1、2、3、4。因此，我们可以使用列举法将集合 A 表示为

$$A = \{1, 2, 3, 4\}$$

　　b. 大于或等于 25 的自然数有 25、26、27、28 等。用列举法将集合 B 表示为

$$B = \{25, 26, 27, 28, \cdots\}$$

三个点代表这个列举永远继续下去。

　　c. $E = \{x \mid x \in \mathbf{N}$ 且 x 是偶数 $\}$ 表示，所有的 x 属于自然数集且是偶数。满足这个条件的集合是自然数偶数的集合。用列举法将该集合表示为

$$E = \{2, 4, 6, 8, \cdots\}$$

☑ **检查点 6**　使用列举法表示下列集合：

　　a. 集合 A 是小于或等于 3 的自然数的集合。

　　b. 集合 B 是大于 14 的自然数的集合。

　　c. $O = \{x \mid x \in \mathbf{N}$ 且 x 是奇数 $\}$

简单复习

不等式符号

我们经常使用不等式符号来描述自然数集。在表 2.2 中，我们复习一下基本的不等式符号。

表 2.2　不等式表示法和集合

不等式符号及其意义	集合符号表示法		列举法
$x < a$，x 小于 a	$\{x \mid x \in \mathbf{N}$ 且 $x < 4\}$	x 是一个小于 4 的自然数	$\{1, 2, 3\}$
$x \leqslant a$，x 小于或等于 a	$\{x \mid x \in \mathbf{N}$ 且 $x \leqslant 4\}$	x 是一个小于或等于 4 的自然数	$\{1, 2, 3, 4\}$

（续）

不等式符号及其意义	集合符号表示法		列举法
$x>a$，x大于a	$\{x\|x\in \mathbf{N}$且$x>4\}$	x 是一个大于 4 的自然数	$\{5,6,7,8,\cdots\}$
$x\geqslant a$，x大于或等于a	$\{x\|x\in \mathbf{N}$且$x\geqslant 4\}$	x 是一个大于或等于 4 的自然数	$\{4,5,6,7,\cdots\}$
$a<x<b$，x大于a且小于b	$\{x\|x\in \mathbf{N}$且$4<x<8\}$	x 是一个大于 4 小于 8 的自然数	$\{5,6,7\}$
$a\leqslant x\leqslant b$，x大于或等于a且小于或等于b	$\{x\|x\in \mathbf{N}$且$4\leqslant x\leqslant 8\}$	x 是一个大于或等于 4 且小于或等于 8 的自然数	$\{4,5,6,7,8\}$
$a\leqslant x<b$，x大于或等于a且小于b	$\{x\|x\in \mathbf{N}$且$4\leqslant x<8\}$	x 是一个大于或等于 4 且小于 8 的自然数	$\{4,5,6,7\}$
$a<x\leqslant b$，x大于a且小于或等于b	$\{x\|x\in \mathbf{N}$且$4<x\leqslant 8\}$	x 是一个大于 4 小于或等于 8 的自然数	$\{5,6,7,8\}$

例 7　表示自然数集

使用列举法表示下列集合：

a.　$\{x\|x\in \mathbf{N}$且$x<100\}$

b.　$\{x\|x\in \mathbf{N}$且$70\leqslant x<100\}$

解答

a.　$\{x\|x\in \mathbf{N}$且$x\leqslant 100\}$ 表示小于或等于 100 的自然数。因此我们可以用列举法将其表示为

$$\{1,2,3,4,\cdots,100\}$$

b.　$\{x\|x\in \mathbf{N}$且$70\leqslant x<100\}$ 表示大于或等于 70 且小于 100 的自然数。因此我们可以用列举法将其表示为

$$\{70,71,72,73,\cdots,99\}$$

☑ **检查点 7**　使用列举法表示下列集合：

a.　$\{x\|x\in \mathbf{N}$且$x<200\}$

b.　$\{x\|x\in \mathbf{N}$且$50<x\leqslant 200\}$

5 确定一个集合的基数

集合的基数与等价的集合

一个集合中元素的数量称为**基数**，或集合的**势**。例如，集合 {a,e,i,o,u} 由 5 个元素组成，因此它的基数是 5。我们也可以说集合的势是 5。

> 集合基数的定义
>
> 集合 A 的基数表示为 $n(A)$，是集合 A 中的不同元素个数。符号 $n(A)$ 读作 "A 的势 n"。

注意，集合的基数代表的是集合内不同的元素个数。集合中重复的元素并不是新的元素，也不会增加集合的基数。例如，$A = \{3,5,7\}$ 和 $B = \{3,5,5,7,7,7\}$ 代表同一个具有 3 个元素的集合，因此 $n(A) = 3$ 且 $n(B) = 3$。

例 8 确定一个集合的基数

求出下列集合的基数：

a. $A = \{7,9,11,13\}$

b. $B = \{0\}$

c. $C = \{13,14,15,\cdots,22,23\}$

d. $\varnothing$

解答

我们可以通过算出每个集合中不同元素的数量来求出集合的基数。

a. $A = \{7,9,11,13\}$ 包含四个不同的元素，因此集合 A 的基数是 4，我们也可以说集合 A 的势是 4，或 $n(A) = 4$。

b. $B = \{0\}$ 包含一个元素，也就是 0。集合 B 的基数是 1，因此 $n(B) = 1$。

c. $C = \{13,14,15,\cdots,22,23\}$ 只列出来了 5 个元素，但是 $\cdots$ 表示从 16 到 21 的自然数同样包含在这个集合中。我们数出集合中有 11 个自然数。集合 C 的基数是 11，因此 $n(C) = 11$。

d. $\varnothing$ 是空集，不包含任何元素，因此 $n(\varnothing) = 0$。

☑ **检查点 8**

求出下列集合的基数：

a. $A = \{6,10,14,15,16\}$

b. $B = \{872\}$

c. $C = \{9,10,11,\cdots,15,16\}$

d. $D = \{\ \}$

---

6   识别等价的集合

包含相同数量元素的集合即是等价的集合。

> **等价集合的定义**
>
> 集合 A 与集合 B 等价，意味着集合 A 与集合 B 包含相同数量的元素。对于等价集合，$n(A) = n(B)$。

下面有一个等价集合的例子：

$$n(A) = n(B) = 5$$

$$A = \{x \mid x \text{ 是元音字母}\} \quad = \{a, e, i, o, u\}$$

$$B = \{x \mid x \in \mathbf{N} \text{ 且 } 3 \leqslant x \leqslant 7\} \quad = \{3, 4, 5, 6, 7\}$$

我们不需要数出集合中元素的个数都是 5 才得出两个集合等价的结论。上下都有箭头的竖线 ↕ 表示集合 A 中的一个元素能和集合 B 中的一个元素配对，而且集合 B 中的一个元素也能和集合 A 中的一个元素配对。我们就说这两个集合是一一对应的。

> **一一对应与等价集合**
>
> 1. 如果集合 A 和集合 B 是一一对应的，那么 A 和 B 是等价的，即 $n(A) = n(B)$。
> 2. 如果集合 A 和集合 B 不是一一对应的，那么 A 和 B 就不是等价的，即 $n(A) \neq n(B)$。

 例 9   判断集合是否等价

图 2.1 展示了美国大学生学业受阻的五大因素。令

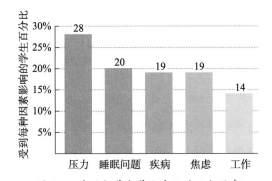

图 2.1 美国大学生学业受阻的五大因素

来源：American College Health Association

$A=$ 图 2.1 中的五大因素的集合

$B=$ 大学生报告受到每种因素影响的比例的集合 这两个集合是否等价？请说明。

解答

我们从列举每个集合的元素开始分析。

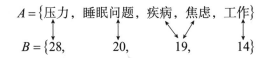

$A=\{$ 压力，睡眠问题，疾病，焦虑，工作$\}$

$B=\{28,\quad 20,\quad 19,\quad 14\}$

不要写两次 19。我们只对每个集合的不同元素感兴趣

我们有两种方法能够判断这两个集合并不是等价的。

方法 1．一一对应法

两个集合之间的双向箭头竖线表明这两个集合并不是一一对应的。集合 A 中的疾病和焦虑都和集合 B 中的 19 对应。因此，这两个集合并不是等价的。

方法 2．数数法

集合 A 有五个不同的元素，即 $n(A)=5$。

集合 B 有四个不同的元素，即 $n(B)=4$。由于这两个集合包含的元素数并不相同，因此这两个集合并不是等价的。

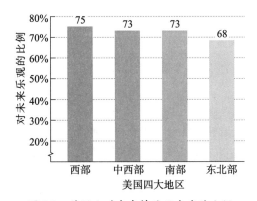

图 2.2 美国人对未来持乐观态度的比例

来源：The Harris Poll（2016 data）

☑ **检查点 9** 图 2.2 展示了美国四大地区的美国人对未来持乐观态度的比例。令

$A=$ 图 2.2 中的四大地区的集合

$B=$ 对未来持乐观态度的美国人的比例的集合 这两个集合是否等价？请说明。

7 辨别有限集和无限集

有限集和无限集

在例 9 中，我们学习了如何比较两个集合的基数，如何一一对应集合的元素。如果没有一一对应的关系，集合的基数不同，也就不会等价了。尽管这个概念在有限集中十分明显，但在处理无限集的问题时，会得出一些不同寻常的结论。

> **有限集和无限集**
>
> 如果 $n(A)=0$（即 A 是空集）或 $n(A)$ 是一个自然数，那么集合 A 是有限集。如果一个集合的基数不是 0 也不是自然数，那么它就是无限集。

一个无限集的例子就是自然数集 $\mathbf{N}=\{1,2,3,4,5,6,\cdots\}$，其中省略号表示这个集合没有最后一个元素。这个集合有基数吗？答案是有的，但这个基数是你见过的最奇怪的数字之一。我们用无限基数 $\aleph_0$（读作"阿列夫零"，$\aleph$ 是希伯来字母的第一个字母）表示。随之而来的是一连串令人费解的结果，包括一族不同的无限数，其中 $\aleph_0$ 是最小的无限：

$$\aleph_0 < \aleph_1 < \aleph_2 < \aleph_3 < \aleph_4 < \aleph_5 < \cdots$$

这些我们无法想象的概念会在 2.2 节和本章末尾的布利策补充中展开说明。

8　识别相等的集合

相等的集合

在本节的末尾我们学习另一个重要的集合概念——集合相等。

> **集合相等的定义**
>
> 集合 A 与集合 B 相等意味着这两个集合内的元素完全一致，排列顺序或元素重复并不影响集合相等。我们使用 $A=B$ 来表示集合 A 与集合 B 相等。

例如，如果 $A=\{w,x,y,z\}$ 且 $B=\{z,y,w,x\}$，那么由于两个集合包含的元素完全相同，即 $A=B$。

因为相等的集合包含的元素相同，它们的基数也相同。例如 $A=\{w,x,y,z\}$ 和 $B=\{z,y,w,x\}$ 均有 4 个元素。因此，两个集合的基数均是 4。注意，我们可以将两个集合中相等的元素进行配对，构造一种一一对应的关系：

$$
\begin{aligned}
A &= \{w, \quad x, \quad y, \quad z\} \\
B &= \{z, \quad y, \quad w, \quad x\}
\end{aligned}
$$

好问题！

你能说清楚相等的集合和等价的集合之间的区别吗？

在英语中，相等（equal）和等价（equivalent）经常表示同一个意思。然而在集合论中并不是这样。**相等的集合包含相同的元素**，而**等价的集合包含相同数量的元素**。如果两个集合相等，它们必定是等价的。但是，如果两个集合等价，它们不一定是相等的。

这就说明了一个重要的知识点：**如果两个集合相等，它们必定是等价的。**

例 10　判断集合是否相等

判断下列论断的正误：

a. $\{4,8,9\} = \{8,9,4\}$

b. $\{1,3,5\} = \{0,1,3,5\}$

解答

a.　$\{4,8,9\}$ 和 $\{8,9,4\}$ 包含的元素完全相同，因此 $\{4,8,9\} = \{8,9,4\}$ 是正确的。

b.　$\{1,3,5\}$ 和 $\{0,1,3,5\}$ 包含的元素并不完全相同，因此它们并不相等，从而 $\{1,3,5\} = \{0,1,3,5\}$ 是错误的。

☑ **检查点 10**　判断下列论断的正误

a. $\{O,L,D\} = \{D,O,L\}$

b. $\{4,5\} = \{5,4,\varnothing\}$

2.2

子集

学习目标

学完本节之后，你应该能够：

1. 识别子集并使用符号 $\subseteq$。
2. 识别真子集并使用符号 $\subset$。
3. 判断一个集合的子集数量。
4. 将子集和等价集合的概念应用到无限集中。

谁知道数学文身？在过去，文身通常令人讨厌，而现在，文身逐渐流行起来，成为一种身体艺术和自我表现的方法。最近的哈里斯民意调查得知，至少有 4 500 万美国人，或美国总人口的 21%，身上有文身。

表 2.3 展示了不同年龄段美国人有文身的比例。表格中的分类将有文身的美国人这一集合按照年龄段分成了更小的集合，称为子集。年龄段的子集还可以再分成更小的子集。例如，25～29 岁的美国人有文身的集合还可以再根据性别、政治倾向、种族或兴趣爱好分成更小的子集。这意味着，有文身的美国人这一集合可以分成很多子集。这些子集中的每个美国人都是有文身的美国人这一集合中的元素。

1 识别子集并使用符号 ⊆

子集

一个集合中的所有元素都是另一个集合中的元素，这种情况的定义如下所示：

> **集合的子集的定义**
>
> 如果集合 A 中的每一个元素都是集合 B 中的元素，那么集合 A 就是集合 B 的子集，记作 $A \subseteq B$。

表 2.3 不同年龄段美国人有文身的比例

年龄段	有文身的比例
18~24	22%
25~29	30%
30~39	38%
40~49	27%
50~64	11%
65+	5%

来源：Harris Interactive

我们将这个定义应用到表 2.3 的 25~29 岁的美国人中。

25~29 岁有文身的美国人的集合

所有有文身美国人的集合

$$\left\{ \begin{matrix} x \mid x \text{ 是一个有文身的美国人} \\ \text{且 } 25 \leqslant x \text{ 的年龄} \leqslant 29 \end{matrix} \right\} \subseteq \{x \mid x \text{ 是一个有文身的美国人}\}$$

这个集合中的所有人，在子集符号的左侧

这个集合中的所有人，在子集符号的右侧

我们可以观察到，一个子集自身是一个集合。

$A \nsubseteq B$ **意味着 A 不是 B 的子集。** 如果集合 A 中至少有一个元素不是集合 B 中的元素，那么 A 不是 B 的子集。例如：

$$A = \{1, 2, 3\} \text{ 和 } B = \{1, 2\}$$

3 是集合 A 中的元素，但不是集合 B 中的元素，因此 A 不是 B 的子集，即 $A \nsubseteq B$。

我们可以通过证明 A 中的所有元素均是 B 中的元素来证明 $A \subseteq B$。我们也可以通过证明 A 中有一个元素不是 B 中的元素来证明 $A \nsubseteq B$。

太阳系的八大行星，我们没有忘了冥王星。2006 年，根据一个行星必须支配它自己的轨道这一规定，国际天文学联合会将冥王星剔除行星的行列，并给了它一个全新的分类，即"矮行星"

例1 使用 ⊆ 和 ⊄ 符号

在空格中填上 ⊆ 或 ⊄，使命题成立。

a. $A = \{1, 3, 5, 7\}$

　　$B = \{1, 3, 5, 7, 9, 11\}$

　　A＿＿＿B

b. $A = \{x|x$ 是单词 proof 中的字母$\}$

$B = \{y|y$ 是单词 roof 中的字母$\}$

$A\underline{\quad}B$

c. $A = \{x|x$ 是太阳系中的行星$\}$

$B = \left\{\begin{array}{l}\text{水星，金星，地球，火星，木星，土星,}\\ \text{天王星，海王星}\end{array}\right.$

$A\underline{\quad}B$

解答

a. $A = \{1,3,5,7\}$ 中的所有元素都是 $B = \{1,3,5,7,9,11\}$ 中的元素，因此集合 A 是集合 B 的子集：$A\subseteq B$

b. 我们可以列举集合 A 和集合 B 中的元素，不需要列出重复的字母 o，列出一个即可：

$$A = \{p,r,o,f\}\qquad\qquad B = \{r,o,f\}$$

元素 p 在集合 A 中不在集合 B 中

由于集合 A 中有一个元素并不属于集合 B，因此集合 A 不是集合 B 的子集：$A\nsubseteq B$。

c. $A = \{x|x$ 是太阳系中的行星$\}$ 中的所有元素均包含在 $B=\{$水星，金星，地球，火星，木星，土星，天王星，海王星$\}$ 中，由于集合 A 中的所有元素同样在集合 B 中，因此集合 A 是集合 B 的子集：$A\subseteq B$。此外，这两个集合相等 $(A=B)$。

☑ **检查点 1** 在空格中填上 $\subseteq$ 和 $\nsubseteq$，使命题成立。

a. $A = \{1,3,5,6,9,11\}$

$B = \{1,3,5,7\}$

$A\underline{\quad}B$

b. $A = \{x|x$ 是单词 roof 中的字母$\}$

$B = \{y|y$ 是单词 proof 中的字母$\}$

$A\underline{\quad}B$

c. $A = \{x \mid x$ 是一周中的一天$\}$

$B = \{$周一，周二，周三，周四，周五，周六，周日$\}$

$A \underline{\quad} B$

2　识别真子集并使用符号 $\subset$

真子集

在例 1 的 c 小题和检查点 1 的 c 小题中，给出的集合是相等的，**而且每个集合都是它自身的子集**。对于任意集合 A 而言，很明显由于 A 中的每个元素都是 A 中的所有元素，所以 $A \subseteq A$。

如果我们知道集合 A 是集合 B 的子集，并排除掉两个集合相等的可能，那么集合 A 就是集合 B 的真子集，记作 $A \subset B$。

> **集合的真子集的定义**
> 如果集合 A 是集合 B 的子集，而且 A 和 B 并不相等（ $A \neq B$ ），那么集合 A 是集合 B 的真子集，记作 $A \subset B$。

请不要混淆子集符号 $\subseteq$ 和真子集符号 $\subset$。在某些子集中，这两个符号是可以互换的。

集合 A　集合 B

$$\{1,3\} \subseteq \{1,3,5\}$$

和

集合 A　集合 B

$$\{1,3\} \subset \{1,3,5\}$$

A 是 B 的子集。A 中的每个元素也在 B 中

A 是 B 的真子集。因为 A 与 B 不相等

相比之下，有些子集只能用子集符号表示：

集合 A　　集合 B

$$\{1,3,5\} \quad \subseteq \quad \{1,3,5\}$$

A 是 B 的子集。A 中的每个元素 B 中都有。A 不是 B 的真子集，因为 $A=B$。$\subset$ 符号不能被放在这两个集合之间。

由于 $A \subseteq B$ 中子集符号下方的横线表示相等关系，集合 A 和集合 B 有可能是相等的，尽管它们不一定相等。相比之下，$A \subset B$ 中缺失了下方的横线，表示集合 A 和集合 B 不能相等。

好问题！

符号 $\subseteq$ 和 $\subset$ 与不等式符号 $<$ 和 $\leqslant$ 之间有没有什么关系？

你的观察力真棒！

- 符号 $\subseteq$（是……的子集）和符号 $\leqslant$（小于或等于……）类似。这是因为这两个符号的理念相同，只有当集合 A 的基数小于或等于集合 B 的基数时，$A \subseteq B$ 才能应用于有限集。
- 符号 $\subset$（是……的真子集）和符号 $<$（小于……）类似。这是因为这两个符号的理念相同，只有当集合 A 的基数小于集合 B 的基数时，$A \subset B$ 才能应用与有限集。

例 2 使用 ⊆ 和 ⊂ 符号

在横线上填上 ⊆、⊂ 或两个符号，构建正确的论断。

a. $A = \{x | x$ 是一个住在洛杉矶 $^{\ominus}$ 的人 $\}$

$B = \{x | x$ 是一个住在加州的人 $\}$

A＿＿B

b. $A = \{2, 4, 6, 8\}$

$B = \{2, 8, 4, 6\}$

A＿＿B

解答

a. 我们从 $A = \{x | x$ 是一个住在洛杉矶的人 $\}$ 和 $B = \{x | x$ 是一个住在加州的人 $\}$ 开始。每一个住在洛杉矶的人都是住在加州的人。由于集合 A 中的每一个元素都是集合 B 中的元素，所以集合 A 是集合 B 的子集：$A \subseteq B$。

$A = \{x | x$ 是一个住在洛杉矶的人 $\}$ 和 $B = \{x | x$ 是一个住在加州的人 $\}$ 包含的元素数量并不相同，这两个集合并不相等。一个住在加州但不住在洛杉矶的人属于集合 B 而不属于集合 A。因此，集合 A 和集合 B 并不相等：$A \subset B$。

横线上填哪一个符号都是可以的。

b. $A = \{2, 4, 6, 8\}$ 中的每个元素都是 $B = \{2, 8, 4, 6\}$ 中的元素，因此集合 A 是集合 B 的子集：$A \subseteq B$。

由于这两个集合包含的元素完全相同，因此集合 A 并不是集合 B 的真子集。我们不能用 ⊂ 代替 ⊆ 符号。（由于集合 A 不是集合 B 的真子集，所以 $A \not\subset B$ 是正确的。）

☑ **检查点 2**

在横线上填上 ⊆、⊂ 或两个符号，构建正确的论断。

a. $A = \{2, 4, 6, 8\}$

$B = \{2, 8, 4, 6, 10\}$

A＿＿B

$\ominus$ 洛杉矶是加州的一个市。

b. $A = \{x | x$ 是一个住在亚特兰大的人$\}$

$B = \{x | x$ 是一个住在佐治亚的人$\}$

$A \underline{\quad} B$

好问题！

集合论中的符号弄得我好迷惑啊！符号 $\in$ 和 $\subseteq$ 有什么区别？

符号 $\in$ 意味着"是……的元素"，符号 $\subseteq$ 意味着"是……的子集"。请注意这两个符号的区别：

$$4 \in \{4,8\} \qquad \{4\} \subseteq \{4,8\} \qquad \{4\} \notin \{4,8\}$$

| 4 是集合 $\{4, 8\}$ 中的元素 | 包含 4 的集合是集合 $\{4, 8\}$ 的子集 | 包含 4 的集合不是集合 $\{4, 8\}$ 中的元素，但是 $\{4\} \in \{\{4\}, \{8\}\}$ |

布利策补充

科学和数学的文身

我们以美国人有文身的比例的集合根据不同年龄段划分的子集为例，开启了这一节的学习。我们还将在本节末尾的练习集（练习 83~92）中继续根据不同的标准划分子集，如政治倾向和性别。

在《科学之墨》（Sterling, 2011）中，科普作家卡尔·齐默展示了超过 300 幅引人深思的科学和数学文身，阐释了身体艺术的重要性。齐默书中的很多文身例子出现在《数学思维》中，包括空集、以 2 为基底的数字（4.2 节）、黄金分割比（6.5 节）以及出现在很多统计公式（12.2 节）中的求和符号 Σ。去看看《科学之墨》这本书，准备好被文身及其背后的故事惊得目瞪口呆吧。

子集与空集

$A \subseteq B$ 的含义引发了一些关于空集的有趣性质。

例 3 作为子集的空集

令 $A = \{ \; \}$，$B = \{1, 2, 3, 4, 5\}$。$A \subseteq B$ 吗？

解答

如果 A 中至少有一个元素不属于 B，那么 A 不是 B 的子集（$A \nsubseteq B$）。由于 A 是一个空集，所以 A 中没有元素，也就是说，A 中不会有不属于 B 的元素。因为我们不能在 A 中找到不

↓ 属于 $B = \{1, 2, 3, 4, 5\}$ 的元素，所以 $A \subseteq B$，也就是 $\varnothing \subseteq B$。

☑ **检查点 3** 令 $A = \{\ \}$，$B = \{6, 7, 8\}$。$A \subseteq B$ 吗？

例 3 阐释了这样一个规则，**空集是任何集合的子集**。此外，空集是任何除它自身之外的集合的真子集。

> **作为子集的空集**
>
> 1. 对于任何集合 B，都有 $\varnothing \subseteq B$。
> 2. 对于任何非空集合 B，都有 $\varnothing \subset B$。

3 判断一个集合的子集数量 　**给定集合的子集数量**

如果一个集合有 n 个元素，那么它有多少个子集？我们先来观察一些特殊的集合，即包含 0, 1, 2, 3 个元素的集合。我们先列出子集并计数子集的数量，如表 2.4 所示。

表 2.4　子集的数量：一些特殊情况

集合	元素数量	子集列举	子集数量
$\{\ \}$	0	$\{\ \}$	1
$\{a\}$	1	$\{a\}$，$\{\ \}$	2
$\{a, b\}$	2	$\{a, b\}$，$\{a\}$，$\{b\}$，$\{\ \}$	4
$\{a, b, c\}$	3	$\{a, b, c\}$，$\{a, b\}$，$\{a, c\}$，$\{b, c\}$，$\{a\}$，$\{b\}$，$\{c\}$，$\{\ \}$	8

表 2.4 表明，每当集合内元素的数量增加 1 个，子集的数量都会增加 1 倍。子集的数量似乎与 2 的幂有关。

元素数量	0	1	2	3
子集数量	$1 = 2^0$	$2 = 2^1$	$4 = 2^2$	$8 = 2^3$

2 的幂与集合中的子集个数相同。我们利用归纳法，如果一个集合内有 n 个元素，那么子集的数量是 2^n。

> **子集的数量**
>
> 一个有 n 个元素的集合的子集数量是 2^n。

对于一个给定的集合，我们已经知道除了这个集合自身的每一个子集都是它的真子集。在表 2.4 中，我们将集合本身也算到子集的行列里去了。如果我们想要求出集合的真子集数量，必须减去给定的集合本身，也就是减去 1。

真子集的数量

一个有 n 个元素的集合的真子集数量是 $2^n - 1$。

例 4　求出下列集合子集和真子集的数量

a. $\{a, b, c, d, e\}$

b. $\{x \mid x \in \mathbf{N} 且 9 \leqslant x \leqslant 15\}$

解答

a. 一个有 n 个元素的集合的子集数量是 2^n。由于 $\{a, b, c, d, e\}$ 内有 5 个元素，因此它有 $2^5 = 2 \times 2 \times 2 \times 2 \times 2 = 32$ 个子集。如果我们想要求出集合的真子集数量，必须减去给定的集合本身，也就是减去 1，因此它有 $2^5 = 2 \times 2 \times 2 \times 2 \times 2 - 1 = 31$ 个真子集。

b. 我们可以将 $\{x \mid x \in \mathbf{N} 且 9 \leqslant x \leqslant 15\}$ 用列举法表示，即 $\{9,10,11,12,13,14,15\}$。由于该集合内有 7 个元素，因此它有 $2^7 = 2 \times 2 \times 2 \times 2 \times 2 \times 2 \times 2 = 128$ 个子集，有 $2^7 - 1 = 128 - 1 = 127$ 个真子集。

☑ **检查点 4**　求出下列集合子集和真子集的数量。

a. $\{a, b, c, d\}$

b. $\{x \mid x \in \mathbf{N} 且 3 \leqslant x \leqslant 8\}$

4　将子集和等价集合的概念应用到无限集中

无限远是万物发生的地方。
——W. W. Sawyer, *Prelude to Mathematics*, Penguin Books, 1960

无限集的子集数量

在 2.1 节中，我们提到自然数的无限集 $\{1,2,3,4,5,6,\cdots\}$，记作 $\aleph_0$，名叫超限基数，相当于有 $\aleph_0$ 个自然数。

一旦我们接受了无限集的基数，一个超现实的世界就会产生，其中有一个等级不断提高的无限序列。因为自然数集内有 $\aleph_0$ 个自然数，它有 $2^{\aleph_0}$ 个子集，因此 $2^{\aleph_0} > \aleph_0$。我们将 $2^{\aleph_0}$ 记作 $\aleph_1$，有 $\aleph_1 > \aleph_0$。因为自然数子集的集合有 $\aleph_1$ 个元素，因此它有 $2^{\aleph_1}$ 个子集，并有 $2^{\aleph_1} > \aleph_1$。我们将 $2^{\aleph_1}$ 记作 $\aleph_2$，其中 $\aleph_2 > \aleph_1 > \aleph_0$。根据这种计算方法，$\aleph_0$ 是不同无限序列中最小超限基数！

布利策补充

无限集的基数

绘画《一次又一次》中的镜子具有这样一个效果，它们会无限多次地重复镜中的图像，创造出一个镜像的无限隧道。无穷无尽的无限的概念确实特别有趣。你知道吗，几千年前的宗教领袖曾经警告过人们，不可以研究无限的性质？宗教经常会将无限与超存在画上等号。最近的一名宗教法庭的牺牲者，乔达诺·布鲁诺，因为研究无限的性质而被活活烧死。一直到 19 世纪 70 年代，德国数学家格奥尔格·康托尔（1845—1918）才开始小心翼翼地研究有关无限的数学。

康托尔发明了自然数集的超限基数 $\aleph_0$。他使用一一对应的方法来建立自然数集及其真子集之间令人称奇的等价性。下面有两个例子：

自然数集：$\{1,2,3,4,5,6,\cdots,n,\cdots\}$
偶自然数集：$\{2,4,6,8,10,12,\cdots,2n,\cdots\}$

每个自然数 n 都对应于偶自然数 $2n$

这些一一对应的关系表明，偶自然数集和奇自然数集与自然数集是等价的。实际上，一个诸如自然数集的无限集可以被定义为，任何能与它的真子集一一对应的集合。这个定义让你一头雾水，它居然认为一个集合的部分元素的数量与全部元素的数量相等。有 $\aleph_0$ 个偶自然数，$\aleph_0$ 个奇自然数和 $\aleph_0$ 个自然数。由于偶自然数和奇自然数加起来是整个自然数，我们就有了超限算术的奇妙公式：

$$\aleph_0 + \aleph_0 = \aleph_0$$

随着康托尔继续研究无限集，他的观察也变得越来越奇怪了。康托尔表示，某

自然数集：$\{1,2,3,4,5,6,\cdots,n,\cdots\}$
奇自然数集：$\{1,3,5,7,9,11,\cdots,2n-1,\cdots\}$

每个自然数 n 都对应于奇自然数 $2n-1$

些无限集包含的元素数比其他无限集的要多。这超出了他的同行的理解范围，他们认为他的工作十分荒谬。康托尔的导师，利奥波德·克罗内克对他说："看看随着无限集的工作浮出水面的疯狂想法。一个无限怎么可能会比另一无限要大？你最好忽略这些矛盾。你要是再把这些妖魔鬼怪和无限数当作数学，你就别想进入柏林大学任教。"尽管康托尔没有被火烧死，大家对他工作的谴责对他造成了严重的影响。他晚年不幸，在精神病治疗中心度过。然而，康托尔的工作后来得到了数学家的尊重。现在，他被视为去除无限神秘面纱的伟大数学家。

2.3

学习目标

学完本节之后，你应该能够：

1. 理解全集的含义。

2. 理解韦恩图的基本概念。

3. 使用韦恩图来可视化两个集合之间的关系。

4. 求一个集合的补集。

5. 求两个集合的交集。

6. 求两个集合的并集。

7. 进行集合运算。

8. 从韦恩图中判断集合运算。

9. 理解"和"与"或"的含义。

10. 使用公式 $n(A \cup B)$。

1 理解全集的含义

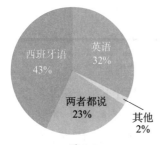

图 2.3

来源：*Time*

2 理解韦恩图的基本概念

图 2.4

韦恩图和集合运算

拉美裔占美国人口的 17%，每年创造 1.3 万亿美元的财富，与墨西哥、多美尼加共和国、危地马拉和萨尔瓦多的 GDP 加起来一样多（来源：*Time*）。随着拉美裔的消费力稳步增长，美国公司发现，西班牙裔美国人，尤其是 14～34 岁的年轻消费者希望别人用英语搭话，尽管他们仍然忠于自己的拉美身份。

西班牙裔美国人在家会说什么语言？在本节中，我们用集合来分析这个问题的。这样，你能看到集合和它们的可视化表现是如何准确地组织、分类和描述各种各样的数据的。

全集和韦恩图

图 2.3 中的扇形图将美国 5 500 万西班牙裔按照在家所说的语言分成 4 类。图像的四个部分定义了 4 个集合：

- 在家说西班牙语的西班牙裔美国人。
- 在家说英语的西班牙裔美国人。
- 在家说西班牙语和英语的西班牙裔美国人。
- 在家说西班牙语和英语之外的其他语言的西班牙裔美国人。

在对集合的讨论中，将一个包含讨论中所有元素的集合指定为一般集合是非常方便的。这个一般集合称为全集。一个**全集**简写为 U，是包含给定讨论或问题中所有元素的集合。因此，上述讨论中的集合的全集是

$$U = \text{西班牙裔美国人的集合}$$

注意，这个全集限制住了我们关注点，这样我们就可以集中研究图 2.3 中的四个子集了。

我们可以通过图解的方式更深入地理解全集中的集合与集合之间的关系。韦恩图，以英国逻辑学家约翰·韦恩（1834—1923）的名字命名，常常被用来展示集合之间的可视关系。

图 2.4 是一个韦恩图。全集由长方形内的区域表示。全集内的子集由圆形、椭圆形或其他形状表示。在这个韦恩图中，集合 A 由圆形中的浅色区域表示。

图 2.4 中的深色表示属于全集 U 但不属于集合 A 的元素。将深色区域和浅色区域加起来，我们就得到了全集 U。

例 1 根据韦恩图判断集合

使用图 2.5 中的韦恩图来判断下列集合：

a. U b. A c. 属于 U 但不属于 A 的集合

解答

a. 集合 U 是全集，包含长方形内的所有元素。因此，$U = \{\square, \triangle, \$, M, 5\}$。

b. 集合 A 包含所有圆形内的元素。因此，$A = \{\square, \triangle\}$。

c. 属于 U 但不属于 A 的集合是圆形外所有元素的集合，即 $\{\$, M, 5\}$。

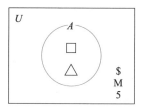

图 2.5

☑ **检查点 1** 使用图 2.6 中的韦恩图来判断下列集合：

a. U b. A c. 属于 U 但不属于 A 的集合

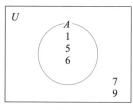

图 2.6

3 使用韦恩图来可视化两个集合之间的关系

使用韦恩图表示两个集合

在韦恩图中，有不同的方法表示全集中的两个子集。为了更高效地理解这些表示方法，请考虑下列情形。

你想要知道大学会不会对献血者有足够的支持。你采取调查的方法收集信息，询问学生

愿意献血吗？

愿意请献血者一顿早餐吗？

集合 A 是愿意献血的学生，集合 B 是愿意请献血者一顿早餐的学生。调查可能的结果如下所示：

● 不愿意献血的学生也愿意请献血者一顿早餐，反之亦然。

● 所有愿意献血的学生都愿意请献血者一顿早餐。

● 愿意献血的学生与愿意请献血者一顿早餐的学生一样。

● 某些愿意献血的学生也愿意请献血者一顿早餐。

我们从利用韦恩图来可视化调查结果入手。为此，我们考虑四个基本关系及其可视化表示。

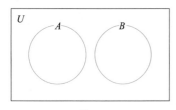

图 2.7

关系 1 不相交的集合 两个没有共同元素的集合称为不相交的集合。两个不相交的集合 A 和集合 B 如图 2.7 所示。不相交的集合以没有重叠部分的两个圆形表示。A 中没有任何元素属于 B，反之亦然。

由于集合 A 表示愿意献血的学生，集合 B 表示愿意请献血者一顿早餐的学生，这幅集合图解表示：不愿意献血的学生也愿意请献血者一顿早餐。

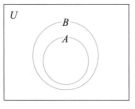

图 2.8

关系 2 真子集 如果集合 A 是集合 B 的真子集（$A \subset B$），两个集合之间的关系见图 2.8。集合 A 中的所有元素都是集合 B 中的元素。如果 x 位于圆形 A 中，那么它必定位于圆形 B 中。

由于集合 A 表示愿意献血的学生，B 表示愿意请献血者一顿早餐的学生，这幅集合图解表示：所有愿意献血的学生都愿意请献血者一顿早餐。

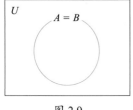

图 2.9

关系 3 集合相等 如果 $A = B$，那么集合 A 的元素正好和集合 B 中的元素相等，如图 2.9 中所示。所有集合 A 中的元素都属于集合 B，反之亦然，所以图 2.9 阐释了当 $A = B$ 时，$A \subseteq B$ 且 $B \subseteq A$。

由于集合 A 表示愿意献血的学生，集合 B 表示愿意请献血者一顿早餐的学生，这幅集合图解表示：愿意献血的学生与愿意请献血者一顿早餐的学生一样。

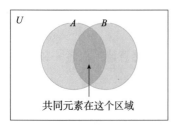

共同元素在这个区域

图 2.10

关系 4 集合相交 在数学中，"某些"意味着"至少存在一个"。如果集合 A 和集合 B 至少存在一个共同的元素，那么集合表示的圆形必然会有重叠，如图 2.10 中所示。

由于集合 A 表示愿意献血的学生，集合 B 表示愿意请献血者一顿早餐的学生，这幅集合图解表示：某些愿意献血的学生也愿意请献血者一顿早餐。

在图 2.11 中，我们标出了图 2.10 中的每个区域。让我们来确定，我们已经完全理解了校园献血情形的集合区域。记住，集合 A 表示愿意献血的学生，集合 B 表示愿意请献血者一顿早餐的学生。

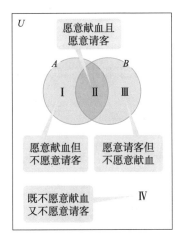

A：愿意献血的学生

B：愿意请客的学生

图 2.11

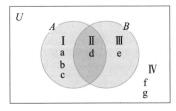

图 2.12

在图 2.11 中，我们从中央的区域 II 开始研究，一直到最外面的区域 IV。

区域 II	这个区域代表愿意献血且愿意请客的学生。既属于集合 A 又属于集合 B 的元素位于这个区域
区域 I	这个区域代表愿意献血但不愿意请客的学生。属于集合 A 但不属于集合 B 的元素位于这个区域
区域 III	这个区域代表不愿意献血但愿意请客的学生。不属于集合 A 但属于集合 B 的元素位于这个区域
区域 IV	这个区域代表既不愿意献血也不愿意请客的学生。不属于集合 A 也不属于集合 B 的元素位于这个区域

例 2 根据韦恩图判断集合

使用图 2.12 中的韦恩图判断下列集合：

a. U b. B

c. 属于 A 但不属于 B 的元素的集合

d. 属于 U 但不属于 B 的元素的集合

e. 既属于 A 又属于 B 的元素的集合

解答

a. 集合 U 是全集，包含长方形中的所有元素。将区域 I、II、III、IV 中的元素合起来，我们得到 $U = \{a,b,c,d,e,f,g\}$。

b. 集合 B 包含区域 II、III 的元素，因此 $B = \{d,e\}$。

c. 属于 A 但不属于 B 的元素的集合包含区域 I 中的元素，即 $\{a,b,c\}$。

d. 属于 U 但不属于 B 的元素的集合包含区域 I、IV，即 $\{a,b,c,f,g\}$。

e. 既属于 A 又属于 B 的元素的集合包含区域 II，即 $\{d\}$。

☑ **检查点 2** 利用图 2.12 中的韦恩图判断下列集合：

a. A

b. 属于 B 但不属于 A 的元素的集合

c. 属于 U 但不属于 A 的元素的集合

d. 属于 U 但不属于 B 或 A 的元素的集合

4 求一个集合的补集

集合的补集

在算术中，我们使用诸如加法和乘法的运算来组合数字。现在我们来学习集合的运算，即补集、交集和并集。我们从定义集合的补集开始。

> **集合的补集的定义**
>
> 集合 A 的补集，记为 A'，是全集中所有不属于集合 A 的元素的集合。我们可以用集合符号表示法来表示这个概念：
>
> $$A' = \{x \mid x \in U \text{ 且 } x \notin A\}$$

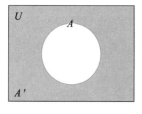

图 2.13

图 2.13 中的阴影部分表示集合 A 的补集，即 A'。这个区域位于圆形 A 之外，但位于长方形的全集之内。

为了求出 A'，必须给出全集 U。有一种求出 A' 的快速方法，即在全集 U 中除去所有属于集合 A 的元素，剩下来的集合就是 A'。

例 3 求出集合的补集

令 $U = \{1,2,3,4,5,6,7,8,9\}$ 且 $A = \{1,3,4,7\}$，求出 A'。

解答

集合 A' 是全集中所有不属于集合 A 的元素的集合。因为集合 A 包含 1,3,4,7 这四个元素，因此这些元素不属于补集 A'，因此，集合 A' 包含 2,5,6,8,9 这五个元素：

$$A' = \{2,5,6,8,9\}$$

描述集合 A 和补集 A' 的韦恩图见图 2.14。

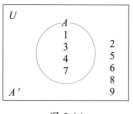

图 2.14

☑ **检查点 3** 令 $U = \{a,b,c,d,e\}$ 且 $A = \{a,d\}$。求出 A'。

5 求两个集合的交集

集合的交集

如果 A 和 B 是集合，我们就可以创造一个既属于 A 又属于 B 的所有元素的集合。这个集合就叫作两个集合的交集。

> **集合的交集的定义**
>
> 集合 A 和 B 的交集，写作 $A \cap B$，是既属于 A 又属于 B 的所有元素的集合。我们可以用集合符号表示法来表示这个概念：
>
> $$A \cap B = \{x \mid x \in A \text{ 且 } x \in B\}$$

在例 4 中，我们需要求出两个集合的交集。我们可以通过列出所有同时属于两个集合的元素来解决这个问题。由于两个集合的交集同样是一个集合，我们需要用花括号将这些符合条件的元素框起来。

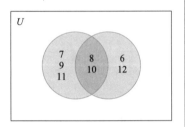

图 2.15　数字 8 和 10 同时属于两个集合

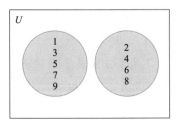

图 2.16　不相交的集合没有交集

例 4　　求出两个集合的交集

求出下列集合的交集：

a. $\{7,8,9,10,11\} \cap \{6,8,10,12\}$

b. $\{1,3,5,7,9\} \cap \{2,4,6,8\}$

c. $\{1,3,5,7,9\} \cap \varnothing$

解答

a. $\{7,8,9,10,11\}$ 和 $\{6,8,10,12\}$ 共有的元素有 8 和 10，因此 $\{7,8,9,10,11\} \cap \{6,8,10,12\} = \{8,10\}$。

图 2.15 展示了这一交集。

b. $\{1,3,5,7,9\}$ 和 $\{2,4,6,8\}$ 没有共有的元素，因此 $\{1,3,5,7,9\} \cap \{2,4,6,8\} = \varnothing$。

图 2.16 展示了这一情形。这两个集合是不相交的。

c. 空集 $\varnothing$ 中没有任何元素，因此 $\{1,3,5,7,9\}$ 和 $\varnothing$ 没有共有的元素。所以 $\{1,3,5,7,9\} \cap \varnothing = \varnothing$。

☑ **检查点 4**　求出下列集合的交集：

a. $\{1,3,5,7,10\} \cap \{6,7,10,11\}$

b. $\{1,2,3\} \cap \{4,5,6,7\}$

c. $\{1,2,3\} \cap \varnothing$

集合论似乎很抽象。比方说，如何将两个集合的交集这一理论应用到生活中？

这里有一个例子。电视名人每年收入超过 8 000 万美元。这是电视名人的集合与每年收入超过 8 000 万美元的人的集合。我们很容易忽视集合论，但是如果你仔细看媒体并仔细听对话，集合论其实无处不在。

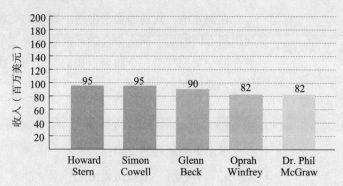

2013 年 6 月至 2014 年 6 月间收入超过 8 000 万美元的电视名人

来源：《福布斯》

6 求两个集合的并集

集合的并集

我们可以用集合 A 和集合 B 的元素构造另一个集合，这个集合的元素或属于 A 或属于 B 或同时属于两个。这个集合叫作两个集合的并集。

> **集合的并集的定义**
>
> 集合 A 和 B 的并集，写作 $A \cup B$，是属于 A 或属于 B 的所有元素的集合。我们可以用集合符号来表示这个概念：
>
> $$A \cup B = \{x \mid x \in A \text{或} x \in B\}$$

我们可以通过先列出集合 A 中的元素，接着再列出集合 B 中还没有列出来的元素来求出集合 A 和集合 B 的并集。用花括号将列出的元素括起来，我们就得到了两个集合的并集。

例 5 求出两个集合的并集

a. $\{7,8,9,10,11\} \cup \{6,8,10,12\}$

b. $\{1,3,5,7,9\} \cup \{2,4,6,8\}$

c. $\{1,3,5,7,9\} \cup \varnothing$

解答

本例中的集合与例 4 中的集合一样。然而，这次我们需要求出并集，而不是交集。

a. 要求出 $\{7,8,9,10,11\} \cup \{6,8,10,12\}$，我们先从列出第一个集合中的元素开始，即 7,8,9,10,11。然后我们再列出第二个集合中没有列出来的元素，即 6 和 12。集合的并集包含所有列出来的元素，因此，

$$\{7,8,9,10,11\} \cup \{6,8,10,12\} = \{6,7,8,9,10,11,12\}$$

b. 要求出 $\{1,3,5,7,9\} \cup \{2,4,6,8\}$，我们先从列出第一个集合中的元素开始，即 1,3,5,7,9。然后我们再列出第二个集合中没有列出来的元素，即 2,4,6,8。集合的并集包含所有列出来的元素，因此，

$$\{1,3,5,7,9\} \cup \{2,4,6,8\} = \{1,2,3,4,5,6,7,8,9\}$$

c. 要求出 $\{1,3,5,7,9\} \cup \varnothing$，我们先从列出第一个集合中的元素开始，即 1,3,5,7,9。由于第二个集合是空集，没有可以列出来的元素。因此，

$$\{1,3,5,7,9\} \cup \varnothing = \{1,3,5,7,9\}$$

例 4 和例 5 阐释了空集在交集和并集中扮演的角色。

好问题!

在求集合的并集时，如果有的元素同时属于两个集合，应该怎么办?

只需要在并集中列出重复的元素一次即可，不可以重复罗列。

交集和并集中的空集

对于任何集合 A，有

1. $A \cap \varnothing = \varnothing$
2. $A \cup \varnothing = A$

☑ **检查点 5** 求出下列集合的并集:

a. $\{1,3,5,7,10\} \cup \{6,7,10,11\}$

b. $\{1,2,3\} \cup \{4,5,6,7\}$

c. $\{1,2,3\} \cup \varnothing$

7　进行集合运算

进行集合运算

有些集合运算的问题涉及不止一个集合运算。集合符号表示指定了进行集合运算的顺序。**我们必须从括号内的集合运算开始运算。**下面有两个例子。

- 求出 $(A \cup B)'$

第一步：括号表明，我们必须首先计算集合 A 和 B 的并集。

第二步：求出 $A \cup B$ 的补集。

- 求出 $A' \cap B'$

第一步：求出 A 的补集。

第二步：求出 B 的补集。

第三步：求出 A' 和 B' 的交集。

例 6　进行集合运算

给定：

$$U = \{1, 2, 3, 4, 5, 6, 7, 8, 9, 10\}$$

$$A = \{1, 3, 7, 9\}$$

$$B = \{3, 7, 8, 10\}$$

求出下列集合：

a. $(A \cup B)'$

b. $A' \cap B'$

解答

a. 为了求出 $(A \cup B)'$，我们必须先计算括号内的集合运算，求出 $A \cup B$，然后再求出 $A \cup B$ 的补集，即 $(A \cup B)'$。

$$A \cup B = \{1, 3, 7, 9\} \cup \{3, 7, 8, 10\}$$

$$= \{1, 3, 7, 8, 9, 10\}$$

现在我们可以求 $(A \cup B)'$ 了。

$$(A \cup B)' = \{1, 3, 7, 8, 9, 10\}'$$

$$= \{2, 4, 5, 6\}$$

b. 为了求出 $A' \cap B'$，我们必须先求出 A' 和 B'。集合 A' 是属于 U 但不属于集合 A 的元素的集合：

$$A' = \{2,4,5,6,8,10\}$$

集合 B' 是属于 U 但不属于集合 B 的元素的集合：

$$B' = \{1,2,4,5,6,9\}$$

现在我们可以求 $A' \cap B'$ 了，即同时属于 A' 和 B' 的元素的集合：

$$A' \cap B' = \{2,4,5,6,8,10\} \cap \{1,2,4,5,6,9\} = \{2,4,5,6\}$$

☑ **检查点 6** 给定 $U = \{a,b,c,d,e\}$，$A = \{b,c\}$，$B = \{b,c,e\}$，求出下列集合：

a. $(A \cup B)'$ b. $A' \cap B'$

---

8 从韦恩图中判断集合运算

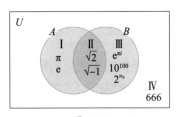

图 2.17

例 7 从韦恩图中判断集合运算

图 2.17 中的韦恩图展示了一些有趣的数字。根据韦恩图求出下列集合运算：

a. $A \cup B$ b. $(A \cup B)'$ c. $A \cap B$

d. $(A \cap B)'$ e. $A' \cap B$ f. $A \cup B'$

解答

观察图 2.17。

需要计算的集合	集合的描述	图 2.17 中韦恩图的区域	列举法的集合
a. $A \cup B$	属于 A 或 B 的元素	Ⅰ、Ⅱ、Ⅲ	$\left\{\pi, e, \sqrt{2}, \sqrt{-1}, e^{\pi i}, 10^{100}, 2^{\aleph_0}\right\}$
b. $(A \cup B)'$	属于 U 但不属于 $A \cup B$ 的元素	Ⅳ	$\{666\}$
c. $A \cap B$	既属于 A 又属于 B 的元素	Ⅱ	$\left\{\sqrt{2}, \sqrt{-1}\right\}$
d. $(A \cap B)'$	属于 U 但不属于 $A \cap B$ 的元素	Ⅰ、Ⅲ、Ⅳ	$\left\{\pi, e, e^{\pi i}, 10^{100}, 2^{\aleph_0}, 666\right\}$
e. $A' \cap B$	不属于 A 但属于 B 的元素	Ⅲ	$\left\{e^{\pi i}, 10^{100}, 2^{\aleph_0}\right\}$
f. $A \cup B'$	属于 A 或不属于 B 的元素	Ⅰ、Ⅱ、Ⅳ	$\left\{\pi, e, \sqrt{2}, \sqrt{-1}, 666\right\}$

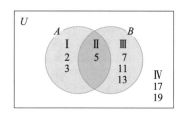

图 2.18

9 理解"和"与"或"的含义

☑ **检查点 7** 根据韦恩图中求出下列集合运算：

a. $A \cap B$ b. $(A \cap B)'$ c. $A \cup B$

d. $(A \cup B)'$ e. $A' \cup B$ f. $A \cap B'$

日常对话中的集合及其应用

集合运算和韦恩图为我们提供了精确地组织、分类和描述我们每天遇见的各种各样集合和子集的方法。我们来看看这些理论如何应用到我们本节开头提出的集合上吧。

$U = $ 西班牙裔美国人的集合

$S = $ 在家说西班牙语的西班牙裔美国人的集合

$E = $ 在家说英语的西班牙裔美国人的集合

当我们在日常用语中谈论集合时，"或"这个字指的就是并集。因此，在家说西班牙语或英语的西班牙裔美国人指的就是指英语或西班牙语或两种语言都说的人群。"和"这个词指的是交集。因此，在家说西班牙语和英语的西班牙裔美国人就是指两种语言都说的人群。

在图 2.19 中，我们回顾西班牙裔美国人在家说的语言的扇形图。在这幅图的右边，我们使用韦恩图组织了图中的数据。文本框表明韦恩图是如何为我们提供更准确的对子集的理解及其数据的。

西班牙裔美国人在家说的语言

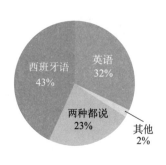

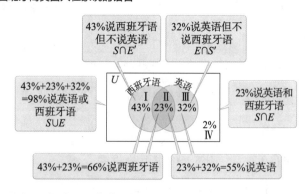

图 2.19 比较扇形图与韦恩图

来源：*Time*

10 使用公式 $n(A \bigcup B)$ — 两个有限集的并集的基数

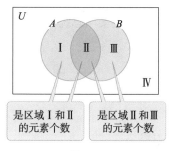

图 2.20

求集合 A 和集合 B 的并集的元素数，即 $n(A \bigcup B)$，是不是把集合 A 和集合 B 中的元素加在一起就可以了？答案是不可以。图 2.20 显示，这样算会把集合 A 和集合 B 中共有的元素重复算上，即 $A \bigcap B$ 或区域 II 被算了两次。

为了求出有限集合 A 和集合 B 的并集的元素数，我们需要将集合 A 和集合 B 中的元素数相加，然后再减去同时属于集合 A 和集合 B 的元素。我们进行一次减法运算，这样就不会重复算上同时属于集合 A 和集合 B 的元素了。

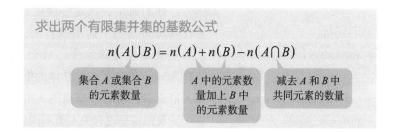

求出两个有限集并集的基数公式

$$n(A \bigcup B) = n(A) + n(B) - n(A \bigcap B)$$

集合 A 或集合 B 的元素数量

A 中的元素数量加上 B 中的元素数量

减去 A 和 B 中共同元素的数量

例 8 使用公式 $n(A \bigcup B)$

某些校园献血调查的结果表明，有 490 名学生愿意献血，340 名学生愿意请献血者一顿早餐，120 名学生既愿意献血又愿意请早餐。愿意献血或愿意请早餐的学生有多少名？

解答

我们将集合 A 设为愿意献血的学生的集合，集合 B 设为愿意请早餐的学生的集合。我们需要求出愿意献血或愿意请早餐的学生有多少名。因此，我们需要求出 $n(A \bigcup B)$。

愿意献血或者愿意请早餐的学生的数量

愿意献血的学生的数量

愿意请早餐的学生的数量

愿意献血并且愿意请早餐的学生的数量

$$
\begin{aligned}
n(A \bigcup B) &= n(A) + n(B) - n(A \bigcap B) \\
&= 490 + 340 - 120 \\
&= 830 - 120 \\
&= 710
\end{aligned}
$$

我们可以得出，有 710 名学生愿意献血或愿意请早餐。

养狗的总统　　养猫的总统

☑ 检查点 8　根据 factmonster.com 我们得知，白宫的美国总统中，有 26 位养了狗，11 位养了猫，还有 9 位猫狗双全。有多少位白宫的美国总统养了狗或养了猫？

2.4

学习目标

学完本节之后，你应该能够：

1. 进行三个集合的集合运算。
2. 使用三个集合的韦恩图。
3. 利用韦恩图证明集合相等。

三个集合的集合运算与韦恩图

你的血型会决定你爱吃什么吗？自然疗法外科医生 Peter D'Adamo 发明了血型饮食法，不同血型的人需要不同的饮食以达到最佳健康水平。对于人们应该吃什么不应该吃什么，D'Adamo 给出了非常具体的推荐。例如，他说香菇对 B 型血的人群有益，但对 O 型血的人群有害。B 型血？O 型血？在本节中，我们将呈现有关人类不同血型的三个集合的韦恩图。除此之外，我们不会谈论香菇，也不会讨论血型饮食法是否真的有效。

1　进行三个集合的集合运算

三个集合的集合运算

我们现在知道如何求出两个集合的并集和交集，还知道如何求出一个集合的补集。在例 1 中，我们将集合运算应用到三个集合中。

例 1　三个集合的集合运算

给定

$$U = \{1, 2, 3, 4, 5, 6, 7, 8, 9\}$$

$$A = \{1, 2, 3, 4, 5\}$$

$$B = \{1, 2, 3, 6, 8\}$$

$$C = \{2, 3, 4, 6, 7\}$$

求出下列集合：

a. $A \cup (B \cap C)$

b. $(A \cup B) \cap (A \cup C)$

c. $A \cap (B \cup C')$

解答

在计算上述集合之前，我们应该首先判断集合运算的顺序。记住，我们必须先计算任何括号内的集合运算。

- 求出 $A \cup (B \cap C)$

  第一步：求出 B 和 C 的交集

  第二步：求出 A 与 $(B \cap C)$ 的并集

- 求出 $(A \cup B) \cap (A \cup C)$

  第一步：求出 A 和 B 的并集

  第二步：求出 A 和 C 的并集

  第三步：求出 $(A \cup B)$ 与 $(A \cup C)$ 的交集

- 求出 $A \cap (B \cup C')$

  第一步：求出 C 的补集

  第二步：求出 B 和 C' 的并集

  第三步：求出 A 和 $(B \cup C')$ 的交集

a. 要求出 $A \cup (B \cap C)$，我们首先要求出括号内的 $B \cap C$：

$$B \cap C = \{1,2,3,6,8\} \cap \{2,3,4,6,7\} = \{2,3,6\}$$

共同元素是 2，3 和 6

现在来求 $A \cup (B \cap C)$：

$$A \cup (B \cap C) = \{1,2,3,4,5\} \cup \{2,3,6\} = \{1,2,3,4,5,6\}$$

列出 A 中的所有元素和 $B \cap C$ 中的剩余元素，即 6

b. 要求出 $(A \cup B) \cap (A \cup C)$，我们首先需要求出括号内的集合运算，从 $A \cup B$ 开始：

$$A \cup B = \{1,2,3,4,5\} \cup \{1,2,3,6,8\} = \{1,2,3,4,5,6,8\}$$

列出 A 中的所有元素和 B 中的剩余元素（即 6 和 8）

接着求出 $A \cup C$：

$$A \cup C = \{1,2,3,4,5\} \cup \{2,3,4,6,7\} = \{1,2,3,4,5,6,7\}$$

列出 A 中的所有元素和 C 中的剩余元素（即 6 和 7）

最后再求出 $(A \cup B) \cap (A \cup C)$：

$$(A \cup B) \cap (A \cup C) = \{1,2,3,4,5,6,8\} \cap \{1,2,3,4,5,6,7\}$$
$$= \{1,2,3,4,5,6\}$$

> 共同元素是 1，2，3，4，5 和 6

c. 和上述两个小题一样，要想求出 $A \cap (B \cup C')$，我们必须首先从括号内的集合开始运算。首先，我们必须求出 C'，即属于 U 但不属于 C 的元素：

$$C' = \{1,5,8,9\}$$

> 列出在 U 中不在 $C = \{2,3,4,6,7\}$ 中的元素：
> $\{1,\cancel{2},\cancel{3},\cancel{4},5,\cancel{6},\cancel{7},8,9\}$

接着计算 $B \cup C'$：

$$B \cup C' = \{1,2,3,6,8\} \cup \{1,5,8,9\} = \{1,2,3,5,6,8,9\}$$

> 列出 A 中的所有元素和 C' 中的剩余元素（即 5 和 9）

最后再求出 $A \cap (B \cup C')$：

$$A \cap (B \cup C') = \{1,2,3,4,5\} \cap \{1,2,3,5,6,8,9\} = \{1,2,3,5\}$$

> 共同元素是 1，2，3 和 5

☑ **检查点 1**　给定 $U = \{a,b,c,d,e,f\}$，$A = \{a,b,c,d\}$，$B = \{a, b, d, f\}$ 和 $C = \{b,c,f\}$，求出下列集合：

a. $A \cup (B \cap C)$

b. $(A \cup B) \cap (A \cup C)$

c. $A \cap (B \cup C')$

2　使用三个集合的韦恩图

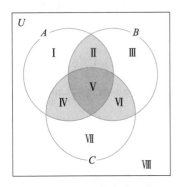

图 2.21　三个集合将全集
分成八个部分

三个集合的韦恩图

　　韦恩图内可以含有三个或更多集合，如图 2.21 中的韦恩图所示。韦恩图中的三个集合将全集 U 分成八个部分。给这八个部分命名是任意的，也就是说我们可以将任意一个部分命名为区域 I、区域 II 等。下面我们对每个区域进行描述，从最中心的区域（区域 V）开始研究，一直到最外侧的区域 VIII。

深蓝色的区域：

区域 V 这个区域表示同时属于集合 A、B 和 C 的元素：$A \cap B \cap C$。

浅蓝色的区域：

区域Ⅱ：这个区域表示同时属于集合 A 和 B 但不属于集合 C 的元素：$(A \cap B) \cap C'$。

区域Ⅳ：这个区域表示同时属于集合 A 和 C 但不属于集合 B 的元素：$(A \cap C) \cap B'$。

区域Ⅵ：这个区域表示同时属于集合 B 和 C 但不属于集合 A 的元素：$(B \cap C) \cap A'$。

白色的区域：

区域Ⅰ：这个区域表示属于 A 但不属于 B 和 C 的元素：$A \cap (B' \cap C')$。

区域Ⅲ：这个区域表示属于 B 但不属于 A 和 C 的元素：$B \cap (A' \cap C')$。

区域Ⅶ：这个区域表示属于 C 但不属于 A 和 B 的元素：$C \cap (A' \cap B')$。

区域Ⅷ：这个区域表示属于 U 但不属于 A、B 和 C 的元素：$A' \cap B' \cap C'$。

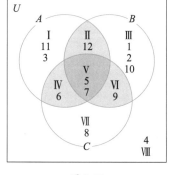

图 2.22

例 2 利用韦恩图中的三个相交的集合来求出集合

利用图 2.22 中的韦恩图来求出下列集合：

a. A　b. $A \cup B$　c. $B \cap C$　d. C'　e. $A \cap B \cap C$

解答

要求	集合的描述	韦恩图中的区域	集合中的元素
a. A	A 中的元素的集合	Ⅰ、Ⅱ、Ⅳ、Ⅴ	$\{11, 3, 12, 6, 5, 7\}$
b. $A \cup B$	属于 A 或 B 或同时属于两者的元素的集合	Ⅰ、Ⅱ、Ⅲ、Ⅳ、Ⅴ、Ⅵ	$\{11, 3, 12, 1, 2, 10, 6, 5, 7, 9\}$
c. $B \cap C$	同时属于 B 和 C 的元素的集合	Ⅴ、Ⅵ	$\{5, 7, 9\}$
d. C'	属于 U 但不属于 C 的元素的集合	Ⅰ、Ⅱ、Ⅲ、Ⅷ	$\{11, 3, 12, 1, 2, 10, 4\}$
e. $A \cap B \cap C$	同时属于 A、B 和 C 的元素的集合	Ⅴ	$\{5, 7\}$

☑ **检查点 2** 利用图 2.22 中的韦恩图来求出下列集合：

a. C b. $B \cup C$ c. $A \cap C$ d. B' e. $A \cup B \cup C$

在例 2 中，我们利用韦恩图来展示区域中的元素，以求出各种集合。现在我们要反过来了，也就是利用集合 A、B、C 和 U 来求出韦恩图中每个区域的元素。

要想构建韦恩图并展示集合 A、B、C 和 U 中的元素，**我们应该首先从最中心的元素入手，逐渐向外侧扩展**。由于最里面的四个区域表示的是各种交集，我们需要求出 $A \cap B$、$A \cap C$、$B \cap C$ 和 $A \cap B \cap C$。然后利用求出来的交集和给定的集合，将元素放置在韦恩图的不同区域中。我们将在例 3 中仔细讲解求解的步骤。

例 3 根据集合画韦恩图

根据下列集合构建韦恩图：

$$A = \{a, d, e, g, h, i, j\}$$

$$B = \{b, e, g, h, l\}$$

$$C = \{a, c, e, h\}$$

$$U = \{a, b, c, d, e, f, g, h, i, j, k, l\}$$

解答

我们先从求出四个交集入手。在每个交集中，相同的元素加粗：

● $A \cap B = \{a, d, \mathbf{e}, \mathbf{g}, \mathbf{h}, i, j\} \cap \{b, e, g, h, l\} = \{e, g, h\}$

● $A \cap C = \{\mathbf{a}, d, e, g, h, i, j\} \cap \{a, c, e, h\} = \{a, e, h\}$

● $B \cap C = \{b, e, g, \mathbf{h}, l\} \cap \{a, c, e, \mathbf{h}\} = \{e, h\}$

● $A \cap B \cap C = \{\mathbf{e}, g, \mathbf{h}\} \cap \{a, c, e, h\} = \{e, h\}$

> 这是 $A \cap B$

现在我们将这些元素放在韦恩图的区域内，从最里面的区域，即区域 V 开始。

在放入元素之前，我们再回顾一下求出的四个交集：

- $A \bigcap B = \{e, g, h\}$

- $A \bigcap C = \{a, e, h\}$

- $B \bigcap C = \{e, h\}$

- $A \bigcap B \bigcap C = \{e, h\}$

第一步	第二步	第三步	第四步

$A \cap B \cap C = \{e, h\}$
将元素e和h放入
区域 V

$A \cap B = \{e, g, h\}$
元素e和h已经放
入区域 V 了，所
以只用将g放入
区域 II

$A \cap C = \{a, e, h\}$
元素e和h已经放
入区域 V 了，所
以只用将a放入
区域 IV

$B \cap C = \{e, h\}$
元素e和h已经放
入区域 V 了，所
以区域 VI 不需要
放入任何元素

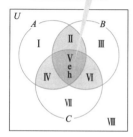 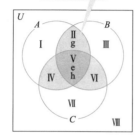 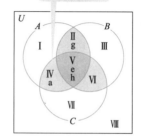 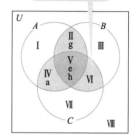

第五步	第六步	第七步	第八步

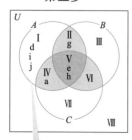 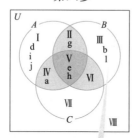 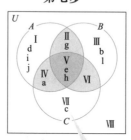 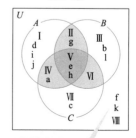

A：区域 I 、 II 、 IV 、 V
$A = \{a, d, e, g, h, i, j\}$
其中元素a, e, g和h已
经放过了，将d, i和j放
入区域 I 即可

B：区域 II 、 III 、 V 、 VI
$B = \{b, e, g, h, l\}$
其中元素e, g和h已
经放过了，将b和l放
入区域 III 即可

C：区域 IV 、 V 、 VI 、 VII
$C = \{a, c, e, h\}$
其中元素a, e和h已
经放过了，将c放
入区域 VII 即可

U：区域 I 至 VIII
$U = \{a, b, c, d, e, f, g, h, i, j, k, l\}$
其中除f和k之外的所有元
素都已经放过了，将f和k
放入区域 VIII 即可

☑ 检查点 3　根据下列集合画出韦恩图：

$$A = \{1, 3, 6, 10\}$$

$$B = \{4, 7, 9, 10\}$$

$$C = \{3, 4, 5, 8, 9, 10\}$$

$$U = \{1, 2, 3, 4, 5, 6, 7, 8, 9, 10\}$$

3 利用韦恩图证明集合相等

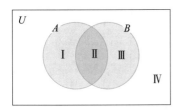

图 2.23

证明集合相等

在整个 2.3 节中，我们都是给出两个集合 A 和 B 及其全集 U，让求出 $(A \cap B)'$ 和 $A' \cup B'$。在每个例子中，不管集合 A 和 B 及其全集 U 是什么样的集合，$(A \cap B)'$ 和 $A' \cup B'$ 的结果都是一个相同的集合。我们观察到这一个现象，运用归纳推理法，猜想 $(A \cap B)' = A' \cup B'$。

我们可以利用演绎推理法来证明对于任何集合 A 和 B 及其全集 U，都有 $(A \cap B)' = A' \cup B'$。我们利用韦恩图来证明 $(A \cap B)'$ 和 $A' \cup B'$ 相等。如果这两个集合都代表韦恩图中的同一个区域，那么就可以证明它们是相等的。我们在例 4 中完成证明。

例 4 证明集合相等

利用图 2.23 中的韦恩图证明：

$$(A \cap B)' = A' \cup B'$$

解答

我们从找出表示 $(A \cap B)'$ 的韦恩图的区域开始入手。

集合	韦恩图中的区域
A	Ⅰ、Ⅱ
B	Ⅱ、Ⅲ
$A \cap B$	Ⅱ（A和B的共同区域）
$(A \cap B)'$	Ⅰ、Ⅲ、Ⅳ （属于U但不属于$A \cap B$的区域）

然后，我们找出表示 $A' \cup B'$ 的韦恩图的区域。

集合	韦恩图中的区域
A'	Ⅲ、Ⅳ（不属于A的区域）
B'	Ⅰ、Ⅳ（不属于B的区域）
$A'\cup B'$	Ⅰ、Ⅲ、Ⅳ（表示A'和B'并集的区域）

$(A\cap B)'$ 和 $A'\cup B'$ 都表示韦恩图的同一片区域，即区域 Ⅰ、Ⅲ 和 Ⅳ。这个结果证明了：对于任何集合 A 和 B 及其全集 U，都有 $(A\cap B)' = A'\cup B'$。

你能看明白在例 4 中我们是如何应用演绎推理法的吗？我们从图 2.23 中韦恩图的两个普通集合开始入手，然后得出特殊的结论，即 $(A\cap B)'$ 和 $A'\cup B'$ 表示的是韦恩图中相同的区域。因此 $(A\cap B)' = A'\cup B'$ 是一个成立的定理。

☑ **检查点 4** 利用图 2.23 中的韦恩图解决下列问题：

    a. 哪一个区域表示 $(A\cup B)'$？

    b. 哪一个区域表示 $A'\cap B'$？

    c. 根据 a 和 b 中的结果，你能得出什么结论？

好问题！

为什么将德·摩根律放在文本框里？我需要记住这两条定理吗？

你需要学会德·摩根律的方法。它们对于逻辑而言至关重要，我们将会在第 3 章（逻辑）中详细讨论德·摩根律。

我们在例 4 和检查点 4 中呈现的论断就是德·摩根律，以英国逻辑学家奥古斯都·德·摩根（1806—1871）命名。

> **德·摩根律**
>
> $(A\cap B)' = A'\cup B'$：两个集合的交集的补集是这两个集合的补集的并集。
>
> $(A\cup B)' = A'\cap B'$：两个集合的并集的补集是这两个集合的补集的交集。

例 5 证明集合相等

利用韦恩图证明：

$$A\cup(B\cap C) = (A\cup B)\cap(A\cup C)$$

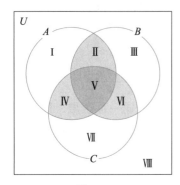

图 2.24

解答

我们利用图 2.24 中的韦恩图来证明。我们从找出表示 $A\cup(B\cap C)$ 的区域开始入手。

集合	韦恩图中的区域
A	Ⅰ、Ⅱ、Ⅳ、Ⅴ
$B\cap C$	Ⅴ、Ⅵ （B 和 C 的共同区域）
$A\cup(B\cap C)$	Ⅰ、Ⅱ、Ⅳ、Ⅴ、Ⅵ （表示 A 和 $B\cap C$ 并集的区域）

接着我们找出表示 $(A\cup B)\cap(A\cup C)$ 的区域。

集合	韦恩图中的区域
A	Ⅰ、Ⅱ、Ⅳ、Ⅴ
B	Ⅱ、Ⅲ、Ⅴ、Ⅵ
C	Ⅳ、Ⅴ、Ⅵ、Ⅶ
$A\cup B$	Ⅰ、Ⅱ、Ⅲ、Ⅳ、Ⅴ、Ⅵ （表示 A 和 B 并集的区域）
$A\cup C$	Ⅰ、Ⅱ、Ⅳ、Ⅴ、Ⅵ、Ⅶ （表示 A 和 C 并集的区域）
$(A\cup B)\cap(A\cup C)$	Ⅰ、Ⅱ、Ⅳ、Ⅴ、Ⅵ （$A\cup B$ 和 $A\cup C$ 共同的区域）

$A\cup(B\cap C)$ 和 $(A\cup B)\cap(A\cup C)$ 都表示韦恩图中的同一片区域。这个结果证明：对于任何全集 U 中的集合 A、B 和 C，都有

$$A\cup(B\cap C)=(A\cup B)\cap(A\cup C)$$

因此，这个论断是一个定理。

☑ 检查点 5　利用图 2.24 中的韦恩图解决下列问题：

a. 哪一片区域表示 $A\cap(B\cup C)$？

b. 哪一片区域表示 $(A\cap B)\cup(A\cap C)$？

c. 根据 a 和 b 中的结果，你能得出什么结论？

2.5

学习目标

学完本节之后，你应该能够：

1. 使用韦恩图来可视化调查结果。
2. 使用调查结果来绘制韦恩图，并回答有关调查的问题。

调查问题

不同国家的人在一些基本的文化态度上存在很大的不同。例如，图 2.26 描述了五个不同国家的人对于贫穷原因的不同看法。图像显示，墨西哥人倾向于将贫穷归因于社会不公，而非个人的懒惰。

假设有一个调查随机选择美国和墨西哥的成年人，问他们下列问题：

贫穷的主要原因是社会不公，你同意吗？

在本节中，我们将学习如何使用集合和韦恩图将调查收集来的数据制成图表。在调查的问题中，记住**且**代表**交集**，**或**代表**并集**，**非**代表**补集**。此外，**但是**与**且**的意思一致。因此，**但是**也代表**交集**。

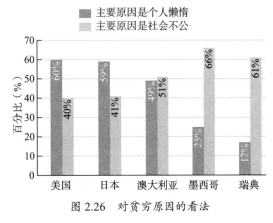

图 2.26　对贫穷原因的看法

注：每个国家的百分比加起来可能并不是 100%，这是因为某些贫穷的原因没有呈现在图像上

来源：Ronald Inglehart et al., *World Values Surveys and European Values Surveys*

1 使用韦恩图来可视化调查结果

可视化调查结果

在 2.1 节中，我们用 $n(A)$ 来表示集合 A 的基数，韦恩图同样对于求集合的基数很有帮助。

例 1　使用韦恩图来可视化调查结果

我们回到之前的校园献血调查，并问学生们下列问题：

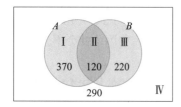

A：愿意献血的学生
B：愿意提供免费早餐的学生
图 2.27　调查结果

你愿意献血吗？

你愿意向献血者提供免费的早餐吗？

集合 A 表示愿意献血的学生，集合 B 表示愿意提供免费早餐的学生。调查结果如图 2.27 所示。

利用图像来回答下列问题：

a. 有多少名学生愿意献血？

b. 有多少名学生愿意提供免费早餐？

c. 有多少名学生既愿意献血又愿意提供免费早餐？

d. 有多少名学生愿意献血或愿意提供免费早餐？

e. 有多少名学生愿意献血但不愿意提供免费早餐？

f. 有多少名学生不愿意献血但愿意提供免费早餐？

g. 有多少名学生既不愿意献血也不愿意提供免费早餐？

h. 有多少名学生接受了调查？

解答

a. 将区域 Ⅰ 和 Ⅱ 中的数字加起来，就求出了有多少名学生愿意献血。因此 $n(A) = 370 + 120 = 490$。有 490 名学生愿意献血。

b. 将区域 Ⅱ 和 Ⅲ 中的数字加起来，就求出了有多少名学生愿意提供免费早餐。因此 $n(B) = 120 + 220 = 340$。有 340 名学生愿意提供免费早餐。

c. 区域 Ⅱ 表示的是既愿意献血又愿意提供免费早餐的学生，即两个集合的交集。因此，$n(A \cap B) = 120$，有 120 名学生既愿意献血又愿意提供免费早餐。

d. 将区域 Ⅰ、Ⅱ 和 Ⅲ 中的数字加起来，就求出了有多少名学生愿意献血或愿意提供免费早餐。$n(A \cup B) = 370 + 120 + 220 = 710$。因此有 710 名学生愿意献血或愿意提供免费早餐。

e. 区域 Ⅰ，即 $A \cap B'$ 表示的是愿意献血但不愿意提供免费早餐的学生。因此有 370 名学生愿意献血但不愿意提供免费早餐。

f. 区域 Ⅲ，即 $B \cap A'$ 表示的是不愿意献血但愿意提供免费早餐的学生。因此有 220 名学生不愿意献血但愿意提供免费早餐。

g. 区域 Ⅳ，即 $A' \cap B'$ 表示的是既不愿意献血也不愿意提

好问题！

等等！在 d 小题中，我们加了三个数字来求 $n(A \cup B)$。在上一节中，我们是不是加了两个数然后再减去第三个数来求 $n(A \cup B)$ 的？

没错！我们同样可以使用公式 $n(A \cup B) = n(A) + n(B) - n(A \cap B)$ 以及 a 至 c 小题中的结果来求出 $n(A \cup B)$：$n(A \cup B) = 490 + 340 - 120 = 710$。

注意，我们得出了相同的答案。

要注意题目给出了什么条件，公式需要什么条件。尽管这个公式的结果是正确的，但是它并不是根据韦恩图中的数字计算 $n(A \cup B)$ 的最直接的方法。

供免费早餐的学生。因此有 290 名学生既不愿意献血也不愿意提供免费早餐。

　　h. 我们可以将四个区域中的数字加起来，求出接受调查的学生数量。因此，$n(U) = 370 + 120 + 220 + 290 = 1000$，有 1 000 名学生接受了调查。

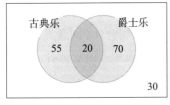

图 2.28

☑ **检查点 1**　在一项有关音乐品味的调查中，受试者需要回答：你听古典乐吗？你听爵士乐吗？调查结果见图 2.28。利用该图像来回答下列问题：

　　a. 有多少名受试者听古典乐？

　　b. 有多少名受试者听爵士乐？

　　c. 有多少名受试者既听古典乐又听爵士乐？

　　d. 有多少名受试者听古典乐或爵士乐？

　　e. 有多少名受试者听古典乐但不听爵士乐？

　　f. 有多少名受试者不听古典乐但听爵士乐？

　　g. 有多少名受试者既不听古典乐也不听爵士乐？

　　h. 有多少人接受了调查？

2　使用调查结果来绘制韦恩图，并回答有关调查的问题

解决调查问题

　　我们可以利用韦恩图来解决调查的问题。下面是解决调查的问题所需的几个步骤：

> **解决调查问题：**
>
> 1. 利用调查的描述来定义集合并绘制韦恩图。
>
> 2. 利用调查的结果来确定韦恩图中每个区域的基数。从集合的交集开始入手，从最中心的区域算到最外侧的区域。
>
> 3. 利用绘制完成的韦恩图来回答调查的问题。

例 2　调查人们的态度

　　有一个调查随意抽取 2 000 名美国人和墨西哥人，问他们下列问题：贫穷的主要原因是社会不公，你同意吗？

　　调查结果显示，共有 1 060 人同意这一观点，其中有 400

名美国人同意。

来源：*World Values Surveys*

如果有一半的受试者是美国人，请回答下列问题：

a. 有多少墨西哥人同意这一观点？

b. 有多少墨西哥人不同意这一观点？

解答

第一步　定义集合并绘制韦恩图。图 2.29 中的韦恩图有两个集合。集合 *U.S.* 是接受调查的美国人，集合 *A*（同意）是同意这一观点的受试者。通过使用集合 *U.S.* 表示美国受试者，我们不需要再画一个墨西哥受试者的圆圈了。集合 *U.S.* 之外的人群一定是墨西哥受试者的集合。同样地，通过使用集合 *A* 来表示同意观点的受试者，我们不需要再画一个圆圈来表示不同意的受试者了。集合 *A* 之外的人群一定是不同意观点的受试者的集合。

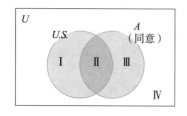

图 2.29

第二步　从最中心的区域算到最外侧的区域，确定韦恩图中每个区域的基数。我们已知：

有 2 000 人接受了调查：$n(U) = 2\,000$。

有一半受试者是美国人：$n(U.S.) = 1\,000$。

有 1 060 名受试者同意这一观点：$n(A) = 1\,060$。

有 400 名美国人同意这一观点：$n(U.S. \cap A) = 400$。

现在，我们来利用这些数字来确定每个区域的基数，从区域 Ⅱ 开始，一直算到外部的区域 Ⅰ 和 Ⅲ，最后计算区域 Ⅳ。

第三步　利用绘制完成的韦恩图来回答调查的问题。

绘制完成并表示调查结果的韦恩图如图 2.30 所示。

a. 同意这一观点的墨西哥人是同意观点的非美国人，也就是区

从区域 Ⅱ 开始

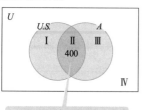

区域 Ⅱ 表示同意该观点的美国人：$n(U.S. \cap A) = 400$

然后是区域 Ⅲ

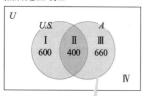

我们知道集合 *A*（区域 Ⅱ 和 Ⅲ）包含 1 060 人。又因为区域 Ⅱ 包含 400 人，所以区域 Ⅲ 包含 $1\,060 - 400 = 660$ 人

接着是区域 Ⅰ

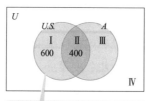

区域 Ⅰ 和 Ⅱ 是美国人的集合，共有 1 000 人：$n(U.S.) = 1\,000$。又因为区域 Ⅱ 中有 400 人，所以区域 Ⅰ 中有 $1\,000 - 400 = 600$ 人

最后是外部区域 Ⅳ

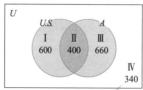

我们知道集合 *U*（区域 Ⅰ、Ⅱ、Ⅲ 和 Ⅳ）共有 2 000 人：$n(U) = 2\,000$。由于区域 Ⅰ、Ⅱ、Ⅲ 中共有 $600 + 400 + 660 = 1\,660$ 个元素，因此区域 Ⅳ 中还剩 $2\,000 - 1\,660 = 340$ 人

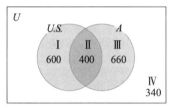

图 2.30 贫穷的主要原因
是社会不公吗

域Ⅲ。因此，有 660 名墨西哥人同意这一观点。

b. 不同意这一观点的墨西哥人处于两个圆圈之外，即区域Ⅳ。因此，有 340 名墨西哥人不同意这一观点。

☑ **检查点 2** 有一个调查随机抽取 1 700 名美国人和法国人，问他们下列问题：

政府有责任减少收入差距。

调查结果显示：

有 1 040 名受试者同意这一观点。

有 290 名美国人同意这一观点。

来源：*The Sociology Project 2.0*, Pearson

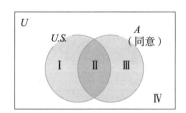

如果有 810 名受试者是美国人，请回答下列问题：

a. 有多少法国人同意这一观点？

b. 有多少法国人不同意这一观点？

我们通常需要两个以上的韦恩图圆圈来将调查数据制成图表。例如，*Time* 和 CNN 曾进行过一项调查，调查美国人对于专门为少数民族和女性留一定数量的大学奖学金的看法。受试者需要回答下列问题：

你是否同意下列观点：大学应该专门为少数民族和女性留一定数量的奖学金。

来源：*Time Almanac*

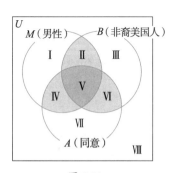

图 2.31

假设我们需要将受试者分成性别（男性或女性）、民族（非裔美国人或其他民族）以及同意或不同意这一观点。我们可以将这样的调查画成韦恩图，如图 2.31 所示。

根据我们在例 2 中的经验，我们只需要一个圆圈来表示受试者的性别，我们使用 *M* 来表示男性，因此 *M'* 表示女性受试者，位于圆圈 *M* 外的区域。同样地，我们用 *B* 来表示非裔美国人，因此圆圈外的区域表示除此之外的民族。最后，我们用 *A* 来表示同意这一观点的受试者，不同意的受试者位于圆圈之外。

在下一个示例中，我们将绘制有三个相交集合的韦恩图来显示调查的结果。在最后一个例子中，我们将利用这幅韦恩图来回答调查问题。

例 3　构建调查的韦恩图

有 60 名受试者接受了一项有关电影的调查。调查结果如下所示：

　　a. 有 6 名受试者喜欢喜剧、戏剧和科幻片。

　　b. 有 13 名受试者喜欢喜剧和戏剧。

　　c. 有 10 名受试者喜欢喜剧和科幻片。

　　d. 有 11 名受试者喜欢戏剧和科幻片。

　　e. 有 26 名受试者喜欢喜剧。

　　f. 有 21 名受试者喜欢戏剧。

　　g. 有 25 名受试者喜欢科幻片。

使用韦恩图来显示调查的结果。

解答

有 60 个元素的全集 U 包含下列三个子集：

$$C = 喜欢喜剧的受试者$$

$$D = 喜欢戏剧的受试者$$

$$S = 喜欢科幻片的受试者$$

我们将这些集合画在图 2.32 中。现在，我们使用 a 到 g 中

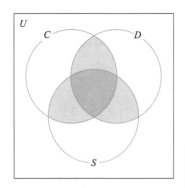

图 2.32

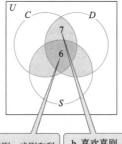
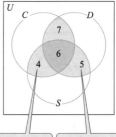

a. 喜剧、戏剧和科幻片都喜欢的共有 6 人：$n(C \cap D \cap S)=6$

b. 喜欢喜剧、戏剧的共有 13 人：$n(C \cap D)=13$。减去数过的 6 人，还剩 13-6=7 人

c. 喜欢喜剧、科幻片的共 10 人：$n(C \cap S)=10$。减去数过的 6 人，还剩 10-6=4 人

d. 喜欢戏剧和科幻片的共 11 人：$n(D \cap S)=11$。减去数过的 6 人，还剩 11-6=5 人

e. 喜欢喜剧的共 26 人：$n(C)=26$。减去数过的 4+6+7=17 人，还剩 26-17=9 人

f. 喜欢戏剧的共 21 人：$n(D)=21$。减去数过的 7+6+5=18 人，还剩 21-18=3 人

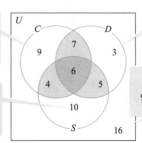

g. 喜欢科幻片的共 25 人：$n(S)=25$。减去数过的 4+6+5=15 人，还剩 25-15=10 人

参与调查的一共 60 人：$n(U)=60$。减去数过的 9+7+3+4+6+5+10=44 人，还剩 60-44=16 人

的数字以及全集的基数 60 来求出韦恩图中每个区域的基数。

　　求出了每个区域的基数之后，我们就绘制完成了表示调查结果的韦恩图。

☑ **检查点 3**　有 250 名纪念品收藏家接受了一项调查，调查结果显示：有 108 名受试者收集棒球卡片，有 92 名受试者收集漫画书，有 62 名受试者收集邮票，有 29 名受试者收集棒球卡片和漫画书，有 5 名受试者收集棒球卡片和邮票，有 2 名受试者收集漫画书和邮票，有 2 名受试者收集所有纪念品。画出表示调查结果的韦恩图。

好问题！

你能不能简单总结一下如何构建调查的韦恩图？

　　在求出最中心区域的基数之后，逐步求出外侧的区域的基数，使用减法来计算其他区域的基数。调查的减法这句话对于减去重复区域而言十分有用。

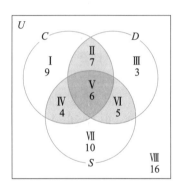

图 2.33

例4　利用调查结果的韦恩图

　　图 2.33 中的韦恩图表示例 3 中电影调查的结果。请回答下列问题：

　　a. 有多少名受试者只喜欢喜剧？

　　b. 有多少名受试者喜欢戏剧和科幻片，但不喜欢喜剧？

　　c. 有多少名受试者喜欢戏剧或科幻片，但不喜欢喜剧？

　　d. 有多少名受试者只喜欢一种电影？

　　e. 有多少名受试者喜欢至少两种电影？

　　f. 有多少名受试者不喜欢上述三种电影？

解答

　　a. 只喜欢喜剧的受试者位于区域 I 。这个分类中有 9 名受试者。

　　b. 喜欢科幻片和戏剧但不喜欢喜剧的受试者位于区域 VI 。这个分类中有 5 名受试者。

　　c. 我们要求的是有多少受试者喜欢戏剧或科幻片，但不喜欢喜剧，即

戏剧或者科幻片　　但是　　不喜欢喜剧

$$(D \cup S) \cap C'$$

区域 II 、III 、IV 、V 、VI 、VII　　区域 III 、VI 、VII 、VIII

$(D \cup S)$ 的区域有区域 II 、III 、IV 、V 、VI 和 VII ，而 C' 的区域

有 Ⅲ、Ⅵ、Ⅶ和Ⅷ，因此二者的交集是区域Ⅲ、Ⅵ和Ⅶ。因此，$(D \cup S) \cap C' = 3 + 5 + 10 = 18$。有 18 名受试者喜欢戏剧或科幻片，但不喜欢喜剧。

d. 只喜欢一种电影的受试者分布在区域 Ⅰ、Ⅲ 和Ⅶ中，这三个区域共有 $9 + 3 + 10 = 22$ 个元素。因此有 22 名受试者只喜欢一种电影。

e. 喜欢至少两种电影，也就是喜欢两种或两种以上电影。喜欢两种电影的受试者分布在区域 Ⅱ、Ⅳ 和Ⅵ中，而喜欢三种电影的受试者分布在区域 Ⅴ 中。因此，我们将这四个区域的元素数量加起来：$7 + 4 + 6 + 5 = 22$。因此有 22 名受试者喜欢至少两种电影。

f. 不喜欢上述三种电影的受试者分布在区域Ⅷ中。这个分类中有 16 名受试者。

☑ **检查点 4** 利用检查点 3 中绘制的韦恩图来回答下列问题：

a. 有多少名受试者只收集漫画书？

b. 有多少名受试者收集棒球卡片和邮票，但不收集漫画书？

c. 有多少名受试者收集棒球卡片或邮票，但不收集漫画书？

d. 有多少名受试者收集两种纪念品？

e. 有多少名受试者收集至少一种纪念品？

f. 有多少名受试者不收集上述三种纪念品？

第 3 章

逻辑

　　我们被想要说服我们的言论淹没了。P. T. BARNUM（1810—1891）是马戏团"地表最强演出"的合伙人，毫无羞耻地参与各种吹嘘蒙骗行径，给公众带来"毫无意义的善意谎言"。他的为人处世哲学是，每一分钟都有受骗的人出生。

　　逻辑是一种防止我们被世界上的吹嘘哄骗侵害的自我保护手段。逻辑使你能够利用归纳推理的方法得出复杂情形的正确结论，避免因相信不充分的理由而上当受骗。逻辑的规则将帮助作为消费者、公民、学生和人类的你评估各种各样的说法。理解了逻辑之后，你能够更好地组织更具说服力的话语，从而更有效地主张你的观念。

相关应用所在位置
- 我们将在 3.7 节和 3.8 节中使用逻辑的规则来分析论点。
- 在练习集 3.7 的练习 81 中，我们将使用逻辑工具构建自己真实有效的论点。

3.1

学习目标

学完本节之后，你应该能够：

1. 识别被认为是命题的语句。
2. 使用符号表示命题。
3. 构建命题的否定。
4. 使用符号表示命题的否定。
5. 将命题否定的符号形式转换成语句。
6. 用两种方式表示量化命题。
7. 书写量化命题的否定。

命题、否定与量化命题

历史上充满了没有应验的预言，还有一些错得离谱的命题，如下所示：

电视机不会在任何市场上成功。人们很快就会厌烦每天晚上盯着三合板箱子不放。

——Darryl F. Zanuck, 1949

未来不会有专门为了汽车修建的道路。

——Harper's Weekly, August 2, 1902

能够发明出来的所有东西都已经被发明出来了。

——Charles H. Duell, Commissioner, U.S. Office of Patents, 1899

明智且仁慈的外科医生永远无法解剖研究腹部、胸膛和大脑。

——John Ericksen, Queen Victoria's surgeon, 1873

我们不喜欢它们的声响，而且吉他音乐就要过气了。

——Decca Recording Company, rejecting the Beatles, 1962

总统做什么都不是非法的。

——Richard M. Nixon,
TV interview with David Frost, May 20, 1977

如果理解到这些命题是错误的，我们就能从精神上否定每一个命题，并在历史视角的帮助下得知正确的命题。我们从命题及其否定开始学习逻辑。

1 识别被认为是命题的语句

命题与使用符号表示命题

在日常生活中，我们会使用各种各样的句子。有些句子能够很明显地判断真假。其他句子是观点、疑问以及诸如"救命！"或"开火！"这样的感叹句。然而，我们在学习逻辑的过程中只关注命题，并不是所有的句子都是命题。

命题的含义

命题是一个或真或假，并且不是既真又假的判断语句。

下面有两个关于命题的例子：

1. 伦敦是英国的首都。

2. 威廉·莎士比亚编写了电视连续剧《摩登家庭》。

命题 1 是真的，命题 2 是假的。威廉·莎士比亚和《摩登家庭》一点关系都没有。

即使我们无法判断一个句子是真还是假，但只要它确定是真的或者是假的，那么它就是一个命题。例如，句子"美国的离婚率高居世界首位"是一个命题。很明显它要么是真的要么是假的，但我们也没必要知道是真的还是假的。

某些句子，比如命令、疑问和观点，它们不是非真即假的，因此不是命题。下列句子都不是命题：

1. 三思而后行。（这是一个命令或建议。）

2. 日常生活中的"随便说说"这句话会让你觉得烦吗？（这是一个疑问。）

3.《泰坦尼克号》一直是最伟大的电影。（这是一个观点。）

2 使用符号表示命题

在逻辑符号中，我们使用诸如 p，q，r 和 s 等小写字母来表示命题。例如下面两个例子：

p：伦敦是英国的首都。

q：威廉·莎士比亚编写了电视连续剧《摩登家庭》。

字母 p 代表第一个命题。

字母 q 代表第二个命题。

3 构建命题的否定

否定命题

"伦敦是英国的首都"是一个真命题。这个命题的否定，"伦敦不是英国的首都"是一个假命题。真命题的否定是假命题，假命题的否定是真命题。

例 1 构造否定

构造下列命题的否定：

a. 威廉·莎士比亚编写了电视连续剧《摩登家庭》。

b. 今天不是周一。

解答

a. 否定"威廉·莎士比亚编写了电视连续剧《摩登家庭》"的最常用的方法是加上"不"或"没有"。该命题的否定是：

威廉·莎士比亚没有编写电视连续剧《摩登家庭》。

我们有很多种方法来表达一个命题的含义。下面有另外一种表达命题否定的方法：

威廉·莎士比亚编写了电视连续剧《摩登家庭》，这不是真的。

b. "今天不是周一"的否定是：今天不是周一，这不是真的。

我们在日常生活中一般会这么说：今天是周一。

☑ **检查点 1**　构造下列命题的否定：

a. 巴黎是西班牙的首都。

b. 七月不是一个月份。

4　使用符号表示命题的否定

命题 p 的否定形式是 $\neg p$，读作"非 p"或" p 不是真的"。

好问题！

诸如 p，q，r 和 s 的小写字母能够表示包含"非"的命题吗？

可以的。当你选择小写字母来表示命题的时候，你可以使用符号 $\neg$ 来表示否定的命题。但是，用 p，q，r 和 s 来表示这种命题也没错。

例 2　使用符号表示命题的否定

令 p 和 q 分别表示下列命题：

p：威廉·莎士比亚编写了电视连续剧《摩登家庭》。

q：今天不是周一。

用符号表示下列命题：

a. 威廉·莎士比亚没有编写电视连续剧《摩登家庭》。

b. 今天是周一。

解答

a. 威廉·莎士比亚没有编写电视连续剧《摩登家庭》是命题 p 的否定。因此，我们可以用符号 $\neg p$ 来表示。

b. 今天是周一是命题 q 的否定。因此，我们可以用符号 $\neg q$ 来表示。

☑ **检查点 2**　令 p 和 q 分别表示下列命题：

p：巴黎是西班牙的首都。

q：七月不是一个月份。

用符号表示下列命题：

a. 巴黎不是西班牙的首都。

b. 七月是一个月份。

---

5 将命题否定的符号形式转换成语句

在例 2 中，我们将命题转换成符号形式。而在例 3 中，我们调转了转换的方向。

> **例 3** 将命题的符号转换成语句
>
> 令 p 表示下列命题：
>
> p：美国离婚率高居世界第一。
>
> 将命题的符号表示 $\neg p$ 转换成语句。
>
> 解答
>
> 符号 $\neg$ 表示的是"非"，因此 $\neg p$ 表示的是"美国离婚率没有高居世界第一。"
>
> 我们还可以这么表达：
>
> 美国离婚率高居世界第一，这不是真的。

☑ **检查点 3** 令 q 表示下列命题：

q：芝加哥奥黑尔机场是世界上最繁忙的机场。

将命题的符号表示 $\neg q$ 转换成语句。

---

6 用两种方式表示量化命题

量化命题

在自然语句中，我们经常会遇见包含词语"所有""有些"或"没有（或无）"的命题。这些词语就叫作量词。包含某一个量词的命题就是量化命题。下面有一些例子：

所有的诗人都是作家。

有些人很固执。

没有致命的感冒。

有些学生不好好学习。

运用我们的语言知识，可以使用两种等价的方法表示这些量化命题，这两种方法的含义完全一致。等价的命题见表 3.1。

表 3.1　表示量化命题的等价方法

命题	同一命题的等价表示法	例子（两个等价的量化命题）
所有的 A 都是 B	没有 A 不是 B	所有的诗人都是作家 没有诗人不是作家
有些 A 是 B	至少有一个 A 是 B	有些人很固执 至少有一个人很固执
没有 A 是 B	所有的 A 都不是 B	没有致命的感冒 所有的感冒都不致命
有些 A 不是 B	不是所有的 A 都是 B	有些学生不好好学习 不是所有的学生都好好学习

7　书写量化命题的否定

好问题！

对我来说，"所有的作家都是诗人"的否定应该是"没有作家是诗人"。我犯了什么错误？

"所有的作家都是诗人"的否定不是"没有作家是诗人"，这是因为两个命题都是假的。假命题的否定一定是一个真命题。一般情况下，"所有的 A 是 B"的否定不是"没有 A 是 B"。

构造量化命题的否定可能会有点复杂。就拿构建命题"所有的作家都是诗人"的否定来说吧。由于这个命题是错误的，所以它的否定一定是真的。它的否定是"不是所有的作家都是诗人"，和"有些作家不是诗人"意思相同。注意，这个命题的否定是一个真命题。

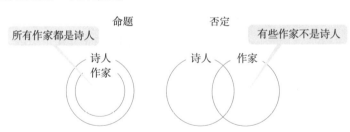

一般情况下，"所有的 A 是 B"的否定是"有些 A 不是 B"。同样地，"有些 A 不是 B"的否定是"所有的 A 是 B"。

现在我们来研究如何否定包含词语"有些"的命题。考虑一下这一命题，"有些金丝雀重 50 磅。"由于有些意味着"至少存在一个"，该命题的否定就是"至少存在一只金丝雀重 50 磅，这不是真的。"由于不可能存在这样的鸟，我们可以将命题的否定表示为"没有金丝雀重 50 磅"。

一般情况下，"有些 A 是 B"的否定是"没有 A 是 B"。同样地，"没有 A 是 B"的否定是"有些 A 是 B"。

我们在表 3.2 中总结了量化命题的否定。

命题

有些金丝雀重50磅

金丝雀　重50磅的东西

否定

没有金丝雀重50磅

金丝雀　重50磅的东西

好问题！

有没有什么办法能帮助我记住四种量化命题？

下面这幅图像会有所帮助。命题及其否定分别位于对角线上。

$$\begin{matrix} \text{所有的 } A \text{ 是 } B & \searrow & \text{没有 } A \text{ 是 } B \\ \text{有些 } A \text{ 是 } B & \nearrow & \text{有些 } A \text{ 不是 } B \end{matrix}$$

表 3.2　量化命题的否定

命题	否定	例子（量化命题及其否定）
所有的 A 是 B	有些 A 不是 B	所有人都不作弊 否定：有些人会作弊
有些 A 是 B	没有 A 是 B	有些道路是开放的 否定：没有道路是开放的

（第二列中的命题的否定就是第一列中的命题。）

表 3.3 包含了四种量化命题及其否定的示例。

表 3.3　量化命题的否定示例

命题	否定
所有的人终有一死	有些人不会死
有些学生没预习就来上课了	所有的学生都预习了才来上课
有些心理治疗师在接受治疗	没有心理治疗师在接受治疗
没有训练有素的狗会拆家具	有些训练有素的狗会拆家具

例 4　否定量化命题

技师对我说，"所有的活塞环都替换好了。"我后来知道技师从来不说真话。我能得出什么结论？

解答

我们从技师的命题"所有的活塞环都替换好了"开始分析。

由于技师从来不说真话，我可以得出结论，真相就是技师所说命题的否定。"所有的 A 都是 B"的否定是"有些 A 不是 B"。因此，我们可以得出下列结论：

有些活塞环没有替换好。

由于"有些"意味着"至少有一个"，我同样可以得出下列结论：

至少有一个活塞环没有替换好。

☑ **检查点 4**　监察委员会对我们说，"所有新的税收都会用于提升教育质量。"后来我知道，监察委员会从来不说真话。我可以得出什么结论？用两种等价方式表述这一结论。

3.2

学习目标

学完本节之后，你应该能够：

1. 用符号的形式表示复合命题。
2. 使用括号表示符号化的命题。
3. 使用联结词的运算顺序。

复合命题和联结词

什么样的条件才能够让人幸福？研究幸福的科学家发现了一些令人惊讶的结果，某些因素并不能使人幸福。财富和良好教育对于幸福而言都是不充分的。换句话说，下面这句话是不准确的：

如果你很富有，受过良好的教育，那么你就会幸福。

我们可以将这个命题分解成三个简单的句子：

你很富有。你受过良好的教育。你会幸福。

这三个句子叫作**简单命题**，每句话都只有一个意思，而且没有联结词。两个或更多简单命题结合在一起就构成了**复合命题**。联结简单命题以构建复合命题的词语就叫作**联结词**。联结词包括诸如**且**、**或**、**如果……那么**以及**当且仅当**。

在口语和书面语中，复合命题无处不在。我们需要能够理解复合命题背后的逻辑，才能客观地分析信息。在本节中，我们将分析四种复合命题。

1   用符号的形式表示复合命题

且命题

如果 p 和 q 是两个简单命题，那么**复合命题"p 且 q"的符号表示形式是 $p \wedge q$**。通过联结词**且**连接的复合命题称为**且命题**。**且**的符号是 $\wedge$。

例 1   将命题转换为符号形式

令 p 和 q 代表下列简单命题：

p：现在过了下午 5 点。

q：他们在工作。

将下列复合命题转换成符号形式：

a. 现在过了下午 5 点，他们在工作。

b. 现在过了下午 5 点，他们不在工作。

解答

a.

| 现在过了下午5点 | 并且 | 他们在工作 |

$$p \qquad \wedge \qquad q$$

符号形式是 $p \wedge q$。

b.

现在过了下午5点	并且	他们不在工作
p	$\wedge$	$\neg q$

符号形式是 $p \wedge \neg q$。

☑ **检查点 1** 使用例 1 中的表示来将下列复合命题转换为符号形式：

a. 他们在工作，现在过了下午 5 点。

b. 现在没有过下午 5 点，他们在工作。

中文有很多种表示复合命题中的联结词的方式。表 3.4 中列出了一些将 $p \wedge q$ 转化为语句的方式。

表 3.4　$p \wedge q$ 的中文表述

符号化的命题	命题表述	例子 p：现在过了下午 5 点 q：他们在工作
$p \wedge q$	p 且 q	现在过了下午 5 点，他们在工作
$p \wedge q$	p 但是 q	现在过了下午 5 点，但是他们在工作
$p \wedge q$	p 然而 q	现在过了下午 5 点，然而他们还在工作

或命题

联结词"或"能够表示两种不同的意思。例如，请看下列命题：

我游玩了伦敦或巴黎。

这个命题的意思可以是：

我游玩了伦敦或巴黎，但没有两个地方都玩。

这是一个**异或**的例子，意味着"不是这个就是那个，不可以两者兼有"。相比之下，这个命题的意思也可以是：

我游玩了伦敦或巴黎，或两个地方都玩了。

这是一个**兼或**的例子，意味着"两者其一，或两者兼有"。

在数学中，当联结词"或"出现时，它表示的是兼或。如果 p 和 q 是两个简单命题，那么"p 或 q"意味着或 p 或 q 或二者兼有。通过联结词或构建的复合命题称作**或命题**。或的符号是 $\vee$。**因此，我们可以将"或 p 或 q 或二者兼有"用符号表示为 $p \vee q$。**

例2 将下列命题转换成符号形式

令 p 和 q 表示下列简单命题：

p：法案得到了大多数人支持。

q：法案成为法律。

用符号表示下列复合命题：

a. 法案得到了大多数人支持或法案成为法律。

b. 法案得到了大多数人支持或法案没有成为法律。

解答

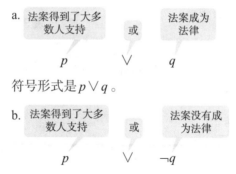

符号形式是 $p \vee q$。

符号形式是 $p \vee \neg q$。

☑ **检查点2** 令 p 和 q 表示下列简单命题：

p：你能毕业。

q：你满足数学的要求。

用符号表示下列复合命题：

a. 你能毕业或你满足数学的要求。

b. 你满足数学的要求或你不能毕业。

如果……那么命题

图 3.1 表示：

所有的诗人都是作家。

> 诗人的集合是作家的集合的子集

> 所有诗人都是作家，如果一个人是诗人，那么此人一定是作家

图 3.1

在 3.1 节中，我们学过，这个命题可以表述为：

没有不是作家的诗人。

我们还可以这么表述：

如果一个人是一名诗人，那么这个人也是一名作家。

这种命题的形式是"如果 p，那么 q。"**我们可以将复合命题"如果 p，那么 q"符号化为 $p \to q$**。通过联结词"如果……那么"构建的复合命题称为**条件命题**。"如果……那么"的符号表示是 $\to$。

在一个条件命题中，位于 $\to$ 之前的命题称为**前提**，位于 $\to$ 之后的命题称为**结果**：

$$前提 \to 结果$$

例 3　将命题转换成符号形式

令 p 和 q 表示下列简单命题：

p：一个人是一位父亲。

q：一个人是一位男性。

用符号表示下列复合命题：

a. 如果一个人是一位父亲，那么这个人是一位男性。

b. 如果一个人是一位男性，那么这个人是一位父亲。

c. 如果一个人不是一位男性，那么这个人不是一位父亲。

解答

我们用 p 来表示"一个人是一位父亲"，用 q 来表示"一个人是一位男性"。

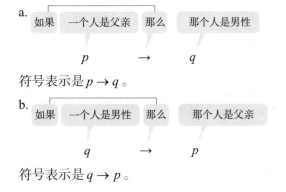

符号表示是 $p \to q$。

b.

符号表示是 $q \to p$。

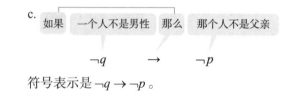

符号表示是 ¬q → ¬p 。

☑ 检查点 3

使用例 3 中的符号表示下列复合命题：

a. 如果一个人不是一位父亲，那么这个人不是一位男性。

b. 如果一个人是一位男性，那么这个人不是一位父亲。

条件命题中的"那么"可以省略掉，用逗号连接两个命题。当"那么"被省略的时候，逗号可以不加。下面有一些例子：

如果一个人是一位父亲，那么这个人是一位男性。

如果一个人是一位父亲，这个人是一位男性。

在表 3.5 中，我们列出了几种将 p → q 转换为语句的常见方式。

表 3.5 　p → q 的中文表述

命题符号	命题语句	例子 p：一个人是一位父亲 q：一个人是一位男性
p → q	如果 p，那么 q	如果一个人是一位父亲，那么这个人是一位男性
p → q	p 对于 q 是充分的	父亲对于作为男性是充分的
p → q	q 对于 p 是必要的	男性对于作为父亲是必要的
p → q	p 仅当 q	一个人是一位父亲，仅当这个人是一位男性
p → q	仅当 q，p	仅当一个人是一位男性，这个人是一位父亲

好问题！

在条件命题中，我怎样才能分辨必要的部分和充分的部分？

一个条件命题的充分条件是位于 → 之前的命题，即前提。一个条件命题的必要条件是位于 → 之后的命题，即结果。

例 4 将命题转换成符号形式

将命题转换成符号形式：

p：我们的财政预算赤字严重。

q：我们控制军事经费。

用符号表示下列复合命题：

控制军事经费对于财政预算赤字不严重而言是必要的。

解答

条件命题的必要部分属于联结词"如果……那么"。由于"控制军事经费"是必要部分，我们可以将该复合命题重写为：

如果	我们的财政预算赤字不严重	那么	我们控制军事经费
	$\neg p$	$\rightarrow$	q

符号形式是 $\neg p \rightarrow q$。

☑ **检查点 4** 令 p 和 q 表示下列简单命题：

p：你规律地锻炼。

q：你患心脏病的概率增大。

将命题转换成符号形式：

不规律地锻炼对你患心脏病的概率增大来说是充分的。

当且仅当命题

如果一个条件命题是真的，将前提和结果交换一下位置，得出的条件命题可能不一定是真的。

- 如果一个人是一位父亲，那么这个人是一位男性。 真

- 如果一个人是一位男性，那么这个人是一位父亲。

  不一定为真

然而，某些条件命题在交换前提和结果的位置之后仍然是真的：

- 如果一个人是一位未婚男性，那么这个人是一位单身汉。 真

- 如果一个人是一位单身汉，那么这个人是一位未婚男性。 真

我们可以将这种命题转换成双重条件命题，而不是使用两个单独的条件命题进行表示：

当且仅当一个人是单身汉，这个人是未婚男性。

如果 p 和 q 表示两个简单命题，那么**复合命题"p 当且仅当 q"可以用符号表示为** $p \leftrightarrow q$。通过"当且仅当"构建的复合命题称为**双重条件命题**。"当且仅当"的符号是 $\leftrightarrow$。也可以将"当且仅当"缩写为 iff。

表 3.6 牛津英文字典中含义最多的单词

单词	含义
set	464
run	396
go	368
take	343
stand	334

例5 将命题转换为符号形式

表 3.6 显示，单词 set 有 464 种含义，是英文中含义最多的单词。令 p 和 q 表示下列简单命题：

p：这个单词是 set。

q：这个单词有 464 种含义。

将命题转换成符号形式：

a. 当且仅当一个单词有 464 种含义时，这个单词才是 set。

b. 当且仅当一个单词没有 464 种含义时，这个单词不是 set。

解答

a.

这个单词是set	当且仅当	这个单词有464种含义
p	$\leftrightarrow$	q

符号表示是 $p \leftrightarrow q$。可以通过观察发现，下列命题均是真的：

如果一个单词是 set，那么它有 464 种含义。

如果一个单词有 464 种含义，那么它是 set。

b.

这个单词没有464种含义	当且仅当	这个单词不是set
$\neg q$	$\leftrightarrow$	$\neg p$

符号表示是 $\neg q \leftrightarrow \neg p$。

☑ **检查点 5** 令 p 和 q 表示下列简单命题：

p：这个单词是 run。

q：这个单词有 396 种含义。

将下列复合命题转换成符号形式：

a. 当且仅当一个单词有 396 种含义时，这个单词是 run。

b. 当且仅当一个单词没有 396 种含义时，这个单词不是 run。

表 3.7　$p \leftrightarrow q$ 的中文表述

符号表示	命题表述	例子： p：一个人是未婚男性 q：一个人是单身汉
$p \leftrightarrow q$	p 当且仅当 q	一个人是未婚男性当且仅当他是单身汉
$p \leftrightarrow q$	q 当且仅当 p	一个人是单身汉当且仅当他是未婚男性
$p \leftrightarrow q$	如果 p 那么 q，并且如果 q 那么 p	如果一个人是单身汉那么他是未婚男性，而且如果一个人是未婚男性那么他是单身汉
$p \leftrightarrow q$	p 对于 q 是充分必要的	一个人是单身汉对于他是未婚男性来说是充分必要的
$p \leftrightarrow q$	q 对于 p 是充分必要的	一个人是未婚男性对于他是单身汉来说是充分必要的

在表 3.8 中，我们总结了本章前两节中讨论过的命题。

表 3.8　符号逻辑命题

名称	符号表示	常见命题表述
非	$\neg p$	非 p。p 不是真的
且	$p \wedge q$	p 且 q
或	$p \vee q$	p 或 q
条件	$p \rightarrow q$	如果 p，那么 q。p 对 q 是充分的，q 对 p 是必要的
双重条件	$p \leftrightarrow q$	p 当且仅当 q。p 对 q 是充分必要的

好问题！

在算术中，我知道 $a+b$ 的含义和 $b+a$ 一样。我可以交换一下表 3.8 中 p 和 q 的位置，而且不改变命题的含义吗？

改不改变命题的含义取决于 p 和 q 之间的联结词。

- $p \wedge q$ 与 $q \wedge p$ 的含义一样。
- $p \vee q$ 与 $q \vee p$ 的含义一样。
- $p \leftrightarrow q$ 与 $q \leftrightarrow p$ 的含义一样。

然而，

- $p \rightarrow q$ 与 $q \rightarrow p$ 的含义不一样。

我们将在本章中讨论上述发现。

有括号的符号化命题

符号化命题中的括号表示括号内的命题是分在一组里面的。例如，$\neg(p \wedge q)$ 意味着整个命题 $p \wedge q$ 的否定。相比之下，

¬$p \wedge q$ 意味着只否定命题 p。我们将 ¬$(p \wedge q)$ 读作 "p 且 q 不是真的"。我们将 ¬$p \wedge q$ 读作 "非 p 且 q"。如果命题中没有出现括号，那么符号 ¬ 只否定它后面的命题。

2　使用括号表示符号化的命题

例 6　使用或不使用括号来表示符号化的命题

令 p 和 q 分别表示下列简单命题：

p：她很富有。

q：她很幸福。

将下列符号化的命题转换成命题表述：

a. ¬$\left(p \wedge q \right)$

b. ¬$p \wedge q$

c. ¬$\left(p \vee q \right)$

解答

• ¬$(p \wedge q)$		• ¬$p \wedge q$			• ¬$(p \vee q)$	
表示否定	她很富有且她很幸福	她不富有	且	她很幸福	表示否定	她很富有或很幸福

a. 符号化的命题 ¬$(p \wedge q)$ 的意思是，对整个命题 $p \wedge q$ 的否定。可以将它翻译为：

她既富有又幸福，但这不是真的。

我们还可以用这种方式表达：

她不但富有而且幸福，但这不是真的。

b. 我们可以将 ¬$p \wedge q$ 翻译为：

她不富有但是幸福。

c. 符号化命题 ¬$(p \vee q)$ 的意思是，对整个命题 $p \vee q$ 的否定。我们可以将它翻译为：

她很富有或很幸福，这不是真的。

我们还可以用这种方式表达：

她既不富有也不幸福。

☑ **检查点 6**　令 p 和 q 分别表示下列命题：

p：他一年赚 105 000 美元。

好问题！

我只能使用字母 p 和 q 来表示两个简单命题吗？

不是的。你可以选择能够帮助你记忆命题内容的小写字母。例如，在例 6 中，你可能会倾向于使用 w 和 h 而不是 p 和 q 来表示命题：

w：她很富有（wealthy）。

h：她很幸福（happy）。

q：他时常感到快乐。

将下列符号化的命题转换成命题表述：

a. $\neg(p \wedge q)$　　b. $\neg q \wedge p$　　c. $\neg(q \rightarrow p)$

很多复合命题有不止一个联结词。符号化命题中的括号用来表示分成一组的简单命题。而在命题表述中，用逗号来表示简单命题的分组。下列表格分别展示了用括号表示分组以及用逗号表示分组的符号化命题与命题表述：

符号化命题	分成一组的命题	命题表述
$(q \wedge \neg p) \rightarrow \neg r$	$q \wedge \neg p$	如果 q 且非 p，那么非 r
$q \wedge (\neg p \rightarrow \neg r)$	$\neg p \rightarrow \neg r$	q，而且如果非 p 那么非 r

第一行的命题是一个"如果……那么"的条件命题。注意，符号 $\rightarrow$ 位于括号之外。相比之下，第二行的命题是一个且命题。在第二行的命题中，符号 $\wedge$ 位于括号之外。注意，我们在将符号化的命题转换成命题表述时，**括号内的简单命题要在逗号的同一侧**。

例 7　使用括号表示符号化的命题

令 p、q 和 r 分别表示下列简单命题：

p：一名学生翘课。

q：一名学生认真学习。

r：一名学生挂科。

将下列符号化的命题转换成命题表述：

a. $(q \wedge \neg p) \rightarrow \neg r$

b. $q \wedge (\neg p \rightarrow \neg r)$

解答

a.　　　　　　　$(q \ \wedge \neg p) \ \rightarrow \neg r$

如果　一名学生认真学习　且　一名学生没有翘课　，那么　这名学生不会挂科

我们可以将这个符号化的命题转换成：

如果一名学生认真学习而且没有翘课，那么该学生就不会挂科。

请观察，符号化命题中括号内的命题转换成命题表述之后，位于逗号的同一侧。

b. $\quad q \wedge (\neg p \rightarrow \neg r)$

| 一名学生认真学习 | ，且如果 | 没有翘课 | 那么 | 这名学生不会挂科 |

我们可以将这个符号化的命题转换成：

一名学生认真学习，而且如果该学生没有翘课，那么该学生就不会挂科。

再次强调，符号化命题中括号内的命题转换成命题表述之后，位于逗号的同一侧。

☑ **检查点 7** 令 p、q 和 r 分别表示下列简单命题：

p：植物施了肥。

q：植物没有浇水。

r：植物枯萎。

将下列符号化的命题转换成命题表述：

a. $(p \wedge \neg q) \rightarrow \neg r$

b. $p \wedge (\neg q \rightarrow \neg r)$

3　使用联结词的运算顺序

联结词的运算顺序

在例 7 中，命题 $(q \wedge \neg p) \rightarrow \neg r$ 和 $q \wedge (\neg p \rightarrow \neg r)$ 具有不同的含义。如果我们不加上括号，那么怎样才能知道命题 $q \wedge \neg p \rightarrow \neg r$ 的分组情况？

如果一个符号化的命题没有括号，那么位于运算顺序最优先的联结词前后的命题应分为一组。 联结词的运算顺序由优先级最高的非运算到优先级最低的双重条件运算。

联结词的运算顺序

符号化命题中的联结词的运算顺序如下所示：

最低优先级运算 →
1. 非运算 ¬ 　　　2. 且运算 ∧，或运算 ∨ ← 第二优先级运算
3. 条件运算 → 　　4. 双重条件运算 ↔

最高优先级运算

表 3.9 展示了一些没有括号的符号化命题。我们通过在运算顺序最优先的联结词前后加上分符号（括号）来明确每个命题的含义。

表 3.9 使用联结词的优势

命题	使用联结词优先级（加粗的后算）	使用括号	命题种类
$p \rightarrow q \wedge \neg r$	$p \rightarrow q \wedge \neg r$	$p \rightarrow (q \wedge \neg r)$	条件
$p \wedge q \rightarrow \neg r$	$p \wedge q \rightarrow \neg r$	$(p \wedge q) \rightarrow \neg r$	条件
$p \leftrightarrow q \rightarrow r$	$p \leftrightarrow q \rightarrow r$	$p \leftrightarrow (q \rightarrow r)$	双重条件
$p \rightarrow q \leftrightarrow r$	$p \rightarrow q \leftrightarrow r$	$(p \rightarrow q) \leftrightarrow r$	双重条件
$p \wedge \neg q \rightarrow r \vee s$	$p \wedge \neg q \rightarrow r \vee s$	$(p \wedge \neg q) \rightarrow (r \vee s)$	条件
$p \wedge q \vee r$	$\wedge$ 和 $\vee$ 的运算优先级一样	该命题含义不明确	?

此运算必须给出分组符号，这样才能确定是 $(p \wedge q) \vee r$，还是 $p \wedge (q \vee r)$

例 8 使用联结词的运算顺序

将下列命题表述转换成符号形式：

a. 我这门课没有挂科，当且仅当我努力学习且通过了期末考试。

b. 我这门课没有挂科当且仅当我努力学习，且我通过了期末考试。

解答

我们从用小写字母表示简单命题开始入手。令小写字母表示不是否定的简单命题。然后，我们可以通过添加否定符号 $\neg$ 来构建简单命题的否定。分别用 p、q 和 r 来表示下列简单命题：

p：我这门课挂科。

q：我努力学习。

r：我通过了期末考试。

a.

我这门课没有挂科	当且仅当	我努力学习	且	我通过了期末考试
$\neg p$	$\leftrightarrow$	q	$\wedge$	r

由于运算顺序中最后运算的联结词是 $\leftrightarrow$，因此添加括号的符号化命题是 $\neg p \leftrightarrow (q \wedge r)$。

好问题！

我们应该在什么时候用到联结词的运算顺序？

只有在符号化的复合命题中没有括号或复合命题表述中没有逗号时，才会用到联结词的运算顺序。

b.

| 我这门课没有挂科 | 当且仅当 | 我努力学习 | ， | 且 | 我通过了期末考试 |

$$(\neg p \quad \leftrightarrow \quad q) \quad \wedge \quad r$$

在这一复合命题中，有一个表示分组的逗号，因此不需要用到联结词的运算顺序。该命题的符号化表示是 $(\neg p \leftrightarrow q) \wedge r$。

☑ **检查点 8**　将下列复合命题转换成符号化的命题：

a. 如果作业太多或老师很无聊那我就会翘课。

b. 作业太多或如果老师无聊，我就会翘课。

3.3

学习目标

学完本节之后，你应该能够：

1. 使用非运算、且运算和或运算的定义。
2. 构建真值表。
3. 判断特定情况下复合命题的真值表。

非运算、且运算和或运算的真值表

得克萨斯大学的经济学家丹尼尔·海莫默什（*Beauty Pays: Why Attractive People Are More Successful*）表示，吸引力特别强、长相特别优越的男性和女性要比长相一般的人多赚 23 万美元。（本书认为有必要肯定相貌普通的人，在现实中，长相只不过是决定成功的因素之一。）

在本节中，我们将研究有关美国男性和女性相貌分布比例情况的柱状图，相貌从普通到特别吸引人。通过判断涉及非运算 $\neg$、且运算 $\wedge$ 和或运算 $\vee$ 的命题何时为真何时为假，我们能够从数据中得出结论。将命题确定为真或假的过程称为**给命题分配真值**。

1　使用非运算、且运算和或运算的定义

非运算 $\neg$

真命题的否定是假命题。我们可以用代表真的 T 和代表假的 F 在表格中表示。

p	$\neg p$
T	F

假命题的否定是真命题。我们同样可以用表格来表示。

p	$\neg p$
F	T

我们将上面两个表格合在一起，就得到了表 3.10，非运算的真值表。该真值表表示，$\neg p$ 的真值与 p 的真值相反。

表 3.10　非运算

p	$\neg p$
T	F
F	T

$\neg p$ 的真值与 p 的真值相反。

且运算 $\wedge$

一位朋友对你说，"我游玩了伦敦而且我游玩了巴黎。"为了便于理解这个命题的真值，我们将它分解成两个简单命题：

p：我游玩了伦敦。

q：我游玩了巴黎。

下面有四种情况。

情况 1. 你的朋友确实游玩了这两座城市，因此 p 是真的 q 也是真的。由于你的朋友游玩了这两座城市，因此"我游玩了伦敦而且我游玩了巴黎"是真的。如果 p 和 q 都是真的，那么且运算 $p \wedge q$ 也是真的。我们可以画出如下真值表：

p	q	$p \wedge q$
T	T	T

情况 2. 你的朋友其实只去了伦敦，没有去巴黎游玩。在这一情况下，p 是真的而 q 是假的。你的朋友没有完全说真话，因此 $p \wedge q$ 是假的。如果 p 是真的而 q 是假的，那么且运算 $p \wedge q$ 也是假的。

p	q	$p \wedge q$
T	F	F

情况 3. 你的朋友其实只去了巴黎，没有去伦敦游玩。在这一情况下，p 是假的而 q 是真的。你的朋友没有完全说真话，因此 $p \wedge q$ 是假的。如果 p 是假的而 q 是真的，那么且运算 $p \wedge q$ 是假的。

p	*q*	*p* ∧ *q*
F	T	F

情况 4. 你的朋友两座城市都没去，*p* 是假的 *q* 也是假的。因此命题 *p* ∧ *q* 也是假的。

p	*q*	*p* ∧ *q*
F	F	F

让我们用真值表总结上述四种情况。只有当你的朋友伦敦和巴黎都去了的情况下，且运算才是真的。这四种情况见表 3.11，且运算的真值表。且运算的定义见表格下方。

且运算的定义

表 3.11 且运算的真值表

p	*q*	*p* ∧ *q*
T	T	T
T	F	F
F	T	F
F	F	F

当且仅当两个简单命题都为真时，且运算结果为真。

表 3.12 包含且运算真值表中四种情况的例子。

表 3.12 且运算的命题和它们的真值

命题	真值	原因
$3+2=5$ 而且伦敦位于英国	T	两个命题都是真的
$3+2=5$ 而且伦敦位于法国	F	第二个命题是假的
$3+2=6$ 而且伦敦位于英国	F	第一个命题是假的
$3+2=6$ 而且伦敦位于法国	F	两个命题都是假的

好问题!

在什么时候且运算是假的?

当你发现且运算中的一个简单命题是假的时候，且运算就是假的了。

复合命题中的主要联结词前后的命题并不一定是简单命题。请思考下列例子：$(\neg p \vee q) \wedge \neg q$。

构成且运算的命题分别是 $\neg p \vee q$ 和 $\neg q$。当且仅当 $\neg p \vee q$

和 $\neg q$ 都是真的时候，且运算结果才为真。注意，$\neg p \vee q$ 并不是一个简单命题。我们将 $\neg p \vee q$ 和 $\neg q$ 称为且运算的**分命题**。构成复合命题的命题称为**分命题**。

或运算 $\vee$

现在你的朋友对你说，"我将要游玩伦敦或我将要游玩巴黎。"由于我们假定这是一个兼"或"，如果你的朋友游玩了任意一个城市或两个城市都游玩了，这个命题才是真的。只有当你的朋友两个城市都没有游玩的时候，或运算才是假的。除了两个分命题都为假的情况，或运算都是真的。

或运算（$\vee$）的真值表见表 3.13，或运算的定义见表格下方。

或运算的定义

表 3.13　或运算的真值表

p	q	$p \vee q$
T	T	T
T	F	T
F	T	T
F	F	F

当且仅当两个分命题都为假时，或运算的结果为假。

表 3.14 包含或运算真值表的四种情况的例子。

表 3.14　或运算的命题和它们的真值

命题	真值	原因
$3+2=5$ 或伦敦位于英国	T	两个命题都是真的
$3+2=5$ 或伦敦位于法国	T	第一个命题是真的
$3+2=6$ 或伦敦位于英国	T	第二个命题是真的
$3+2=6$ 或伦敦位于法国	F	两个命题都是假的

好问题！

在什么时候或运算的结果为假？

当你发现或运算中的一个简单命题是真的时候，或运算就是真的了。

例 1　使用非运算、且运算和或运算的定义

令 p 和 q 分别表示下列命题：

p：$10 > 4$

q：$3 < 5$

判断下列命题的真值：

a. $p \wedge q$ b. $\neg p \wedge q$ c. $p \vee \neg q$ d. $\neg p \vee \neg q$

解答

a. $p \wedge q$ 的意思是：

> 10 大于 4 为真   3 小于 5 为真
>
> $10 > 4$ 且 $3 < 5$

且运算 $\wedge$ 的定义是，只有两个分命题都为真，且运算才为真。因此，$p \wedge q$ 是真命题。

b. $\neg p \wedge q$ 的意思是：

> 10 不大于 4 为假   3 小于 5 为真
>
> $10 \not> 4$ 且 $3 < 5$

且运算 $\wedge$ 的定义是，只有两个分命题都为真，且运算才为真。在本题中，只有一个分命题是真的。因此，$\neg p \wedge q$ 是假命题。

c. $p \vee \neg q$ 的意思是：

> 10 大于 4 为真   3 不小于 5 为假
>
> $10 > 4$ 或 $3 \not< 5$

或运算 $\vee$ 的定义是，只有两个分命题都为假，或运算才为假。在本或运算中，只有一个分命题是假的。因此，$p \vee \neg q$ 是真命题。

d. $\neg p \vee \neg q$ 的意思是：

> 10 不大于 4 为假   3 不小于 5 为假
>
> $10 \not> 4$ 或 $3 \not< 5$

或运算 $\vee$ 的定义是，只有两个分命题都为假，或运算才为假。因此，$\neg p \vee \neg q$ 是假命题。

☑ **检查点 1**　令 p 和 q 分别表示下列简单命题：

p：$3 + 5 = 8$

q：$2 \times 7 = 20$

判断下列命题的真值：

a. $p \wedge q$　　　　b. $p \wedge \neg q$

c. $\neg p \vee q$　　　　d. $\neg p \vee \neg q$

2　构建真值表

构建真值表

　　我们可以利用真值表更好地理解关于命题的表述。本节中的真值表是基于非运算 $\neg$、且运算 $\wedge$ 和或运算 $\vee$ 的定义而建立起来的。记住这些运算的定义是十分有帮助的。

> **且、或、非的定义**
>
> **1. 非运算 $\neg$**
>
> 　　一个命题的非运算的真值与该命题的真值相反。
>
> **2. 且运算 $\wedge$**
>
> 　　当且仅当两个简单命题均为真时，这两个命题的且运算结果为真。
>
> **3. 或运算 $\vee$**
>
> 　　当且仅当两个简单命题均为假时，这两个命题的或运算结果为假。

　　将复合命题拆分为简单命题，这样你就可以利用上述定义构建真值表了。

好问题！

　　为什么我要按照表格中的顺序列出 p 和 q 的真值情况组合？

　　一直使用这种顺序，你就能简单地读懂其他学生列出来的表格，也方便你对答案。

构建只包含简单命题 p 和 q 的复合命题真值表

● 列出 p 和 q 真值情况的四种可能性。

p	q	
T	T	
T	F	
F	T	
F	F	

我们将始终按照这个顺序列出组合。尽管可以使用任何顺序，但这种标准顺序可以使呈现保持一致

● 通过重新构建给定的复合命题来判断每一列的标题。

逻辑仙境中的路易斯·卡罗尔

世界上最著名的逻辑学家路易斯·卡罗尔（1832—1898）是《爱丽丝梦游仙境》与《爱丽丝镜中奇遇记》的作者。在爱丽丝的故事中，卡罗尔对于文字游戏和逻辑关系的热爱表露无遗。

"别人跟说话你才能开口！"皇后粗暴地打断了她。

"但是如果所有人都遵守规则，"爱丽丝说——她总是时刻准备着小小的论证，"而且如果别人跟你说话你才能开口，其他人等着你先开口，那么谁都不会开口讲话了，所以……"

"多喝点茶吧，"三月兔热切地对爱丽丝说。

"我还什么都没喝呢，"爱丽丝不高兴地回道，"又怎么能多喝点？"

"你的意思是你不能再喝少一点了，"疯帽匠说道。"与什么都没喝相比，喝得多一点是很容易的。"

最后一列的标题应是给定的复合命题。

● 利用每一列的标题来填写四种真值情况。

1. 如果某一列的标题包括非运算 ¬，检查该列命题的真值进行非运算。在该列中填入与命题相反的真值。

2. 如果某一列标题含有且运算符号 ∧，观察两列命题的真值情况，一列是 ∧ 符号之前的命题，一列是 ∧ 符号之后的命题。利用且运算的定义填表格，只有当两个命题均为真时，才记为 T。

3. 如果某一列标题含有或运算的符号 ∨，观察两列命题的真值情况，一列是 ∨ 符号之前的命题，一列是 ∨ 符号之后的命题。利用或运算的定义填表格，只有当两个命题均为假时，才记为 F。

例2   构建真值表

构建下列命题的真值表，判断该命题何时为真何时为假。

$$\neg(p \wedge q)$$

解答

$\neg(p \wedge q)$ 中的括号表明，我们必须首先判断且运算 $p \wedge q$ 的真值。然后，再判断 $p \wedge q$ 的非运算的真值，取 $p \wedge q$ 真值的相反值即可。

步骤 1   和所有真值表一样，我们先在上面列出简单命题。然后列出每个命题的所有真值可能。在本例中，有两个简单命题，因此有四种可能的组合情况。

p	q	
T	T	
T	F	
F	T	
F	F	

步骤 2   列出 $p \wedge q$ 这一列，将其作为列标题。然后通过观察 p 和 q 的真值情况，列出 $p \wedge q$ 的真值情况。只有当两个简单命题均为真时，复合命题才是真的。

p	q	$p \wedge q$
T	T	T
T	F	F
F	T	F
F	F	F

p 和 q 都为真，所以 $p \wedge q$ 为真

步骤 3　构建 $\neg(p \wedge q)$ 列。在该列中填入 $p \wedge q$ 真值的相反值。利用非运算的定义，在第四列中填入真值的相反值。

p	q	$p \wedge q$	$\neg(p \wedge q)$
T	T	T	F
T	F	F	T
F	T	F	T
F	F	F	T

这两列真值相反，因为我们在对第三列作非运算

这样，$\neg(p \wedge q)$ 的真值表就构建完成了。

真值表中最后一列 $\neg(p \wedge q)$ 告诉我们，只有当两个简单命题均为真时，这个命题才是假的。例如：

p：哈佛是一所大学（真）

q：耶鲁是一所大学（真）

$\neg(p \wedge q)$ 的意思是：

哈佛和耶鲁都是大学，这不是真的。

该复合命题是假的。哈佛和耶鲁都是大学，这是真的。

☑ **检查点** 2　构建下列命题的真值表，判断该命题何时为真何时为假。

$$\neg(p \vee q)$$

例 3　　构建真值表

构建下列命题的真值表，判断该命题何时为真何时为假。

$$\neg p \vee \neg q$$

解答

在没有括号的情况下，非运算的符号 $\neg$ 只否定符号之后

的命题。因此，我们先判断 ¬p 和 ¬q 的真值情况，然后判断 ¬p ∨ ¬q 的真值。

步骤 1　在表头列出简单命题，并列出四种真值的可能情况。

p	q	
T	T	
T	F	
F	T	
F	F	

步骤 2　列出 ¬p 和 ¬q 列。通过观察 p 的真值情况列出 ¬p 的真值情况，然后通过观察 q 的真值情况列出 ¬q 的真值情况。

相反的真值

p	q	¬p	¬q
T	T	F	F
T	F	F	T
F	T	T	F
F	F	T	T

相反的真值

步骤 3　再构建一列 ¬p ∨ ¬q。要想判断 ¬p ∨ ¬q 的真值情况，需要观察第三列 ¬p 和第四列 ¬q 的真值情况。利用或运算的定义，计算出 ¬p ∨ ¬q 的真值情况。或运算的定义：只有当两个分命题均为假时，或命题才为假。只有在第一行，两个命题均为假。

p	q	¬p	¬q	¬p ∨ ¬q
T	T	F	F	F
T	F	F	T	T
F	T	T	F	T
F	F	T	T	T

¬p 为假，¬q 为假，所以 ¬p ∨ ¬q 为假

第三列 ∨ 第四列

☑ **检查点 3**　构建下列命题的真值表，判断该命题何时为真何时为假。

$$\neg p \wedge \neg q$$

例 4　　构建真值表

构建下列命题的真值表，判断该命题何时为真何时为假。

$$(\neg p \vee q) \wedge \neg q$$

解答

由于且运算符号 $\wedge$ 位于括号之外，命题 $(\neg p \vee q) \wedge \neg q$ 是一个且运算。判断且运算符号 $\wedge$ 两边的命题的真值情况，即 $\neg p \vee q$ 与 $\neg q$ 之后，我们才能判断题中命题的真值情况：

$$\boxed{(\neg p \quad \vee \quad q)} \quad \wedge \quad \boxed{\neg q}$$

对于这个分命题，我们
需要一个真值列　　　　　对于这个分命题，我们
需要一个真值列

步骤 1　该复合命题包括两个简单命题和四种可能情况。

p	q	
T	T	
T	F	
F	T	
F	F	

步骤 2　由于我们需要一列表示 $\neg p \vee q$ 真值情况的表格，从 $\neg p$ 入手。观察第一列 p 的真值情况，然后求非填入第三列中。

p	q	$\neg p$
T	T	F
T	F	F
F	T	T
F	F	T

真值相反

步骤 3   现在加上 $\neg p \vee q$ 列。判断 $\neg p \vee q$ 的真值情况需要观察第三列 $\neg p$ 和第二列 q 的真值情况。然后利用或运算的定义求出第四列的真值情况。或运算的定义如下：只有当两个分命题均为假时，或命题才为假。均为假的情况只出现在第二行。

p	q	$\neg p$	$\neg p \vee q$
T	T	F	T
T	F	T	F
F	T	T	T
F	F	T	T

$\neg p$ 为假，且 q 为假，所以 $\neg p \vee q$ 为假

第三列 $\vee$ 第二列

步骤 4   位于命题 $(\neg p \vee q) \wedge \neg q$ 的且运算符号之后的命题是 $\neg q$，因此添加 $\neg q$ 列。通过观察第二列 q 的真值情况再求非，求出 $\neg q$ 的真值情况。

p	q	$\neg p$	$\neg p \vee q$	$\neg q$
T	T	F	T	F
T	F	F	F	T
F	T	T	T	F
F	F	T	T	T

真值相反

步骤 5   最后一列的标题是 $(\neg p \vee q) \wedge \neg q$，即题中要求的复合命题。判断该命题的真值情况需要观察第四列 $\neg p \vee q$ 与第五列 $\neg q$ 的真值情况。现在利用且运算的定义，求出复合命题的真值情况。且运算的定义：只有当两个分命题均为真时，且运算命题才为真。只有最后一行满足条件。

p	q	$\neg p$	$\neg p \wedge q$	$\neg q$	$(\neg p \vee q) \wedge \neg q$
T	T	T	T	F	F
T	F	F	F	T	F
F	T	T	T	F	F
F	F	T	T	T	T

$\neg p \vee q$ 为真，且 $\neg q$ 为真，所以 $(\neg p \vee q) \wedge \neg q$ 为真

第四列 $\wedge$ 第五列

现在，真值表完成了。通过观察最后一列的真值，我们可以发现，只有第四行 p 为假且 q 为假时，命题 $(\neg p \vee q) \wedge \neg q$ 才为真。

☑ **检查点 4** 构建下列命题的真值表，判断该命题何时为真何时为假。

$$(p \wedge \neg q) \vee \neg p$$

某些复合命题只包含一个简单命题，如 $p \vee \neg p$。在这种情况下，只有两种真假可能性，即 p 为真或 p 为假。

例5 构建真值表

构建下列命题的真值表，判断该命题何时为真何时为假。

$$p \vee \neg p$$

解答

要想构建 $p \vee \neg p$ 的真值表，我们首先判断 p 的真值情况。然后再求出或运算 $p \vee \neg p$ 的真值情况。

步骤 1 该复合命题只包含一个简单命题和两种可能情况。

p	
T	
F	

步骤 2 添加 $\neg p$ 列。

p	$\neg p$
T	F
F	T

第一列真值的非运算

步骤 3 再为 $p \vee \neg p$ 添加一列。

p	$\neg p$	$p \wedge \neg p$
T	F	T
F	T	T

回顾第一列和第二列并应用或命题的定义：只有当两个命题都为假时，或命题才为假，这个条件在任何一行中都不存在

表 3.15

	p	q	r
情况 1	T	T	T
情况 2	T	T	F
情况 3	T	F	T
情况 4	T	F	F
情况 5	F	T	T
情况 6	F	T	F
情况 7	F	F	T
情况 8	F	F	F

由三个简单命题组成的复合命题有 8 种不同的真值组合

现在真值表完成了。通过观察最后一列真值情况，我们可以发现复合命题 $p \vee \neg p$ 总是真的。

总为真的复合命题称为重言式。例 5 证明 $p \vee \neg p$ 是一个重言式。

☑ **检查点 5**　构建下列命题的真值表，判断该命题何时为真何时为假。

$$p \wedge \neg p$$

某些复合命题包含三个简单命题，通常用 p、q 和 r 表示。在这种情况下，真值情况一共有 8 种不同的情况，如表 3.15 所示。第一列是连续四个 T，接着连续四个 F。第二列是连续两个 T 再连续两个 F。在第三列中，T 和 F 交错出现。虽然没有必要按照这种顺序罗列这 8 种情况，但是这种系统化的表示法能够确保不会出现重复的情况，所有的情况都涵盖进去了。

例 6　构建 8 种情况的真值表

a. 构建下列命题的真值表：
我努力学习并通过了期末考试，或我这门课挂科了。

b. 假设你努力学习，没有通过期末考试，而且你挂科了。在这种情况下，a 中的复合命题是真还是假？

解答

a. 我们从用字母表示简单命题入手，如下所示：

p：我努力学习。

q：我通过了期末考试。

r：我这门课挂科了。

现在我们可以把给定的命题转换成符号形式了。

我努力学习	且	我通过了期末考试	，	或	我这门课挂科了
(p	$\wedge$	q)		$\vee$	r

由于或运算符号 $\vee$ 位于括号之外，命题 $(p \wedge q) \vee r$ 是一个或运算。再求出或运算符号 $\vee$ 之前与之后的命题，即 $p \wedge q$

和 r 的真值情况，之后我们才能求出题中命题的真值情况。完成的真值表如下所示：

只有当第一列中的 p 和第二列中的 q 都为真时，且运算才为真

显示 8 种可能情况

这些是 b 部分的条件

只有当第四列中的 $p \wedge q$ 和第三列中的 r 都为假时，或运算才为假

p	q	r	$p \wedge q$	$(p \wedge q) \vee r$
T	T	T	T	T
T	T	F	T	T
T	F	T	F	**T**
T	F	F	F	F
F	T	T	F	T
F	T	F	F	F
F	F	T	F	T
F	F	F	F	F

b. 命题的符号表示如下所示：

p：我努力学习。

这是真的，我们得知你努力学习了

q：我通过了期末考试。

这是假的，我们得知你没有通过考试

r：我这门课挂科了。

这是真的，我们得知你挂科了

真值表中的第三种情况是 a 中给出的情况，即 TFT。在这种情况下，题中的复合命题为真，如真值表中的加粗的 T 所示。

☑ 检查点 6　构建 8 种情况的真值表。

　　a. 构建下列命题的真值表：

　　我努力学习，并且我要么通过了期末考试要么这门课挂科了。

　　b. 假设你没有努力学习，通过期末考试，而且你挂科了。在这种情况下，a 中的复合命题是真还是假？

3　判断特定情况下复合命题的真值表

判断特定情况下复合命题的真值表

　　真值表显示了每一种可能情况下复合命题的真值。在下一个例子中，我们将为一个已知简单命题真值的特定情况确定一个复合命题的真值。这并不需要构建一个完整的真值表。通过将简单命题的真值代入复合命题的符号形式，利用适当的定义，就可以确定复合命题的真值。

例 7　判断特定情况下复合命题的真值表

图 3.2 中的柱状图显示了美国男性、女性的相貌分布情况，范围从不好看到极其好看。

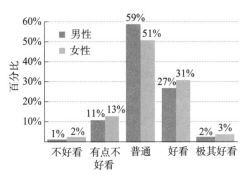

图 3.2　美国人相貌分布情况

来源：*Time*

利用柱状图中的信息判断下列命题的真值：

1% 的美国男性不好看而且超过一半相貌普通不是真的，或 5% 的美国女性极其好看不是真的。

解答

我们从用小写字母表示简单命题入手，然后利用柱状图判断简单命题的真值。一如既往，我们用小写字母表示没有被否定的命题。

p：1% 的美国男性相貌不好看。　　　这个命题是真的

q：超过一半的美国男性相貌普通。

这个命题是真的。59% 的美国男性相貌普通，超过一半

r：5% 的美国女性极其好看。

这个命题是假的。3% 的美国女性极其好看

利用上述表示方法，示例中的复合命题可以转换成如下符号形式：

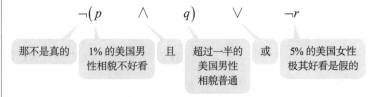

那不是真的　1% 的美国男性相貌不好看　且　超过一半的美国男性相貌普通　或　5% 的美国女性极其好看是假的

现在我们可以根据柱状图中的信息，将 p、q 和 r 替换成真值 T 或 F，从而求出复合命题的真值。

$\neg(p \wedge q) \vee \neg r$　　这是给定命题的符号形式

$\neg(T \wedge T) \vee \neg F$　　代入真值

$\neg T \vee \neg F$　　用 T 代替 T∧T，当两部分都为真时，且运算为真

$F \vee T$ 用 F 代替 ¬T, 用 T 代替 ¬F, 非运算给出相反真值

T 用 T 代替 F∨T, 当至少一部分为真时, 或运算为真

我们得出结论, 给定的命题是真的。

☑ **检查点 7** 利用图 3.2 中柱状图的信息判断下列命题的真值:

2% 的美国女性相貌不好看或超过一半相貌好看, 而且 5% 的美国女性极其好看不是真的。

3.4

学习目标

学完本节之后, 你应该能够:

1. 理解条件命题定义背后的逻辑。
2. 构建条件命题的真值表。
3. 理解双重条件命题的定义。
4. 构建双重条件命题的真值表。
5. 判断特定情况下复合命题的真值。

1 理解条件命题定义背后的逻辑

表 3.16 条件命题真值表

	p	q	$p \to q$
情况 1	T	T	T
情况 2	T	F	F
情况 3	F	T	T
情况 4	F	F	T

条件命题和双重条件命题的真值表

你们的作者收到了这样一封垃圾邮件: 如果你的超级百万美元大奖入场号与预先选好的获奖数字一样, 并且你在下方的截止日期之前回复这个数字, 那么你就能赢得 100 万美元。

作者应该在截止日期之前回复这个数字, 还是当作无事发生过?

在本节中, 我们将使用逻辑来分析垃圾邮件中的话术。通过理解涉及条件命题→(如果……那么)以及双重条件命题↔(当且仅当)的命题何时为真, 何时为假, 你就能判断上述话术的真值了。

条件命题 →

我们从观察条件命题的真值表入手。假设你的教授对你如此承诺:

如果你通过了期末考试, 这门课就过了。

我们先将上述命题分割成两个分命题:

p: 你通过期末考试。

q: 你过了这门课。

将教授的命题转换为符号形式, 即 $p \to q$。现在, 我们来观察表 3.16 条件命题的真值表中的四种情况。

情况 1. (T, T) 你通过了期末考试, 也过了这门课。教授确实遵守了承诺, 因此上述条件命题为真。

情况 2. (T, F) 你通过了期末考试, 但你没有过这门课。

教授没有遵守承诺，因此上述条件命题为假。

情况 3.（F, T）你没有通过期末考试，但是过了这门课。教授的命题只在你通过期末考试的情况下成立，并没有说你没有通过期末考试的时候会如何。教授并没有不遵守承诺，因此上述条件命题为真。

情况 4.（F, F）你没有通过期末考试，也没有过这门课。和情况 3 一样，教授的命题只在你通过期末考试的情况下成立。教授并没有不遵守承诺，因此上述条件命题为真。

表 3.16 显示，条件命题只在前提为真而结果为假的情况下为假，前提是 → 符号之前的命题，而结果是 → 符号之后的命题。在其他情况下，条件命题均为真。

条件命题的定义

条件命题只在前提为真而结果为假的情况下为假。

p	q	$p \to q$
T	T	T
T	F	F
F	T	T
F	F	T

---

2 构建条件命题的真值表

构建真值表

我们的第一个例子显示了如何用真值表来更好地理解条件命题。

例 1 构建真值表

构建下列命题的真值表，判断命题何时为真何时为假：

$$\neg q \to \neg p$$

解答

记住，在没有括号的情况下，符号 $\neg$ 只否定紧跟在它后面的命题。因此，我们在判断 → 符号之前与之后的命题的真值后，即 $\neg q$ 和 $\neg p$ 的真值后，才能判断条件命题的真值。

步骤 1   在真值表上方列出简单命题,并列出真值的四种可能。

p	q	
T	T	
T	F	
F	T	
F	F	

步骤 2   为了构建命题 $\neg q \to \neg p$ 的真值表,我们需要在表中列出 $\neg q$ 和 $\neg p$ 列。通过观察第一列和第二列 p 和 q 的真值并取相反值,填写第三列和第四列的真值情况。

真值相反

p	q	$\neg q$	$\neg p$
T	T	F	F
T	F	T	F
F	T	F	T
F	F	T	T

真值相反

步骤 3   再在真值表中为 $\neg q \to \neg p$ 构建一列。观察第三列和第四列的真值情况。现在利用条件命题的定义,根据第三列和第四列的真值情况,判断命题 $\neg q \to \neg p$ 的真值情况。条件命题的定义:条件命题只在前提为真而结果为假的情况下为假。条件命题为假的情况只出现在第二行中。

p	q	$\neg q$	$\neg p$	$\neg q \to \neg p$
T	T	F	F	T
T	F	T	F	F
F	T	F	T	T
F	F	T	T	T

$\neg q$ 为真且 $\neg p$ 为假,所以 $\neg q \to \neg p$ 为假

第三列→第四列

☑ **检查点 1**　构建下列命题的真值表，判断命题何时为真何时为假：

$$\neg p \rightarrow \neg q$$

$p \rightarrow q$ 与例 1 中的 $\neg q \rightarrow \neg p$ 的真值情况见表 3.17。注意，$p \rightarrow q$ 与 $\neg q \rightarrow \neg p$ 在每种情况下真值都相同。这意味着什么？**每次你听到或说出一个条件命题，都可以交换并否定前提与结果，得出的命题的真值不会变化。**下面有一个与学生对校园时尚提出的建议有关的例子：

- 如果你很酷，就不会穿上面带有学校名字的衣服。
- 如果你穿上面带有学校名字的衣服，你就不酷。

> 如果上面的命题是真的，那么这个也是真的；如果它是假的，那么这个也是假的

我们会在下一节中多描述这种现象（说的是条件命题的变体，不是校园穿搭建议）。

表 3.17

p	q	$p \rightarrow q$	$\neg q \rightarrow \neg p$
T	T	T	T
T	F	F	F
F	T	T	T
F	F	T	T

$p \rightarrow q$ 和 $\neg q \rightarrow \neg p$
有相同真值

例 2　构建真值表

构建下列命题的真值表，判断命题何时为真何时为假：

$$\big[(p \vee q) \wedge \neg p\big] \rightarrow q$$

解答

由于条件命题符号 $\rightarrow$ 出现在括号之外，因此题目中的命题是条件命题。我们在判断条件命题符号之前与之后的命题真值之后，才能判断条件命题的真值。

$$\boxed{\big[(p \vee q) \wedge \neg p\big]} \rightarrow \boxed{q}$$

对于这个命题，我们需要一个真值列。在这一列之前，我们需要用到 $p \vee q$ 和 $\neg p$ 的列

对于这个命题，我们需要一个真值列。这是真值表的第二列

| | | | | 仅当分命题都
为假时，或运
算 (∨) 才为假 | ¬p 的真值
与 p 相反 | 仅当 p∨q 和 ¬p
都为真时，且运
算 (∧) 才为真 | 仅当 (p∨q)∧¬p 为
真且 q 为假时，条
件命题 (→) 才为假 |

p	q	$p \rightarrow q$	$\neg p$	$(p \vee q) \wedge \neg p$	$\big[(p \vee q) \wedge \neg p\big] \rightarrow q$
T	T	T	F	F	T
T	F	T	F	F	T
F	T	T	T	T	T
F	F	F	T	F	T

显示四种可能情况

完成的真值表在最后一列显示了条件命题 $\big[(p \vee q) \wedge \neg p\big] \rightarrow q$ 的真值情况，即在所有情况下均为真。

在 3.3 节中，我们将**重言式**定义为总是为真的命题。例 2 证明了条件命题 $\big[(p \vee q) \wedge \neg p\big] \rightarrow q$ 是重言式。

重言式的条件命题被称为**蕴含式**。对于下列条件命题：$\big[(p \vee q) \wedge \neg p\big] \rightarrow q$，我们可以说

$$\big[(p \vee q) \wedge \neg p\big] \text{意味着} q$$

利用 p：我在游览伦敦和 q：我在游览巴黎，我们可以说：

我在游览伦敦或巴黎，且我没有在游览伦敦，意味着我在游览巴黎。

☑ **检查点 2** 构建下列命题的真值表，并证明该复合命题为重言式：$\big[(p \rightarrow q) \wedge \neg q\big] \rightarrow \neg p$。

有些复合命题在四种情况下均为假，这种命题被称为**矛盾式**。矛盾式的命题 $p \wedge \neg p$ 如下所示：

p	$\neg p$	$p \wedge \neg p$
T	F	F
F	T	F

$p \wedge \neg p$ 总为假

如果 p 表示"我会去"，那么 $p \wedge \neg p$ 的意思是"我会去而且我不会去"。这听上去就是矛盾的。

布利策补充

尤吉语录

　　棒球传奇尤吉·贝拉于 2015 年以 90 岁高龄去世，但他的言论因意外的喜剧性被人们永远记住。很多尤吉语录都能被表达成矛盾的条件命题或重言式。下面是贝拉多年来智慧结晶的例子：

- 棒球是 90% 的精神，剩下一半是物质的。
- 我通常小睡两个小时，从 1 点睡到 4 点。
- 未来并不是它过去的模样。
- 外面早得有点迟。
- 你可以通过观察看到很多东西。
- 当你走到一个岔路口时，接受它。
- 它是又来一次的既视感。
- 直到它结束为止不会结束。
- 我们犯了太多错误的错误。
- 我真的没有说所有我说的话。

例3　构建 8 种情况的真值表

下面一段话摘自 *Time* 的社论：

　　我们的整个税务体系依赖绝大多数纳税人，他们努力缴纳自己应缴的税款，并相信自己受到了公平对待，他们的竞争对手和邻居也在缴纳应缴税款。<u>如果公众认为国税局无法满足这些基本预期，税务系统面临的风险将非常高，其影响将难以逆转。</u>

——Time　2000 年 2 月 13 日

a. 构建画线命题的真值表。

b. 假设公众认为国税局无法满足基本预期，税务系统面临的风险非常高，但是其影响并不是难以逆转的。在这种情况下，画线命题是真的还是假的？

解答

a. 我们从用小写字母表示简单命题入手。具体表示如下所示：

　　p：公众认为国税局**能够**满足基本预期（即公平对待与其他人也缴纳应缴税款）。

　　q：税务系统面临的风险非常高。

　　r：其影响难以逆转。

将画线命题（如果公众认为国税局无法满足这些基本预期，税务系统面临的风险将非常高，其影响将难以逆转）转换为符号形式：

$$\neg p \quad \rightarrow \quad (q \quad \wedge \quad r)$$

由于条件命题符号 → 位于括号之外，命题 $\neg p \rightarrow (q \wedge r)$ 是条件命题。我们必须首先判断符号 → 之前与之后的命题的真值情况，即 $\neg p$ 与 $q \wedge r$，才能判断条件命题的真值。由于该复合命题包含三个简单命题 p、q 和 r，真值表必须包含 8 种情况。完成的真值表如下所示：

			与第一列中的真值相反	只有当第二列 q 为真，且第三列 r 为真时，且运算为真	只有当 $\neg p$ 列为真，且 $q \wedge r$ 列为假时，条件命题才为假
p	q	r	$\neg p$	$q \wedge r$	$\neg p \to (q \wedge r)$
T	T	T	F	T	T
T	T	F	F	F	T
T	F	T	F	F	T
T	F	F	F	F	T
F	F	T	T	T	T
F	T	F	T	F	**F**
F	F	T	T	F	F
F	F	F	T	F	F

展示 8 种可能情况（左侧标注）

这是 b 部分的条件（左侧标注）

b. 题目要求 p（……能够满足基本预期）是假的，q（……高风险）是真的，r（……的影响难以逆转）是假的。给定的条件 FTF 与真值表中的第六种情况相对应。在这些条件下，原始的复合命题是假的，如真值表中加粗的 F 所示。

☑ **检查点 3** 一个广告声称：如果你每天都用生发灵，那么你就不会秃头。

a. 构建该命题的真值表。

b. 假设你使用生发灵，但是忘了每天都用，然后你秃头了。在这种情况下，广告中的命题是假的吗？

3 理解双重条件命题的定义

双重条件命题

在 3.2 节中，我们引入了双重条件符号 $\leftrightarrow$，即"当且仅当"。双重条件命题 $p \leftrightarrow q$ 意味着 $p \to q$ 且 $q \to p$。用符号表示如下：

$$(p \to q) \wedge (q \to p)$$

为了构建 $p \leftrightarrow q$ 的真值表，我们首先需要构建 $p \to q$ 和 $q \to p$ 的且命题的真值表。$(p \to q) \wedge (q \to p)$ 的真值表如下

所示：

				只有当 $p \to q$ 和 $q \to p$ 都为真时，且运算才为真

只有当 p 为真且 q 为假时，条件命题才为假

只有当 q 为真且 p 为假时，条件命题才为假

p	q	$p \to q$	$q \to p$	$(p \to q) \land (q \to p)$
T	T	T	T	T
T	F	F	T	F
F	T	T	F	F
F	F	T	T	T

展示 4 种可能情况

第一列→第二列　　第二列→第一列　　第三列∧第四列

真值表中 $(p \to q) \land (q \to p)$ 列中的真值即是双重条件命题 $p \leftrightarrow q$ 的真值。

双重条件命题的定义

只有当分命题具有相同的真值时，双重条件命题才为真。

p	q	$p \leftrightarrow q$
T	T	T
T	F	F
F	T	F
F	F	T

在我们继续学习真值表之前，先来总结一下逻辑符号的基本定义。

逻辑符号的定义

1. 非运算 ¬

一个命题的非运算的结果与该命题相反，其真值也与该命题的相反。

2. 且运算 ∧

当且仅当两个分命题均为真时，且运算为真。

3. 或运算 ∨

当且仅当两个分命题均为假时，或运算为假。

4. 条件命题 →

当且仅当第一个分命题（前提）为真而第二个分命题（结果）为假时，条件命题为假。

5. 双重条件命题 ↔

当且仅当分命题具有相同的真值时，双重条件命题为真。

4 构建双重条件命题的真值表

例4 构建真值表

构建下列命题的真值表，并判断它是否为重言式：

$$(p \lor q) \leftrightarrow (\neg q \to p)$$

解答

由于双重条件符号 ↔ 位于括号之外，该命题是双重条件命题。我们必须先判断括号内命题的真值情况，才能判断双重条件命题的真值情况。

我们需要此命题的一列真值 → $\boxed{(p \lor q)} \leftrightarrow \boxed{(\neg q \to p)}$ ← 我们需要此命题的一列真值

$(p \lor q) \leftrightarrow (\neg q \to p)$ 的真值表如下所示：

p	q	$p \lor q$	$\neg q$	$\neg q \to p$	$(p \lor q) \leftrightarrow (\neg q \to p)$
T	T	T	F	T	T
T	F	T	T	T	T
F	T	T	F	T	T
F	F	F	T	F	T

第一列∨第二列　　¬第二列　　第四列→第一列　　第三列↔第五列

我们运用双重条件命题的定义，填完了最后一列。在每种情况下，$p \lor q$ 与 $\neg q \to p$ 的真值都是相同的。因此，双重条件命题 $(p \lor q) \leftrightarrow (\neg q \to p)$ 在每种情况下均为真。由于该命题在所有情况下均为真，因此它是重言式。

☑ **检查点4** 构建下列命题的真值表，并判断它是否为重言式：$(p \lor q) \leftrightarrow (\neg p \to q)$。

5 判断特定情况下复合命题的真值

例 5　判断复合命题的真值

你们的作者收到一封来自信用卡公司的邮件，内容如下：

亲爱的鲍勃·布利策，

我很高兴地通知您，您的名字已经分配到一个个人超级百万美元大奖入场号——665567010——上了。<u>如果您的超级百万美元大奖入场号与预先选中的号码一致，而且您在截止日期之前回复该号码，那么您就将赢得 100 万美元。</u>就这么简单。

考虑画线条件命题：如果您的超级百万美元大奖入场号与预先选中的号码一致，而且您在截止日期之前回复该号码，那么您就将赢得 100 万美元。如果你的超级百万美元大奖入场号与预先选中的号码不一致，你顺从地在截止日期前回复了号码，你只会赢得一期免费杂志（剩下 11 期的费用从你的信用卡里扣）。在这样的情况下，你能起诉信用卡公司虚假宣传吗？

解答

我们从用小写字母表示简单命题入手。我们也将列出每个简单命题的真值。

p：您的超级百万美元大奖入场号与预先选中的号码一致。　　　　　假

q：您在截止日期之前回复该号码。　　真

r：您将赢得 100 万美元。　　假；更糟的是，你被骗订了一份杂志

现在我们可以将信件中画线命题转换成符号形式：

| 如果 | 如果你的号码和中奖号码相符 | 且 | 在截止日期之前回复 | 则 | 你赢得 100 万美元 |

$$(p \quad \land \quad q) \quad \to \quad r$$

我们用真值来替换简单命题 p、q 和 r，从而判断信用卡公司宣传的真值。

$(p \land q) \to r$ 　　这是符号形式

$(F \land T) \to F$ 　　用真值代替命题

$F \to F$ 　　用 F 代替 F∧T，当其中一部分为假时，且运算为假

T 　　用 T 代替 F→F，前提和结果为假，条件命题为真

我们的真值分析表明，你无法因虚假宣传起诉信用卡公司。虽然这个条件命题充满了诡计，但信用卡公司的宣传是真的。

☑ **检查点 5**　思考例 5 中信件的画线部分：

如果您的超级百万美元大奖入场号与预先选中的号码一致，而且您在截止日期之前回复该号码，那么您就将赢得 100 万美元。假设你的号码实际上与预先选中的号码一致，你没有回复该号码，你就什么都赢不到。在这种条件下，判断画线部分的真值。

布利策补充

条件性的一厢情愿

鲍勃的信用卡公司还是太善良了。它甚至提供了他如何获得百万奖金的选项。在这种诱惑下，那些不仔细思考的人可能会把信中的条件声明解读为：如果你回复你的中奖号码并在规定的期限前完成，你就赢得了 100 万美元。

这种误读是一厢情愿的想法。没有中奖号码可回复。当然，这是一种推销杂志的欺骗性尝试。

3.5　等价命题与条件命题的变体

学习目标

学完本节之后，你应该能够：

1. 利用真值表证明两个命题是等价的。
2. 书写条件命题的逆否命题。
3. 书写条件命题的逆命题和否命题。

图 3.3 显示杰克·尼科尔森、劳伦斯·奥利维尔、保罗·纽曼和斯宾塞·崔西是四位获得学院奖（奥斯卡）提名最多的男演员。

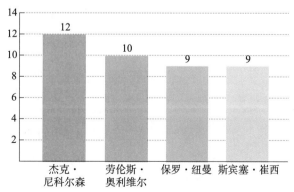

图 3.3　获得学院奖提名最多的男演员

来源：Russell Ash, *The Top Ten of Everything*, 2013

柱状图显示，保罗·纽曼获得了9项奥斯卡提名，因此下列命题为真：

如果一个演员是保罗·纽曼，那么他获得了9项奥斯卡提名。 真

下面请思考该条件命题的三个变体：

如果他演员获得了9项奥斯卡提名，那么该演员是保罗·纽曼。

不一定为真：斯宾塞·崔西也是9项提名。

如果该演员不是保罗·纽曼，那么他没有获得9项奥斯卡提名。

不一定为真：斯宾塞·崔西不是保罗·纽曼，但他获得了9项提名。

如果他没有获得9项奥斯卡提名，那么该演员不是保罗·纽曼。

真：杰克·尼科尔森和劳伦斯·奥利维尔没有获得9项提名，他们不是保罗·纽曼。

在本节中，我们将利用真值表和逻辑解开一团乱麻的条件命题。

1　利用真值表证明两个命题是等价的

等价命题

等价复合命题是由简单命题构成的，对丁所有的简单命题的真值情况都具有相同的、对应的真值。如果一个复合命题为真，那么它的等价命题一定为真。类似地，如果一个复合命题为假，那么它的等价命题一定为假。

我们用真值表来证明两个命题是等价的。当把命题的符号形式转换成语句形式时，等价能够帮助我们更好地理解命题。

例1　证明命题是等价的

a. 证明 $p \vee \neg q$ 和 $\neg p \to \neg q$ 是等价的。

b. 利用 a 中的结果，写出下列命题的等价命题：

该法案获得多数人的批准，否则该法案就不能成为法律。

解答

a. 构建 $p \vee \neg q$ 和 $\neg p \to \neg q$ 的真值表。两个命题的真值表如

下所示：

p	q	$\neg q$	$p \vee \neg q$	$\neg p$	$\neg p \to \neg q$
T	T	F	T	F	T
T	F	T	T	F	T
F	T	F	F	T	F
F	F	T	T	T	T

相应的真值是相同的

根据真值表，可以看出 $p \vee \neg q$ 和 $\neg p \to \neg q$ 的真值是相同的。因此，上述两个命题是等价的。

b. 命题"该法案获得多数人的批准，否则该法案就不能成为法律"可以转换成符号形式，如下所示：

p：该法案获得多数人的批准。

q：该法案成为法律。

转换成符号形式的命题为 $p \vee \neg q$。根据 a 中的真值表，可以得知该命题的等价命题是 $\neg p \to \neg q$。因此，该命题的等价命题如下所示：

如果该法案没有获得多数人的批准，那么该法案不能成为法律。

注意，给定的命题与其等价命题均为真的。

☑ **检查点 1**　证明命题是等价的

a. 证明 $p \vee q$ 和 $\neg q \to p$ 是等价的。

b. 利用 a 中的结果，写出下列命题的等价命题：
我去上课或我失去奖学金。

一种特殊的符号，即 ≡ 用来表示命题是等价的。由于 $p \vee \neg q$ 和 $\neg p \to \neg q$ 是等价的，我们可以记作：

$$p \vee \neg q \equiv \neg p \to \neg q \text{ 或 } \neg p \to \neg q \equiv p \vee \neg q$$

例2　证明命题是等价的

证明 $\neg(\neg p) \equiv p$。

p	$\neg p$	$\neg(\neg p)$
T	F	T
F	T	F

相应的真值是相同的

解答

$\neg(\neg p)$ 和 p 的真值如左侧的真值表所示。

我们通过取 $\neg p$ 的每个真值的相反值，得到 $\neg(\neg p)$ 的真值。左侧真值表证明 $\neg(\neg p)$ 和 p 的真值是一样的。因此，上述命题等价：$\neg(\neg p) \equiv p$。

例 2 中的等价命题 $\neg(\neg p) \equiv p$，阐释了**命题的双重否定与该命题等价**这一概念。例如，命题"欧内斯特·海明威不是一名作家，这不是真的"和"欧内斯特·海明威是一名作家"的意思相同。

☑ **检查点 2**　证明 $\neg\left[\neg(\neg p)\right] \equiv \neg p$。

好问题！

你能不能给我一个实际生活中的例子，用来理解 $\neg(\neg p) \equiv p$？还有为什么这个内容看上去这么眼熟？

下面有一个美国前总统巴拉克·奥巴马的例子，他在一场有关债务限额的国会辩论中说道：

我们不能不偿还已经花费的账单。

等价地说就是：

我们能够（而且必须）偿还已经花费的账单。

$\neg(\neg p) \equiv p$ 看上去眼熟的原因在于你已经在代数中见过类似的命题了：

$-(-a) = a$，其中 a 表示一个数字。

例如，$-(-4) = 4$。

例 3　等价性与真值表

选出与下列命题不等价的命题：

米格尔脸红了或者被太阳晒了。

a. 如果米格尔脸红了，那么他没有被太阳晒。
b. 米格尔被太阳晒了或者脸红了。
c. 如果米格尔没有脸红，那么他就被太阳晒了。
d. 如果米格尔没有被太阳晒，那他就脸红了。

解答

为了判断哪个选项不与给定的命题等价，我们首先将给定的命题与选项转换成符号形式。然后构建真值表，比较选项的真值与给定命题的真值。与给定命题不等价的命题的真值与给定命题真值不相同。构成命题"米格尔脸红了或者被太阳晒了"的简单命题可以表示如下：

p：米格尔脸红了。

q：米格尔被太阳晒了。

给定命题与四个选项的符号形式如下所示：

米格尔脸红了或者被太阳晒了：$p \vee q$

a. 如果米格尔脸红了，那么他没有被太阳晒：$p \to \neg q$。

b. 米格尔被太阳晒了或者脸红了：$q \vee p$。

c. 如果米格尔没有脸红，那么他就被太阳晒了：$\neg p \to q$。

d. 如果米格尔没有被太阳晒，那他就脸红了：$\neg q \to p$。

下一步，构建给定命题 $p \vee q$ 与四个选项的真值表。真值表如下所示：

等价（对应真值相同）

| 给定 | | a | b | c | d |

p	q	$p \vee q$	$\neg q$	$p \to \neg q$	$q \vee p$	$\neg p$	$\neg p \to q$	$\neg q \to p$
T	T	T	F	F	T	F	T	T
T	F	T	T	T	T	F	T	T
F	T	T	F	T	T	T	T	T
F	F	F	T	T	F	T	F	F

不等价

选项 a 的真值与 $p \vee q$ 的真值不相同。因此，该命题与给定命题不等价。

在例 3 中，我们利用真值表来证明 $p \vee q$ 和 $p \to \neg q$ 不是等价的。我们也可以运用对兼或的理解，证明为什么下列命题语句并不是等价的：

米格尔脸红了或者被太阳晒了。

如果米格尔脸红了，那么他没有被太阳晒。

我们先假定第一个命题为真。兼或告诉我们，米格尔有可能既脸红又被太阳晒了。这就意味着，第二个命题可能不是真的。米格尔脸红这一事实并不意味着他就没有被太阳晒了，他有可能既脸红又被太阳晒了。

☑ **检查点 3**　选出与下列命题不等价的命题：

如果下雨了，那我就需要一件夹克。

a. 没有下雨或者我需要一件夹克。

b. 我需要一件夹克或者没有下雨。

c. 如果我需要一件夹克，那就下雨了。

d. 如果我不需要一件夹克，那就没有下雨。

2 书写条件命题的逆否命题

p	q	$p \to q$	$\neg q \to \neg p$
T	T	T	T
T	F	F	F
F	T	T	T
F	F	T	T

$p \to q$ 和 $\neg q \to \neg p$ 是等价的

条件命题 $p \to q$ 的变体

在 3.4 节中，我们学到了 $p \to q$ 与 $\neg q \to \neg p$ 是等价的。如果一个条件命题的前提和结果同时调换位置并取非，那么该条件命题的真值不发生改变。条件命题的逆否命题是通过调换前提与结果的位置并取非得到的。

> **条件命题及其等价的逆否命题**
>
> $$p \to q \equiv \neg q \to \neg p$$
>
> 如果一个条件命题的前提和结果同时调换位置并取非，那么该条件命题的真值不发生改变。$\neg q \to \neg p$ 被称为 $p \to q$ 的逆否命题。

例 4 书写逆否命题

写出下列命题的逆否命题：

a. 如果你住在洛杉矶，那么你住在加州。

b. 如果病人不再呼吸，那么他就死了。

c. 如果所有人都遵守法律，那么就不需要监狱了。

d. $\neg(p \land q) \to r$。

解答

在 a 到 c 小题中，我们将命题转换成符号形式。然后我们再通过调换前提与结果的位置并取非来求逆否命题。最后，我们再将命题的符号形式转换成语句形式。

a. 我们将命题转换成如下形式：

p：你住在洛杉矶。

q：你住在加州。

如果	你住在洛杉矶	那么	你住在加州
	p	$\to$	q

$p \to q$ 这是命题的符号形式

$\neg q \to \neg p$ 调换前提与结果，再分别取非

我们将 $\neg q \to \neg p$ 转换成语句形式，得到如下逆否命题：

如果你不住在加州，那么你不会住在洛杉矶。

注意，原命题与逆否命题均为真。

b. 我们将命题转换成如下形式：

p：病人在呼吸。

q：病人已经死亡。

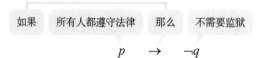

$\neg p \to q$ 这是命题的符号形式

$\neg q \to \neg(\neg p)$ 调换前提与结果，再分别取非

$\neg q \to p$ 双重否定表示肯定

将符号形式转换成语句形式，得到如下逆否命题：

如果病人没死，那么他就在呼吸。

c. 我们将命题转换成如下形式：

p：所有人都遵守法律。

q：需要监狱。

如果   所有人都遵守法律   那么   不需要监狱

     p $\to$ $\neg q$

$p \to \neg q$ 这是命题的符号形式

$\neg(\neg q) \to \neg p$ 调换前提与结果，再分别取非

$q \to \neg p$ 双重否定表示肯定

如下所示，全是否定是有些不是。利用该否定形式并将符号形式转换成语句形式，得到如下逆否命题：

量化命题的否定

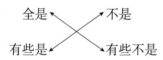

如果需要监狱，那么不是所有的人都遵守法律。

d.

$$\neg(p \land q) \to r \qquad \text{这是命题的符号形式}$$

$$\neg r \to \neg[\neg(p \land q)] \qquad \text{调换前提与结果，再分别取非}$$

$$\neg r \to (p \land q) \qquad \text{双重否定表示肯定}$$

$\neg(p \land q) \to r$ 的逆否命题是 $\neg r \to (p \land q)$。利用联结词的性质，该逆否命题可以写成 $\neg r \to p \land q$。

☑ **检查点 4**　书写下列命题的逆否命题：

a. 如果你能看见这个，那么你跟车太近了。

b. 如果你没有干净的内衣，那么就应该洗衣服了。

c. 如果所有的学生都诚实，那么就不需要监考了。

d. $\neg(p \lor r) \to \neg q$。

3　书写条件命题的逆命题和否命题

如果条件命题的前提和结果调换位置并取非，条件命题的真值不发生改变。但是如果调换位置和取非只有一个发生了，那么条件的真值会发生什么样的变化？如果前提和结果仅调换位置但不取非，得到的命题称为条件语句的**逆命题**。通过否定前提和结果但不调换二者的位置，我们就得到了条件命题的**否命题**。

条件命题的变体

名称	符号形式	语句形式
条件命题	$p \to q$	如果 p，那么 q
逆命题	$q \to p$	如果 q，那么 p
否命题	$\neg p \to \neg q$	如果非 p，那么非 q
逆否命题	$\neg q \to \neg p$	如果非 q，那么非 p

我们来研究一下一个真的条件命题的各种变体的真值情况。

条件语句 ▸ 如果它是一辆宝马，那么它是一辆车。 ◂ 真

逆命题：调换前提和结果的位置 ▸ 如果它是一辆车，那么它是一辆宝马。 ◂ 不一定为真

否命题：对前提和结果取非 ▸ 如果它不是一辆宝马，那么它不是一辆车。 ◂ 不一定为真

上述命题表明，如果一个条件命题是真的，那么它的逆命题和否命题并不一定是真的。由于真命题的等价命题必定是真的，条件命题并不与它的逆命题和否命题等价。

条件命题与它的逆命题、否命题和逆否命题的关系如下表所示：

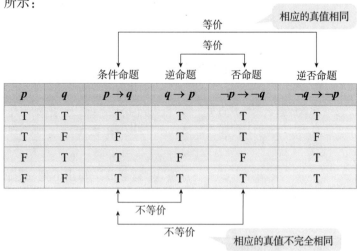

		条件命题	逆命题	否命题	逆否命题
p	q	$p \rightarrow q$	$q \rightarrow p$	$\neg p \rightarrow \neg q$	$\neg q \rightarrow \neg p$
T	T	T	T	T	T
T	F	F	T	T	F
F	T	T	F	F	T
F	F	T	T	T	T

上表证明了，条件命题与其逆否命题等价。上表同样证明了，条件命题不与其逆命题等价，在有些情况下真值相同，但在有些情况下真值不相同。同样，条件命题不与其否命题等价。然而，逆命题与否命题是等价的。

例 5 写出条件命题的变体

下列有关美国国家选举的条件命题是真的：

如果你 17 岁，那么你没有资格投票。

写出上述命题的逆命题、否命题与逆否命题。

解答

我们先将命题"如果你 17 岁，那么你没有资格投票"转换成符号形式：

p：你 17 岁。

q：你有资格投票。

如果	你 17 岁	那么	你没有资格投票
	p	$\rightarrow$	$\neg q$

我们现在构建 $p \rightarrow \neg q$ 的逆命题、否命题与逆否命题。然后将符号形式的命题转换成语句形式。

	符号形式	语句形式	
给定条件命题	$p \rightarrow \neg q$	如果你 17 岁，那么你没有资格投票	真
逆命题：调换 $p \rightarrow \neg q$ 的分命题	$\neg q \rightarrow p$	如果你没有资格投票，那么你 17 岁	不一定为真
否命题：否定 $p \rightarrow \neg q$ 的分命题	$\neg p \rightarrow \neg(\neg q)$，简化为 $\neg p \rightarrow q$	如果你没到 17 岁，那么你有资格投票	不一定为真
逆否命题：调换并否定 $p \rightarrow \neg q$ 的分命题	$\neg(\neg q) \rightarrow \neg p$，简化为 $q \rightarrow \neg p$	如果你有资格投票，那么你没到 17 岁	真

☑ **检查点 5**　写出下列命题的逆命题、否命题与逆否命题：
如果你在伊朗，那么你不会看到地中海俱乐部。

布利策补充

《爱丽丝梦游仙境》中的逆命题

爱丽丝有一个关于逻辑的问题：她相信条件命题及其逆命题是一回事。在下面段落中，她认为：

"如果我说什么，那么我就想表达什么"
和
"如果我想表达什么，那么我说什么"
一样。

疯帽匠纠正了她，对她说：

"如果我吃它，我就看到它"
和
"如果我看到它，我就吃它"
不一样。

"来吧，我们现在应该找点乐子，"爱丽丝想到。"他们开始问谜语了，我真高兴——我相信我能猜出来，"她大声地补充道。

"你的意思是你觉得自己能找到谜语的答案？"三月兔问道。

"当然，"爱丽丝说道。

"那么你应该想表达什么就说什么，"三月兔继续说道。

"没错，"爱丽丝急忙回道："至少——至少我说什么就是想表达什么——这是一回事。"

"根本不是一回事！"疯帽匠说道。"为什么，你说得就像'如果我吃它，我就看到它'和'如果我看到它，我就吃它'是一回事一样！"

"你说得就像，"三月兔补充道，"'我喜欢我拥有的'和'我拥有我喜欢的'是一回事一样！"

"你说得就像，"睡鼠像再说梦话一样补充道，"'我在睡觉时呼吸'和'我在呼吸时睡觉'是一回事一样！"

3.6

1 写出条件命题的否定

条件命题的否定与德·摩根律

有人建议，通过分项扣除，你就可以少交一些税。如果这么做，你不仅会被文书淹没，那个建议也被证明是假的。你的税务情况可以用否定一个条件命题来概括。

条件命题 $p \rightarrow q$ 的否定

假设你的会计说出下列命题：

如果你分项扣除，那么你就会少交税。

在什么样的情况下你的会计对你说谎了？只有当你分项扣除，但是没有少交税的情况下，会计才算说谎。我们可以将命题转换成符号形式来分析这个情况：

p：你分项扣除。

q：你少交税。

我们将下列复合命题转换成符号形式：

$p \rightarrow q$：如果你分项扣除，那么你就会少交税。

$p \wedge \neg q$：你分项扣除，你没有少交税。

下列真值表证明 $p \rightarrow q$ 的否定是 $p \wedge \neg q$。

p	q	$p \rightarrow q$	$\neg q$	$p \wedge \neg q$
T	T	T	F	F
T	F	F	T	T
F	T	T	F	F
F	F	T	T	F

这些列有相反的真值，因此 $p \wedge \neg q$
否定 $p \rightarrow q$

条件命题的否定

$p \rightarrow q$ 的否定是 $p \wedge \neg q$，还可以记作：

$$\neg(p \rightarrow q) \equiv p \wedge \neg q$$

要求条件命题的否定，我们需要保持前提（第一部分）不变，将联结词"如果……那么"改成"且"，最后否定结果（第二部分）。

例 1　　写出条件命题的否定

写出下列命题的否定：

如果一门课的作业太多，那么就不应该选那门课。

解答

利用下列表示形式：

p：一门课的作业太多。

q：应该选这门课。

将条件命题转换成符号形式，即 $p \rightarrow \neg q$。

$p \rightarrow \neg q$　　这是命题的符号形式

$p \wedge \neg(\neg q)$　前提照抄，$\rightarrow$改为$\wedge$，否定结论

$p \wedge q$　　　　化简

将符号形式转换成语句形式，得到给定命题的否定：

一门课的作业太多，而且应该选这门课。

☑ **检查点 1**　写出下列命题的否定：
如果你没有发烧，你就没有感冒。

下方的信息框总结了有关条件命题的知识点：

条件命题 $p \rightarrow q$

逆否命题

$p \rightarrow q$ 与 $\neg q \rightarrow \neg p$ 等价（逆否命题）。

逆命题与否命题

1. $p \rightarrow q$ 不与 $q \rightarrow p$ 等价（逆命题）。

2. $p \rightarrow q$ 不与 $\neg p \rightarrow \neg q$ 等价（否命题）。

否命题

$p \rightarrow q$ 的否命题是 $p \wedge \neg q$。

好问题！

$p \rightarrow q$ 的否命题与 $p \rightarrow q$ 的否定有什么区别？

这两者很容易混淆。你通过否定两个分命题来得到否命题 $\neg p \rightarrow \neg q$，它还是一个"如果……那么"命题。然而，这个过程并不是否定条件命题。条件命题 $p \rightarrow q$ 的否定是 $p \wedge \neg q$，是一个且命题。

2 利用德·摩根律

德·摩根律

德·摩根律是以英国数学家奥古斯都·德·摩根（1806—1871）的名字命名的，我们曾在第 2 章中有所介绍，当时是在集合中应用的：

$$(A \cap B)' = A' \cup B'$$

$$(A \cup B)' = A' \cap B'$$

相同的关系可以应用到命题的符号逻辑中：

$$\neg(p \wedge q) \equiv \neg p \vee \neg q$$

$$\neg(p \vee q) \equiv \neg p \wedge \neg q$$

证明德·摩根律的第一个等价关系 $\neg(p \wedge q) \equiv \neg p \vee \neg q$ 的真值表如下所示：

p	q	$p \wedge q$	$\neg(p \wedge q)$	$\neg p$	$\neg q$	$\neg p \vee \neg q$
T	T	T	F	F	F	F
T	F	F	T	F	T	T
F	T	F	T	T	F	T
F	F	F	T	T	T	T

对应真值相同，证明 $\neg(p \wedge q) \equiv \neg p \vee \neg q$

同样，我们可以证明 $\neg(p \vee q) \equiv \neg p \wedge \neg q$。通过构建 $\neg(p \vee q)$ 和 $\neg p \wedge \neg q$ 的真值表，我们发现二者的真值相同。

德·摩根律

1. $\neg(p \wedge q) \equiv \neg p \vee \neg q$
2. $\neg(p \vee q) \equiv \neg p \wedge \neg q$

例2 利用德·摩根律

写出与下列命题等价的命题：

亚特兰大和加州是城市，这是假的。

解答

令 p 和 q 分别表示下列简单命题：

p：亚特兰大是城市。

q：加州是城市。

上述命题可以转换成符号形式，即 $\neg(p \wedge q)$。它的一个等价命题是 $\neg p \vee \neg q$。我们可以将该等价命题转换成如下语句形式：

亚特兰大不是城市或加州不是城市。

☑ **检查点 2** 写出与下列命题等价的命题：

巴特·辛普森和托尼·瑟普拉诺都是卡通人物，这不是真的。

例 3 ▷ 利用德·摩根律

"怪兽将出现在枫树街"被《时代》杂志评为电视剧《迷离境界》（*The Twilight Zone*）的最佳剧集。这一集围绕着外星人入侵展开，外星人利用人类自身的偏见和怀疑，让原本平凡的邻居互相作对，替入侵者工作。下列句子中的画线部分是作家 Rod Serling 对该集的概括：

"有些武器是单纯的思想。郑重声明，<u>偏见无法杀人或怀疑无法造成毁灭，这种说法是不正确的。</u>"

写出与画线部分等价的命题。

解答

令 p 和 q 分别表示下列简单命题：

p：偏见能够杀人。

q：怀疑能够造成毁灭。

它不是这样的	偏见不能杀人	或	怀疑无法造成毁灭
$\neg$	$(\neg p$	$\vee$	$\neg q)$

$\neg(\neg p \vee \neg q)$ 这是画线部分的符号形式

$\neg(\neg p) \wedge \neg(\neg q)$ 利用德·摩根律写成等价形式

$p \wedge q$ 化简

将 $p \wedge q$ 转换成语句形式，得到与画线部分等价的命题：

偏见能够杀人而且怀疑能够造成毁灭。

☑ **检查点 3**　写出与下列命题等价的命题：
你下午 5 点出发或你没有按时到家，这不是真的。

我们可以用德·摩根律来写出且命题或者或命题的复合命题的否定。

德·摩根律与复合命题的否定

1. $\neg(p \land q) \equiv \neg p \lor \neg q$

$p \land q$ 的否定是 $\neg p \lor \neg q$。要否定一个且命题，我们先否定每个分命题，然后将且换成或。

2. $\neg(p \lor q) \equiv \neg p \land \neg q$

$p \lor q$ 的否定是 $\neg p \land \neg q$。要否定一个或命题，我们先否定每个分命题，然后将或换成且。

我们可以将上述规则应用到命题的语句形式中，并迅速得出命题的否定，不需要转换成符号形式。

例 4　　否定且命题与或命题

写出下列命题的否定：
a. 所有学生都在周末洗衣服而我不洗衣服。
b. 有些大学教授十分风趣或我感到无聊。

解答

要否定某些简单命题，我们利用左侧的量化命题的否定规则。

量化命题的否定

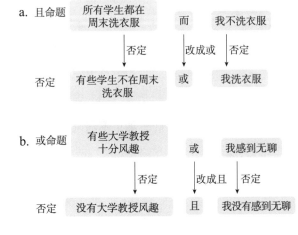

☑ **检查点 4** 写出下列命题的否定：

a. 所有恐怖电影都很吓人而且有些很有趣。

b. 你剧烈地锻炼或你不会变得强壮。

例5　利用德·摩根律构建逆否命题

写出与下列命题等价的命题：

如果下雨了，那么我不出门而且我学习。

解答

我们从将条件命题转换成符号形式入手。令 p、q 和 r 分别表示下列简单命题：

p：下雨。

q：我出门。

r：我学习。

利用上述表示方法，给定的条件命题可以转换成如下符号形式：

$p \to (\neg q \wedge r)$ 　　　如果下雨，那么我不出门而且我学习

该命题的等价命题是它的逆否命题。

$\neg(\neg q \wedge r) \to \neg p$ 　　　前提和结果调换，并取非

$\left[\neg(\neg q) \vee \neg r\right] \to \neg p$ 　　　用德·摩根律否定且命题

$(q \vee \neg r) \to \neg p$ 　　　化简

因此，$p \to (\neg q \wedge r) \equiv (q \vee \neg r) \to \neg p$。

利用 p、q 和 r 的表示形式，我们得出命题"如果下雨了，那么我不出门而且我学习"的等价命题：

如果我出门或我不学习，那么没有下雨。

☑ **检查点 5** 写出下列命题的等价命题：

如果不刮风，那么我们能游泳而且我们不能航行。

布利策补充

哥德尔宇宙

在捷克数学家库尔特·哥德尔 10 岁的时候，他学习数学、宗教和几种语言。在他 25 岁的时候，哥德尔得出了很多数学家认为是 20 世纪数学界最重要的成果：哥德尔证明，所有演绎系统最终都会产生在该系统内无法被证明为真或假的命题。以说"我在撒谎"的人为例。如果他在撒谎，那他就不在撒谎；如果他不在撒谎，那他就在撒谎。没有办法确定这个说法是对的还是错的。数学的每一个分支，从数论到代数，都有类似的不可判定的命题。

哥德尔定理提出了无限多个层次，但没有一个层次能够在一个逻辑系统中囊括所有的真理。哥德尔指出，在一个系统中产生的命题不能在该系统中被证明或证伪。为了证明它们，我们必须上升到一个"更丰富"的体系，在这个体系中，先前的不可决定命题现在可以被证明，但这个更丰富的体系将反过来导致无法被证明的新命题，等等。这个过程永远持续下去。

宇宙的数学法则不断被发现，而最终的现实总是遥不可及，从这个意义上说，宇宙是哥德尔式的吗？这种情况在雷内·马格利特的画作《两个谜团》中得到了呼应。在一个烟斗的小图片上有一个断言（从法语翻译）："这不是烟斗"。在这只假烟斗的上方，可能是一只更大的真烟斗，但它也被画在画布上。在马格利特的哥德尔宇宙中，现实是无限分层的，不可能说出现实到底是什么。

3.7 论证与真值表

学习目标

学完本节之后，你应该能够：

1. 利用真值表判断有效性。
2. 识别并利用有效或无效论证的不同形式。

1995 年一个著名的刑事案件涉及莱尔和埃里克·梅内德斯，他们开枪杀死了他们的父母。尽管大家都认为这两兄弟是罪犯，但经过两次审判才定罪。审判中的争论围绕着这两个男孩的动机展开：杀人是两个孩子希望得到遗产的有预谋的行为，还是多年的虐待、绝望的无助和愤怒引发的行为？

一个**论证**由两部分组成：给出的命题，称为**前提**，以及**结论**。以下是检察官从梅内德斯兄弟的刑事案件中得出的观点：

前提 1：如果孩子残忍地杀害他们的父母，他们应该受到法律的从严惩罚。

1 利用真值表判断有效性

前提 2：这些孩子残忍地杀害了他们的父母。

结论：所以，这些孩子应该受到法律的从严惩罚。

（来源：Sherry Diestler, *Becoming a Critical Thinker,* Fourth Edition, Prentice Hall, 2005.）

看来，如果前提是真的，那么陪审员必须决定根据法律从严惩罚这两兄弟。真的前提迫使结论为真，使其成为**有效论证**的例子。

> 有效论证的定义
>
> 如果前提被假设为真且结论为真，那么论证就是**有效论证**。
> 一个不真实的论证被称为**无效论证**，也被称为**谬论**。

我们可以利用真值表来检验论证的有效性。我们从用符号形式书写论证开始。让我们将梅内德斯案中检察官的论证转换成符号形式。

我们用小写字母表示下列简单命题：

p：孩子残忍地杀害他们的父母。

q：孩子应该受到法律的从严惩罚。

现在我们可以将两个前提和结论写成符号形式：

前提 1：$p \to q$　　如果孩子残忍地杀害他们的父母，那么他们应该受到法律的从严惩罚。

前提 2：p　　　　　这些孩子残忍地杀害了他们的父母。

结论：$\therefore q$　　　所以，这些孩子应该受到法律的从严惩罚。

（三个点的符号 $\therefore$ 读作"所以"。）

要想判断该论证是否是真实有效的，我们把它重写成条件命题，如下所示：

$$\big[(p \to q) \ \wedge \ p\big] \to q$$

如果前提 1 和前提 2　则　结论

这样，我们就能够判断两个前提的且命题是否对于 p 和 q 所有的真值情况都能得出真的结论。我们构建命题 $\big[(p \to q) \wedge p\big] \to q$ 的真值表。

如果命题 $\big[(p \to q) \wedge p\big] \to q$ 的真值表的最后一列在每种情

况下都是真的，那么该条件命题为重言式，并且该论证是有效的。如果该条件命题的最后一列在至少一种情况下为假，那么该命题不是重言式，该论证也不是有效的。真值表如下所示：

p	q	$p \to q$	$(p \to q) \wedge p$	$[(p \to q) \wedge p] \to q$
T	T	T	T	T
T	F	F	F	T
F	T	T	F	T
F	F	T	F	T

真值表中的最后一列在所有情况下都是真的。该条件命题是重言式，这意味着能够从前提得出结论，结论与前提紧密相连。因此，该论证是有效的。

检察官在梅内德斯一案中的论证形式

$$p \to q$$

$$\frac{p}{\therefore q}$$

称为**直接推理**。不管 p 和 q 表示什么命题，所有直接推理出来的论证都是有效的。

下面有一套通过真值表一步一步检验论证有效性的步骤。

利用真值表检验论证的有效性

1. 使用小写字母表示论证中的每个简单命题。

2. 将前提和结论转换成符号形式。

3. 将符号形式的前提和结论写成下列形式：

$$\big[(前提1) \wedge (前提2) \wedge \cdots \wedge (前提n)\big] \to 结论$$

其中 n 是前提的数量。

4. 构建第三步中的条件命题的真值表。

5. 如果真值表的最后一列在每种情况下都是真的，那么该条件命题为重言式，并且该论证是有效的。如果最后一列并不全是真的，那么该命题不是重言式，该论证是无效的。

例1 银河系中最吹毛求疵的逻辑学家出错了吗?

在电视连续剧《星际迷航》的一集中，企业号星舰被离子风暴击中，导致电力中断。柯克船长想知道工程师斯科特先生是否意识到了这个问题。外星智慧的典范斯波克先生回答说："如果斯科特先生还在我们身边，那么电力中断应该是暂时的。"过了一会儿，飞船的电力开始恢复，斯波克扬起他的眉毛："啊，斯科特先生还在我们身边。"

斯波克的逻辑可以转换成下列论证：

如果斯科特先生还在我们身边，那么电力将要恢复。

电力恢复了。

因此，斯科特先生还在我们身边。

判断该论证是否为有效的。

解答

步骤 1　使用小写字母表示论证中的每个简单命题。

我们引入下列表示形式：

p：斯科特先生还在我们身边。

q：电力将要恢复。

步骤 2　将前提和结论转换成符号形式。

$p \to q$	如果斯科特先生还在我们身边，那么电力将要恢复。
q	电力恢复了。
$\therefore p$	斯科特先生还在我们身边。

步骤 3　将符号形式的前提和结论写成下列形式：

$$\left[(\text{前提1}) \wedge (\text{前提2})\right] \to \text{结论}$$

符号形式如下所示：

$$\left[(p \to q) \wedge q\right] \to p$$

步骤 4　构建第三步中的条件命题的真值表。

p	q	$p \to q$	$(p \to q) \wedge q$	$\left[(p \to q) \wedge q\right] \to p$
T	T	T	T	T
T	F	F	F	T
F	T	T	T	F
F	F	T	F	T

好问题！

例 1 是真实的吗？电视连续剧《星际迷航》的编剧们真的为超级智慧的斯科特先生构建了一个无效的论证吗？

他们确定做到了。如果斯科特的错误推理代表了电视编剧在逻辑上的最大努力，那么就不要对他们的宣传抱太多期望。

步骤 5　根据真值表的最后一列判断该论证是否有效。 最后一列并不是全都是真的，因此该条件命题并非重言，因此该论证是无效的，是个谬论。

斯波克的逻辑错误中的论证形式如下所示：

$$p \to q$$

$$\underline{q}$$

$$\therefore p$$

它称为**逆向谬论**。它应该能够提醒你，条件命题并不与它的逆命题等价。不管 p 和 q 表示什么样的命题，所有这样的论证都是无效的。

你可能也想起来，条件命题与它的否命题并不等价。另一种常见的无效论证称为**否定谬论**，如下所示：

$$p \to q$$

$$\underline{\neg p}$$

$$\therefore \neg q$$

有一个否定谬论的例子："如果我学习，我就会通过。我不学习，因此，我不会通过。"对于大部分学生来说，这个结论是真的，但是它并不一定为真。如果一个论证无效，那么它的结论也不一定为真。然而，这也并不意味着结论一定是错的。

☑ **检查点 1**　利用真值表判断下列论证是否有效：
美国必须大力支持发展太阳能汽车或遭受日益严重的大气污染。
美国决不能遭受日益严重的大气污染。
因此，美国必须大力支持发展太阳能汽车。

例 2　利用真值表判断论证的有效性

判断下列论证是否有效：
我不能再为这次行动做更多的事了。如果我做了，我就得对大使说谎。我不能这么做。

——Henry Bromell, "I Know Your Heart, Marco Polo," *The New Yorker*

解答

我们可以将上述论证重新表述一下：

如果我为这次行动做更多的事，那么我就要对大使说谎。
我不能对大使说谎。

因此，我不能再为这次行动做更多的事了。

步骤 1 使用小写字母表示论证中的每个简单命题。

我们引入下列表示形式：

p：我为这次行动做更多的事。

q：我要对大使说谎。

步骤 2 将前提和结论转换成符号形式。

$p \to q$	如果我为这次行动做更多的事，那么我就要对大使说谎。
$\neg q$	我不能对大使说谎。
$\therefore \neg p$	因此，我不能再为这次行动做更多的事了。

步骤 3 将符号形式的前提和结论写成下列形式：

$$\big[(\text{前提1})\wedge(\text{前提2})\big] \to \text{结论}$$

符号形式的命题如下所示：

$$\big[(p \to q)\wedge\neg q\big] \to \neg p$$

步骤 4 构建第三步中的条件命题的真值表：

p	q	$p \to q$	$\neg q$	$(p \to q)\wedge\neg q$	$\neg p$	$[(p \to q)\wedge\neg q] \to \neg p$
T	T	T	F	F	F	T
T	F	F	T	F	F	T
F	T	T	F	F	T	T
F	F	T	T	T	T	T

步骤 5 根据真值表的最后一列判断该论证是否有效。最后一列全都是真的，因此该条件命题是重言式，因此该论证有效。

例 2 中的论证形式如下所示：

$$p \to q$$

$$\neg q$$

$$\therefore \neg p$$

它应该能够提醒你，条件命题与它的逆否命题是等价的。
这种形式的论证称为**逆否推理**。

☑ **检查点 2** 利用真值表判断下列论证是否有效：

我学习 5 个小时或者我挂科。

我没有学习 5 个小时。

因此，我挂科了。

例 3 梅内德斯案中辩护律师的论证

梅内德斯案的辩护律师承认这两兄弟谋杀了自己的父母。
但是，她提出了以下论证，导致了关于判刑的不同结论：

如果孩子们因为害怕被虐待而杀害父母，那么谋杀的情节
是可以减轻的。

如果有减轻处罚的情节，那么孩子们应该从轻惩罚。

因此，如果孩子们因为害怕被虐待而杀害父母，他们应该
从轻惩罚。

（来源：Sherry Diestler, *Becoming a Critical Thinker*, Fourth Edition, Prentice Hall, 2005.）

判断该论证是否为有效的。

解答

步骤 1 使用小写字母表示论证中的每个简单命题。

我们引入下列表示形式：

p：孩子们因为害怕被虐待而杀害父母。

q：谋杀的情节可以减轻。

r：孩子们应该从轻惩罚。

步骤 2 将前提和结论转换成符号形式。

$p \to q$ 如果孩子们因为害怕被虐待而杀害父母，那么
谋杀的情节是可以减轻的。

$q \to r$ 如果有减轻处罚的情节，那么孩子们应该从轻
惩罚。

$\therefore p \to r$　　因此，如果孩子们因为害怕虐待而杀害父母，他们应该从轻惩罚。

步骤 3　将符号形式的前提和结论写成下列形式：

$$\big[(前提1) \wedge (前提2)\big] \to 结论$$

命题的符号形式如下所示：

$$\big[(p \to q) \wedge (q \to r)\big] \to (p \to r)$$

步骤 4　构建步骤 3 中命题的真值表：

p	q	r	$p \to q$	$q \to r$	$p \to r$	$(p \to q) \wedge (q \to r)$	$\big[(p \to q) \wedge (q \to r)\big] \to (p \to r)$
T	T	T	T	T	T	T	T
T	T	F	T	F	F	F	T
T	F	T	F	T	T	F	T
T	F	F	F	T	F	F	T
F	T	T	T	T	T	T	T
F	T	F	T	F	T	F	T
F	F	T	T	T	T	T	T
F	F	F	T	T	T	T	T

步骤 5　根据真值表的最后一列判断该论证是否有效。最后一列全都是真的，因此该条件命题是重言式，因此该论证有效。

辩护律师的论证形式如下所示：

$$p \to q$$
$$q \to r$$
$$\overline{\therefore p \to r}$$

它称为**传递推理**。如果 p 意味着 q，而 q 意味着 r，那么 p 必定意味着 r。由于 $p \to r$ 是一个有效的结论，逆否命题 $\neg r \to \neg p$ 同样是有效的结论。而逆命题 $r \to p$ 和否命题 $\neg p \to \neg r$ 并不一定是有效的。

☑ **检查点 3**　利用真值表判断下列论证是否有效：
如果你减少饮食中脂肪的摄入，那么你的胆固醇含量就会下降。

如果你的胆固醇含量下降，那么你得心脏病的风险就会下降。

因此，如果你不减少饮食中脂肪的摄入，那么你得心脏病的风险就不会下降。

我们已经看到了两个有效的论证，但是却得到了完全不同的结论。梅内德斯案检察官的结论是，需要从严对兄弟俩进行惩罚。辩护律师的结论则认为他们应该从轻判决。这说明了一个有效论证的结论相对于前提是真的。尽管一个或多个前提可能不为真，但结论可以从前提中得出。

前提为真的有效论证称为**合理论证**。虽然合理论证的结论相对于前提为真，但是它离开前提也是真的。当一个论证为合理的时，它的结论代表完美的准确性。明白如何评价论证的有效性和合理性是一种重要的技巧，能够让你避免被似是而非的论证欺骗。

表 3.18 包含了常用的有效与无效论证的标准形式。如果一个语句形式的论证能够转换成这些形式之一，你可以立即判断它是否有效，而不需要借助真值表。

2 识别并利用有效或无效论证的不同形式

表 3.18 论证的标准形式

有效论证			
直接推理	逆否推理	反意推理	传递推理
$p \to q$	$p \to q$	$p \lor q \quad p \lor q$	$p \to q$
p	$\neg q$	$\neg p \quad\ \neg q$	$q \to r$
$\therefore q$	$\therefore \neg p$	$\therefore q \quad\ \therefore p$	$\therefore p \to r$
			$\therefore \neg r \to \neg p$
无效论证			
逆向谬论	否定谬论	反意推理误用	传递推理误用
$p \to q$	$p \to q$	$p \lor q \quad p \lor q$	$p \to q$
q	$\neg p$	$p \qquad\ q$	$q \to r$
$\therefore q$	$\therefore \neg q$	$\therefore \neg q \quad \therefore \neg p$	$\therefore r \to p$
			$\therefore \neg p \to \neg r$

例4 不通过真值表判断论证的有效性

判断下列论证是否有效，并找出所有的合理论证。

a. 没有必要做手术。我知道这一点是因为如果有肿瘤就需要做手术，但是没有肿瘤。

b. 民主的出现是产生希望的原因，或者环境问题将使任何光明未来的承诺黯然失色。由于环境问题会使任何光明未来的承诺黯然失色，因此民主的出现并不能带来希望。

c. 如果在犯罪现场发现了被告的 DNA 证据，我们就可以把他与犯罪联系起来。如果我们能把他和犯罪联系起来，我们就能让他出庭受审。因此，如果在犯罪现场发现了被告的 DNA，我们就可以让他出庭受审。

解答

a. 我们用小写字母表示简单命题：

p：有肿瘤。

q：需要做手术。

我们用符号形式表示前提和结论。

如果有肿瘤，那就需要做手术。	$p \to q$
没有肿瘤。	$\neg p$
因此，不需要做手术。	$\therefore \neg q$

该论证属于否定谬论。因此该论证无效。

b. 我们用小写字母表示简单命题：

p：民主的出现是产生希望的原因。

q：环境问题将使任何光明未来的承诺黯然失色。

我们将前提和结论转换成符号形式。

民主的出现是产生希望的原因，或者环境问题将使任何光明未来的承诺黯然失色。	$p \lor q$
环境问题会使任何光明未来的承诺黯然失色。	q
因此，民主的出现并不能带来希望。	$\therefore \neg p$

该论点属于反意推理的误用。因此，该论证无效。

c. 我们用小写字母表示简单命题：

p：犯罪现场发现了被告的 DNA 证据。

q：我们可以将他与犯罪联系在一起。

r：我们可以让他出庭受审。

我们将前提和结论转换成符号形式。

如果在犯罪现场发现了被告的 DNA 证据，

我们就可以把他与犯罪联系起来。 $p \to q$

如果我们能把他和犯罪联系起来，

我们就能让他出庭受审。 $q \to r$

因此，如果在犯罪现场发现了被告的

DNA，我们就可以让他出庭受审。 $\therefore p \to r$

该论点属于传递推理的形式。因此，该论证是有效的。此外，该论证的前提也是真命题，因此它是一个合理论证。

☑ **检查点 4**　判断下列论证的有效性。

a. 民主的出现带来希望或者环境问题会让光明的未来黯然失色。环境问题不会让光明的未来黯然失色。因此，民主的出现带来了希望。

b. 如果在犯罪现场发现了被告的 DNA，我们就可以让他出庭受审。他正在出庭受审。因此，我们在犯罪现场找到了他的 DNA 证据。

c. 如果你搞砸了，你的自尊就会下降。如果你的自尊下降了，其他一切都会分崩离析。所以，如果你搞砸了，其他的一切都会分崩离析。

例5　尼克松辞职

在司法委员会最后辩论的第一天，最高法院在"美国诉尼克松案"（U.S. v. Nixon, 1974）中做出的裁决至关重要。如果总统违抗命令，他将被弹劾。如果他服从命令，越来越明显的是，他会因为证据受到弹劾。

——Victoria Schuck, "Watergate," *The Key Reporter*

基于上述段落，我们可以构造下列论证：

如果尼克松不服从最高法院的命令，他将被弹劾。

如果尼克松服从最高法院的命令，他将被弹劾。

因此，尼克松被弹劾是必然的。

判断该论证的有效性。

理查德·尼克松在 1974 年 8 月 8 日辞职。那一天是他成功接受党内提名，开始他的第一个总统任期的六周年纪念日。

解答

步骤 1　使用小写字母表示简单命题。

我们引入下列表示形式：

p：尼克松服从最高法院的命令。

q：尼克松被弹劾。

步骤 2　将前提和结论转换成符号形式。

$\neg p \to q$　如果尼克松不服从最高法院的命令，他将被弹劾。

$p \to q$　　如果尼克松服从最高法院的命令，他将被弹劾。

$\therefore q$　　因此，尼克松被弹劾是必然的。

由于该论证不属于已识别的有效或无效论证，因此我们需要借助真值表来判断它的有效性。

步骤 3　将命题转换成下列符号化的形式：

$$\big[(\text{前提1}) \wedge (\text{前提2})\big] \to \text{结论}$$

符号化的形式如下所示：

$$\big[(\neg p \to q) \wedge (p \to q)\big] \to q$$

步骤 4　构建第三步中命题的真值表：

p	q	$\neg p$	$\neg p \to q$	$p \to q$	$(\neg p \to q) \wedge (p \to q)$	$\big[(\neg p \to q) \wedge (p \to q)\big] \to q$
T	T	F	T	T	T	T
T	F	F	T	F	F	T
F	T	T	T	T	T	T
F	F	T	F	T	F	T

步骤 5　利用最后一列的真值判断论证的有效性。

真值表最后一列全都是真的，因此该条件命题是重言式。因此，给定的论证是有效的。由于前提是真命题，该论证还是合理的，结论必定是真的。在 1974 年 8 月 8 日的 16 分钟的广播中，理查德·尼克松承认论证的结论是不可避免的，他悲伤地凝视着镜头，宣布辞职。

☑ **检查点 5**　判断下列论证的有效性：

如果人是善良的，就不需要法律来防止不法行为。

如果人不是善良的，法律也无法成功地防止不法行为。

因此，不需要法律来防止不法行为，或者法律不会成功地阻止不法行为。

当一个结论遵循一组给定的前提时，一个**符合逻辑**或**有效**的结论形成有效论证。假设一个语句形式论证的前提可以转换成表 3.18 中有效论证的任何一个有效论证的前提的符号形式。符号化的结论可以用来寻找一个有效的语句形式的结论。例 6 展示了这是如何实现的。

例 6　　得出符合逻辑的结论

根据下列前提得出有效结论：

如果所有的学生都提前完成了必修课，那么最后一个学期就没有学生去修必修课了。一些学生在最后一个学期去修必修课。

解答

令 p：所有的学生都提前完成了必修课。

令 q：没有学生在最后一个学期修必修课。

前提的形式如下所示：

$p \rightarrow q$	如果所有的学生都提前完成了必修课，那么最后一个学期就没有学生去修必修课了。
$\neg q$	一些学生在最后一个学期去修必修课。
$\therefore ?$	

由于结论 $\neg p$ 属于有效论证的逆否推理，该结论是有效的。结论 $\neg p$ 如下所示：

不是所有的学生都提前完成了必修课。

由于"所有"的否定是"有些……不是"，我们可以将结论等价转换成：

有的学生没有提前完成必修课。

☑ **检查点 6**　根据下列前提得出有效结论：

如果所有的人都领导，那么就没有人跟随。有些人跟随。

3.8

学习目标

学完本节之后，你应该能够：

利用欧拉图判断论证的有效性。

论证与欧拉图

他是数学界的莎士比亚，但却不为公众所知。大多数人甚至不能正确地念出他的名字。瑞士数学家莱昂哈德·欧拉（Leonhard Euler, 1707—1783）是历史上最多产的数学家。他收集的书籍和论文大约有 80 卷；在长达 60 年的职业生涯中，欧拉平均每年发表 800 页的新数学论文。欧拉同时也是天文学家、植物学家、化学家、物理学家和语言学家。在他生命的最后 17 年里，他完全失明了，但他的生产力并没有因此而下降。一个由欧拉发现的方程，$e^{\pi i}+1=0$，以一种完全出乎意料的方式连接了数学中最重要的五个数字。

欧拉发明了一种优雅的方法来判断论证的有效性，这些论证的前提包括"所有""一些"和"不"。这种技巧使用几何概念，包括四种基本图，称为**欧拉图**。图 3.4 说明了欧拉图是如何表示四个量化命题的。

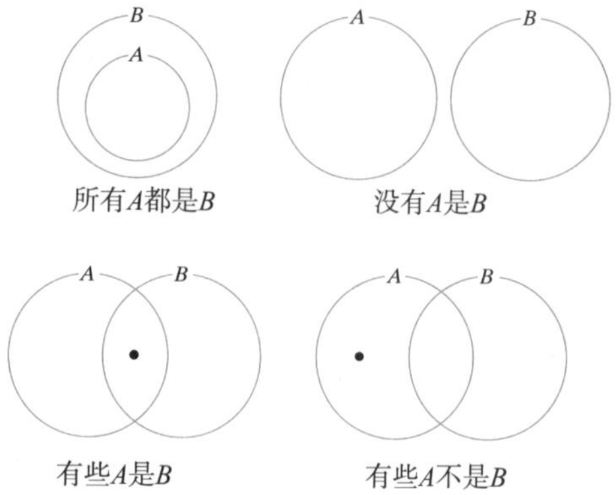

图 3.4 中的欧拉图就像我们在研究集合时使用的韦恩图一样。但是，没有必要把圆圈围在代表全集的矩形中。在这些图中，圆用来表示得出结论的前提之间的关系。

欧拉图判断论证是否有效的步骤流程如下所示。

图 3.4　量化命题的欧拉图

所有 A 都是 B　　没有 A 是 B

有些 A 是 B　　有些 A 不是 B

利用欧拉图判断论证的有效性

欧拉图和论证

1. 画出第一个前提的欧拉图。

2. 在第一个前提的欧拉图之上画出第二个前提的欧拉图。

3. 当且仅当每个可能的图都阐明了论证的结论时，该论证才是有效的。如果有一种可能的图与结论相矛盾，那么结论并不是在所有情况下都为真，因此该论证不是有效的。

该过程的目的是生成一个可能的、与结论自相矛盾的图。欧拉图的方法可以归结为判断某种图是否可能。如果有可能，那么它将成为论证结论的反例，证明该论证不是有效的。相比之下，如果没有这种反例，那么该论证就是有效的。

好问题！

在第一步中，我画的圆圈大小重不重要？

圆圈大小并不重要。在画欧拉图的时候，记住圆圈的大小与判断过程并不相关。圆圈的位置才与判断过程相关。

使用欧拉图的技巧将在例 1～例 6 中进行说明。

例 1　　欧拉图和论证

利用欧拉图判断下列论证是否有效：

所有迟到的人都不能胜任学习工作。

所有不能胜任学习工作的人都没有资格获得奖学金。

因此，所有迟到的人都没有资格获得奖学金。

解答

步骤 1　画出第一个前提的欧拉图。

我们从前提"所有迟到的人都不能胜任学习工作"入手。

较小的圆圈表示迟到的人，较大的圆圈表示不能胜任学习工作的人。

步骤 2　在第一个前提的欧拉图之上画出第二个前提的欧拉图。

我们在第一步的图中加上第二个前提，"所有不能胜任学习工作的人都没有资格获得奖学金"。

第三个更大的圆圈代表没有资格获得奖学金的人，包住了表示不能胜任学习工作的人的圆圈。

步骤 3　当且仅当每个可能的图都符合论证的结论时，该论证才是有效的。

只有一种可能的图。我们来看一下这幅图是否符合结论：因此，所有迟到的人都没有资格获得奖学金。

由于欧拉图显示了，表示迟到的人的圆圈包含在表示没有资格获得奖学金的人的圆圈内，所以这幅图符合结论。欧拉图支持结论，因此给定的论证是有效的。

☑ **检查点 1**　利用欧拉图判断下列论证是否有效：

所有的美国选民都必须登记。

所有的登记的人必须是美国公民。

因此，所有美国选民都是美国公民。

例 2　　论点与欧拉图

利用欧拉图判断下列论证是否有效：

所有的诗人都欣赏语言。

所有的作家都欣赏语言。

因此，所有的诗人都是作家。

解答

步骤 1　画出第一个前提的欧拉图。

我们从前提"所有的诗人都欣赏语言"入手。

在这一步中，我们的工作类似示例 1 中的工作。

步骤2　在第一个前提的欧拉图之上画出第二个前提的欧拉图。

我们在欧拉图上加上第二个前提，"所有的作家都欣赏语言"。

第三个表示作家的圆圈必须画在表示欣赏语言的人的圆圈内。一共有四种可能性。

步骤 3　当且仅当每个可能的图都阐明了论证的结论时，该论证才是有效的。

该论点的结论是"所有的诗人都是作家"。

该结论并不与上述所有可能的图相符合。其中一幅图重画在左侧，该图表示"没有诗人是作家"。没有必要观察剩下三幅图了。

左侧的图是论证结论的反例。这就意味着，给定的论证并不是有效的。只要举出反例，就足以确定论证是无效的。

☑ **检查点 2**　利用欧拉图判断下列论证是否有效：

所有的棒球运动员都是运动员。

所有的芭蕾舞演员都是运动员。

因此，没有棒球运动员是芭蕾舞演员。

例3　论点与欧拉图

利用欧拉图判断下列论证是否有效：

所有新生都住在校园里。

所有住在校园里的人都不能拥有汽车。

因此，没有新生能够拥有汽车。

解答

步骤 1　画出第一个前提的欧拉图。

"所有新生都住在校园里"的欧拉图如左侧所示。较小的圆圈内的区域表示新生，较大圆圈内的区域表示住在校园里的人。

步骤 2　在第一个前提的欧拉图之上画出第二个前提的欧拉图。

我们在欧拉图上加上第二个前提，"所有住在校园里的人都不能拥有汽车"。

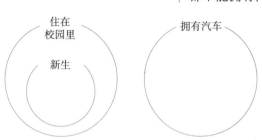

第三个表示拥有汽车的人的圆圈画在表示住在校园里的人的圆圈之外。

步骤 3　当且仅当每个可能的图都阐明了论证的结论时，该论证才是有效的。

只有一种可能的欧拉图。该论证的结论是"没有新生能够拥有汽车"。

由于上方的欧拉图显示，表示新生的圆圈位于表示拥有汽车的人的圆圈之外，因此该图支持结论。该欧拉图支持结论，而且不可能找到反例。因此，给定的论证是有效的。

☑ **检查点 3**　利用欧拉图判断下列论证是否有效：

所有的数学家都具有逻辑性。

没有诗人具有逻辑性。

因此，没有诗人是数学家。

让我们看看，如果调换例 3 中论证的第二个前提和结论，有效性会发生什么变化。

例 4　欧拉图与有效性

利用欧拉图判断下列论证是否有效：

所有新生都住在校园里。

新生不能拥有汽车。

因此，住在校园里的人不能拥有汽车。

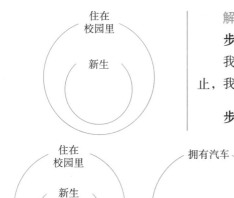

解答

步骤 1　画出第一个前提的欧拉图。

我们再次从前提"所有新生都住在校园里"入手。目前为止，我们的工作与例 3 的相同。

步骤 2　在第一个前提的欧拉图之上画出第二个前提的欧拉图。

我们在欧拉图上加上第二个前提，"新生不能拥有汽车"。

表示拥有汽车的人的圆圈画在表示住在校园里的人的圆圈之外。至少有两种欧拉图是可能的。

步骤 3　当且仅当每个可能的图都阐明了论证的结论时，该论证才是有效的。

论证的结论是"住在校园里的人不能拥有汽车"。

上方的两幅图并不都支持这一结论。不支持该结论的图见左侧。注意，"住在校园里"圆圈和"拥有汽车"圆圈是相交的。这幅图是论证结论的反例。这就意味着，论证是无效的。重申，只需要一个反例我们就可以证明论证不是有效的。

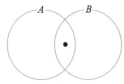

☑ **检查点 4**　利用欧拉图判断下列论证的有效性：

所有的数学家都具有逻辑性。

没有诗人是数学家。

———————————

因此，没有诗人具有逻辑性。

到目前为止，我们看到的论证在前提和结论中都包含了"所有"或"没有"。量词"有些"使用起来有点棘手。

由于命题"有些 A 是 B"的意思是，至少有一个 A 是 B，我们可以在 A 与 B 相交的区域画上一个黑点，如图 3.5 所示。

"有些 A 不是 B"如图 3.6 中的黑点所示。该欧拉图不能让我们得出"有些 B 不是 A"的结论，这是因为圆圈 B 部分中并没有不属于圆圈 A 的黑点。与词语"有些"有关的结论必须具有一个元素，用欧拉图中的一个黑点表示。

下面有一个例子，解释我们为什么不能从"有些 A 不是

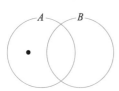

图 3.5　有些 A 是 B

图 3.6　黑点表示的是"有些 A 不是 B"。我们不能得出"有些 B 不是 A"的结论

B"得出"有些 B 不是 A"的结论。

有些美国公民不是美国参议员（真）。

∴有些美国参议员不是美国公民（假）。

例5　欧拉图和量词"有些"

利用欧拉图判断下列论证的有效性：

所有人都是凡人。

有些凡人是学生。

因此，有些人是学生。

解答

步骤 1　画出第一个前提的欧拉图。

我们从前提"所有人都是凡人"入手。该欧拉图如左侧所示。

步骤 2　在第一个前提的欧拉图之上画出第二个前提的欧拉图。

我们在欧拉图上加上第二个前提，即"有些凡人是学生"。表示学生的圆圈与表示凡人的圆圈相交。相交之处的黑点表示至少有一个凡人是学生。存在另一个欧拉图是可能的，但是如果它是反例的话我们就不用再深究了。

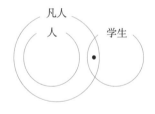

步骤 3　当且仅当每个可能的图都阐明了论证的结论时，该论证才是有效的。

论证的结论是"有些人是学生"。

该欧拉图并不支持这一结论。在欧拉图中，并没有表示"人"的圆圈和表示"学生"的圆圈相交。尽管该结论在现实世界中是真的，但是欧拉图是反例，表示前提并不与结论相符合。因此，该论证是无效的。

☑ **检查点 5**　利用欧拉图判断下列论证的有效性：

所有的数学家都具有逻辑性。

有些诗人具有逻辑。

因此，有些诗人是数学家。

有些论证没有用词语"有些"表示存在，而是在其中一个前提中提到了特定的人或事物。这种特定的人或事物由一个黑点表示。如下例所示：

> 所有人都是凡人。
>
> 亚里士多德是人。
> _____
>
> 因此，亚里士多德是凡人。

我们可以用下列欧拉图表示这两个前提：

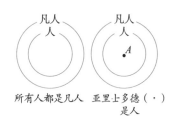

所有人都是凡人　亚里上多德（·）是人

左侧的欧拉图使用标为 A（表示亚里士多德）的黑点。该欧拉图显示，亚里士多德（·）属于表示"凡人"的圆圈。该欧拉图支持亚里士多德是凡人的结论。该论证是有效的。

例 6　提到一个人的论证

利用欧拉图判断下列论证的有效性：

> 所有的孩子都喜欢游泳。
>
> 迈克尔·菲尔普斯喜欢游泳。
> _____
>
> 因此，迈克尔·菲尔普斯是孩子。

解答

步骤 1　画出第一个前提的欧拉图。

我们从前提"所有的孩子都喜欢游泳"入手。该欧拉图如左侧所示。

步骤 2　在第一个前提的欧拉图之上画出第二个前提的欧拉图。

我们在欧拉图上加上第二个前提，即"迈克尔·菲尔普斯喜欢游泳"。

迈克尔·菲尔普斯由标为 M 的黑点表示。该点必须置于"喜欢游泳"的圆圈内。至少有两种可能的欧拉图。

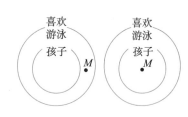

步骤 3　当且仅当每个可能的图都阐明了论证的结论时，该论证才是有效的。

论证的结论是"迈克尔·菲尔普斯是孩子"。

该欧拉图并不支持这一结论。在欧拉图中，表示迈克尔·菲尔普斯的黑点位于"孩子"圆圈之外。迈克尔·菲尔普斯可能不是孩子。欧拉图是论证结论的反例。因此，该论证是无效的。

☑ **检查点 6**　利用欧拉图判断下列论证的有效性：

所有的数学家都具有逻辑性。

欧几里得具有逻辑性。

因此，欧几里得是一位数学家。

布利策补充

亚里士多德（公元前 384—公元前 322）

　　古希腊人，特别是亚里士多德，第一次系统地尝试描述可用于得出有效结论的逻辑规则。亚里士多德式的有效论证形式根植于西方人思考和观察世界的方式中。在拉斐尔的画作《雅典学派》的细节中，亚里士多德正在与他的老师和导师柏拉图辩论。

好问题！

我们现在已经学了两节的论证。判断一个论证的有效性的关键是什么？

- 当论证的前提含有量化命题时（所有的 A 是 B；没有 A 是 B；有些 A 是 B；有些 A 不是 B），使用欧拉图。
- 如果语句形式的命题能够转换成如表 3.18 所示的形式，使用（记住）论证的标准形式。
- 当论证的前提没有量化命题，而且论证不属于标准有效或无效形式时，使用真值表。

第 4 章

数字表示法及计算

　　机器人外表可爱，内心聪明，不难想象友好的机器人会帮助我们做家务。机器人内置的超强性能微芯片基于古老的数字系统，使得机器人能够识别你、参与（有意义的？）谈话、做家务，甚至吹小号。如果你觉得和精密机器人交朋友有点令人不安，可以考虑一下机器狗或机器猫。科学家将计算机技术和动物的可爱魅力结合在一起，设计了这些小动物。它们像真正的宠物一样行动、玩耍和睡眠，甚至还能唱歌跳舞。如果人类不理解数字的表示方法，这些技术就不可能发明出来。

相关应用所在位置

　　二元数字系统和计算机技术的相关内容见"以二为基数的字母和单词""以二为基数的音乐"以及"二进制、逻辑与计算机"。

学习目标

学完本节之后，你应该能够：

1. 求指数表达式的值。
2. 将印度－阿拉伯数字展开。
3. 将展开的数字转换成印度－
   阿拉伯数字
4. 理解并使用巴比伦计数系统。
5. 理解并使用玛雅计数系统。

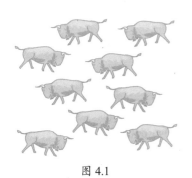

图 4.1

印度－阿拉伯计数系统和早期位值系统

我们都对多与少有直观的理解。随着人类的进化，这种多与少的概念用于发展一种计数系统。一个部落需要知道自己有多少只羊，以及羊群的数量是在增加还是在减少。最早的计数方法可能包括一些朴素计数法，比如在洞穴的墙上为每只羊画上一个垂直标记。后来，人类发出来的不同声音发展成为一组事物数量的计数。最后，书写符号或数字被人类用来表示数。

数是一个抽象的概念，它解决了"有多少"的问题。**数字**是用来表示数的符号。例如，问题"…有多少个点"的答案是一个数，但一旦我们使用一个词语或符号来描述这个数，我们就使用了一个数字。

我们可以用不同的符号来表示相同的数字。用于表示图 4.1 中显示的水牛数量的数字包括：

‖‖‖ ‖‖‖‖	IX	9
朴素计数	罗马数字	印度-阿拉伯数字

我们不但理所当然地使用数字及其代表的数，而且每天都使用它们。一种**计数系统**由一组基本的数字以及组合起来表示数的规则组成。人类花了几千年的时间才发明出合理化计算的计数系统。今天我们使用的书写数字的系统是在印度发明的，由阿拉伯人带到欧洲。因此，我们的数字称为**印度－阿拉伯数字**。

和文学和音乐一样，计数系统对创造它的文化有着深远的影响。影响我们日常生活的计算机，是以我们对印度－阿拉伯计数系统的理解为基础的。在这一节中，我们将研究计数系统的特点。我们还将简要回顾一下历史，比较一下两种计数系统，它们指明了通往了不起的文化创造的道路，即通往印度－阿拉伯计数系统的道路。

1 求指数表达式的值

指数计数法

对于理解我们的计数系统特征而言，理解指数至关重要。

简单复习

指数

● 如果 n 是一个自然数，

指数或幂

$$b^n = \underbrace{b \cdot b \cdot b \cdot \cdots \cdot b}_{b\text{ 作为因子出现 }n\text{ 次}}$$

底数

● b^n 读作"b 的 n 次方"。因此，b 的 n 次方的定义是 n 个 b 的乘积。b^n 称为指数表达式。此外，$b^1=b$。

指数表达式	读法	值
8^1	8 的一次方	$8^1=8$
5^2	5 的二次方	$5^2=5 \cdot 5=25$
6^3	6 的三次方	$6^3=6 \cdot 6 \cdot 6=216$
10^4	10 的四次方	$10^4=10 \cdot 10 \cdot 10 \cdot 10=10\,000$
2^5	2 的五次方	$2^5=2 \cdot 2 \cdot 2 \cdot 2 \cdot 2=32$

● 10 的幂在我们的计数系统中发挥着重要的作用。

$$10^2=10 \cdot 10=100$$

指数是 2　　这里有 2 个 0

$$10^3=10 \cdot 10 \cdot 10=1\,000$$

指数是 3　　这里有 3 个 0

$$10^4=10 \cdot 10 \cdot 10 \cdot 10=10\,000$$

指数是 4　　这里有 4 个 0

$$10^8=100\,000\,000$$

指数是 8　　这里有 8 个 0

总而言之，上面这些数字 1 后面的 0 的数量等于将这个数表示为 10^n 时 n 的值。

2　将印度 – 阿拉伯数字展开　印度 – 阿拉伯计数系统

印度 – 阿拉伯计数系统的一个重要特点在于，它能够用

10 个符号表示或大或小的任何数。我们使用的这 10 个符号如下所示：

$$0, 1, 2, 3, 4, 5, 6, 7, 8, 9$$

这些符号称为**数字**（digit），来源于拉丁文的手指。

有了指数的帮助，印度－阿拉伯数字可以**展开**，这样每个数位上的数字就更加清晰了。在一个印度－阿拉伯数字中，右边的第一个数字的位值为 1。从右往左第二个数字的位值为 10，第三个数字的位值为 100，即 10^2。例如，我们可以将 663 展开，将它想象成 6 个 100 加上 6 个 10 再加上 3 个 1。663 的展开形式如下所示：

$$663 = (6 \times 100) + (6 \times 10) + (3 \times 1)$$
$$= (6 \times 10^2) + (6 \times 10^1) + (3 \times 1)$$

由于数字的值随着它所在数位的变化而变化，印度－阿拉伯计数系统称为**位值**系统。以 10 的幂为基的位值系统如下所示：

$$\cdots, 10^5, 10^4, 10^3, 10^2, 1$$

例 1 将印度－阿拉伯数字展开

将下列数字展开：

a. 3 407　　b. 53 525

解答

a. $3\,407 = (3 \times 10^3) + (4 \times 10^2) + (0 \times 10^1) + (7 \times 1)$
$= (3 \times 1\,000) + (4 \times 100) + (0 \times 10) + (7 \times 1)$

由于 $0 \times 10^1 = 0$，这一项可以忽略不计，但是写出来展开式更加清晰。

b. $53\,525 = (5 \times 10^4) + (3 \times 10^3) + (5 \times 10^2) + (2 \times 10^1) + (5 \times 1)$
$= (5 \times 10\,000) + (3 \times 1\,000) + (5 \times 100) + (2 \times 10) + (5 \times 1)$

☑ **检查点 1** 将下列数字展开：

a. 4 026　　b. 24 232

3 将展开的数字转换成印度－阿拉伯数字

例 2 将展开的数字转换成印度－阿拉伯数字

将下列展开的数字转换成印度－阿拉伯数字：

布利策补充

计数棒

　　这只有缺口的驯鹿角可以追溯到公元前 15 000 年。人类通过计算骨头上的凹槽学会了如何记录数字，与他们学会生火和使用火差不多在同一时期。早期的人们使用计数棒，抓住了九头水牛和九只羊的共同之处：抽象的"九"概念。随着人们将数字从它们所代表的事物中抽离出来，计数系统也随之发展起来。

a. $(7 \times 10^3) + (5 \times 10^1) + (4 \times 1)$

b. $(6 \times 10^5) + (8 \times 10^1)$

解答

为了表述清楚，我们从所有 10 的幂入手，从给定的最高指数开始。任何没有出现在数中的 10 的幂都由 0 乘以这个 10 的幂表示。

a. $(7 \times 10^3) + (5 \times 10^1) + (4 \times 1)$

$= (7 \times 10^3) + (0 \times 10^2) + (5 \times 10^1) + (4 \times 1)$

$= 7054$

b. $(6 \times 10^5) + (8 \times 10^1)$

$= (6 \times 10^5) + (0 \times 10^4) + (0 \times 10^3) + (0 \times 10^2) + (8 \times 10^1) + (0 \times 1)$

$= 600\,080$

☑ **检查点 2**　将下列展开的数字转换成印度 – 阿拉伯数字：

a. $(6 \times 10^3) + (7 \times 10^1) + (3 \times 1)$

b. $(8 \times 10^4) + (9 \times 10^2)$

　　例 1 和例 2 展示了，如果没有理解零以及发明表示不存在的符号，印度 – 阿拉伯计数系统就不存在了。这个计数系统必须有代表零的符号，用于占据某一个或某几个 10 的幂不需要出现的位置。零的概念是一个新颖且根本性的发明，改变了我们思考世界的能力。

早期的位值系统

　　印度 – 阿拉伯计数系统发展了好几个世纪。它的数字刻在 2200 多年前的古印度石柱上。1202 年，意大利数学家列奥纳多·斐波那契（1170—1250）将这一系统引入欧洲，并写下了它的特殊特征："任何数字都可以用 9 个印度数字和阿拉伯符号 0 书写出来。"印度 – 阿拉伯计数系统是在 15 世纪印刷术发明后才开始广泛使用的。

　　印度 – 阿拉伯计数系统使用 10 的幂。然而，位值系统可能使用不同的数的幂，不仅仅是 10。思考一下我们的时间系统，它是以 60 的幂为基的：

$$1 \text{ 分} = 60 \text{ 秒}$$

$$1 \text{ 小时} = 60 \text{ 分} = 60 \times 60 \text{ 秒} = 60^2 \text{ 秒}$$

对于位值系统而言，重要的是数位及其数位的幂。我们将要讨论的第一个早期位值系统使用 60 的幂，和上面时间的例子一样。

4 理解并使用巴比伦计数系统

巴比伦计数系统

现在的巴格达以南 55 英里的巴比伦城是巴比伦文明的中心，从公元前 2000 年到公元前 600 年，巴比伦文明持续了大约 1400 年。巴比伦人将符号书写在湿黏土的表面上。泥板经过加热和干燥，以永远记录我们今天能够解读和阅读的内容。表 4.1 给出了巴比伦文明的计数系统的数字。注意，该系统只使用了两个符号，分别是代表 1 的 ∨ 和代表 10 的 <。

巴比伦计数系统的位值使用 60 的幂。位值如下所示：

$$\cdots, \quad 60^3, \quad 60^2, \quad 60^1, \quad 1$$

表 4.1　巴比伦数字

巴比伦数字	∨	<
印度－阿拉伯数字	1	10

$60^3 = 60 \times 60 \times 60 = 216\,000$　　$60^2 = 60 \times 60 = 3\,600$

巴比伦人在数字之间留下空白，以分辨不同的位值。例如，

表示

$$= (1 \times 60^2) + (10 \times 60^1) + (1+1) \times 1$$

$$= (1 \times 3\,600) + (10 \times 60) + (2 \times 1)$$

$$= 3\,600 + 600 + 2 = 4\,202$$

例3　　将巴比伦数字转换成印度－阿拉伯数字

将下列巴比伦数字转换成印度－阿拉伯数字：

a. ∨∨　　<∨　　<<∨∨

b. <<　　∨　　∨∨　　<<∨

解答

利用代表 1 的 ∨ 和代表 10 的 < 将巴比伦数字转换成印度－阿拉伯数字。将所有的印度－阿拉伯数字乘以对应的位值。然后求出这些乘积的和。

a.

$$= (1+1)\times 60^2 + (10+1)\times 60^1 + (10+10+1+1)\times 1$$

$$= (2\times 60^2) + (11\times 60^1) + (22\times 1)$$

$$= (2\times 3\,600) + (11\times 60) + (22\times 1)$$

$$= 7\,200 + 660 + 22 = 7\,882$$

求出的和表示给定的巴比伦数字转换为印度 – 阿拉伯数字是 7 882。

b.

$$= (10+10)\times 60^3 + 1\times 60^2 + (1+1)\times 60 + (10+10+1)\times 1$$

$$= (20\times 60^3) + (1\times 60^2) + (2\times 60) + (21\times 1)$$

$$= (20\times 216\,000) + (1\times 3\,600) + (2\times 60) + (21\times 1)$$

$$= 4\,320\,000 + 3\,600 + 120 + 21 = 4\,323\,741$$

求出的和表示给定的巴比伦数字转换为印度 – 阿拉伯数字为 4 323 741。

　　巴比伦计数系统的主要不足在于它不包含零的符号。有些巴比伦的石板上在数字之间有更大的空格，或者插入符号来表示位值的缺失。但是它会导致含义模糊并造成困惑。

☑ **检查点 3**　将下列巴比伦数字转换成印度 – 阿拉伯数字：

　　a. ∨∨∨　<<　<<<∨　　b. ∨∨　<　<∨∨　∨

玛雅计数系统

　　玛雅人是中美洲印第安人的一族，居住在尤卡坦半岛。在公元 300 年至 1000 年的鼎盛时期，他们的文明覆盖了墨西哥部分地区、伯利兹和危地马拉的全部地区以及洪都拉斯的部分地区。他们以宏伟的建筑、天文和数学知识以及精湛的艺术而闻名。他们的计数系统是第一个有零的符号的系统。表 4.2 给出了玛雅数字。

表 4.2　玛雅数字

0	1	2	3	4	5	6	7	8	9
10	11	12	13	14	15	16	17	18	19

玛雅计数系统的位值如下所示：

$$\cdots, \quad 18\times20^3, \quad 18\times20^2, \quad 18\times20, \quad 20, \quad 1$$

$18 \times 20 \times 20 \times 20 = 144\,000$　　$18 \times 20 \times 20 = 7\,200$　　$18 \times 20 = 360$

注意，从右往左第三个数位的位值是 18×20。而不是 20^2。这样做的原因可能是为了让他们 360 天的日历年成为计数系统的基本部分之一。

玛雅计数系统中的数字是竖着写的。最底部的数位的位值为 1。

5　理解并使用玛雅计数系统

例 4　使用玛雅计数系统

将下列玛雅数字转换成印度－阿拉伯数字：

a.　　　b.

解答

利用表 4.2 将每一行的数字转换成熟悉的印度－阿拉伯数字。将所有的印度－阿拉伯数字乘以对应的位值。然后求出这些乘积的和。

a. 玛雅
数字

印度－阿拉伯
数字

位值

		印度-阿拉伯数字		位值			
	=	14	×	18×20^2	= $14\times7\,200$	=	100 800
	=	0	×	18×20	= 0×360	=	0
	=	7	×	20	= 7×20	=	140
	=	12	×	1	= 12×1	=	12

100 952

右侧求出的和表示给定的玛雅数字转换为印度－阿拉伯数字为 100 952。

b.

玛雅数字		印度－阿拉伯数字		位值			
≡	=	10	×	$18 \times 20^3 = 10 \times 144\,000$	=	1 440 000
≡	=	15	×	18×20^2	=	$15 \times 7\,200$	=	108 000
••	=	2	×	18×20	=	2×360	=	720
⬭	=	0	×	20	=	0×20	=	0
—	=	5	×	1	=	5×1	=	5

$$1\,548\,725$$

右侧求出的和表示给定的玛雅数字转换为印度－阿拉伯数字为 1 548 725。

☑ **检查点 4** 将下列玛雅数字转换成印度－阿拉伯数字：

a.
b.

4.2

位值系统的基数

你越来越被网络空间吸引，每周花在网上的时间越来越多。随着图像质量的不断提高，网络空间正在通过鼓励共享来重塑你的生活。帮你安装计算机的人会对你说，高清 3D 带宽的视觉体验，让你就像与另外一个城市的人在同一个房间里一样。

由于我们有十个手指和十个脚趾，以十为基数的印度－阿拉伯计数系统似乎是一个显而易见的选择。然而，计算机用来处理信息和相互通信的计数系统并不是十进制的。你在网络空间的体验是由二进制或以二为基数的计数系统维持的。在本节中，我们将学习并非以十为基数的计数系统。理解这种计数系统将有助于你理解位值系统的本质，也将更好地理解你一直在使用的计算。你甚至可以从计算机的角度出发，观察世界是什么样的。

1　将基数不是 10 的数转换为基数是 10 的数

将基数不是 10 的数转换为基数是 10 的数

位值计数系统的基数指的是可以在该系统中使用的数字的种数，以及其幂定义位值的数。例如，以 2 为基数的系统的数字符号是 0 和 1。以 2 为基数的系统的位值是 2 的幂，如下所示：

$$\cdots,\ 2^4,\ 2^3,\ 2^2,\ 2^1,\ 1$$

或 $\cdots,\ 2\times2\times2\times2,\ 2\times2\times2,\ 2\times2,\ 2,\ 1$

或 $\cdots,\ 16,\ 8,\ 4,\ 2,\ 1$

当一个数字没有下标时，表明它的基数是 10。基数不是 10 的数字下面有一个下标，如下所示：

$$1001_2$$

这个数读作"一零零一，基数二"。不要把它读作"一千零一"，那是表示这个数是以 10 为基数的，即十进制中的 1001。

我们可以利用 4.1 节中将巴比伦数字和玛雅数字转换成以 10 为基数的印度 - 阿拉伯数字的方法，将 1001_2 转换成以 10 为基数的数。在 1001_2 中，这个数字有四个数位。从左到右，数位的值分别是 2^3、2^2、2^1 和 1。分别将数中的每个数字与其位值相乘，然后将乘积相加。

$$1001_2 = (1\times2^3) + (0\times2^2) + (0\times2^1) + (1\times1)$$

$$= (1\times8) + (0\times4) + (0\times2) + (1\times1)$$

$$= 8 + 0 + 0 + 1$$

$$= 9$$

因此，$1001_2 = 9$。

在以 2 为基数的系统中，我们不需要表示 2 的数字符号，因为 $10_2 = (1\times2^1) + (0\times1) = 2$。

相似地，以 10 为基数的 3 可以表示成 11_2，以 10 为基数的数 4 可以表示成 100_2。表 4.3 展示了从 0 到 20 的以 10 为基数的数与其对应的以 2 为基数的数。

表 4.3　基数 10 与基数 2

基数 10	基数 2
0	0
1	1
2	10
3	11
4	100
5	101
6	110
7	111
8	1000
9	1001
10	1010
11	1011
12	1100
13	1101
14	1110
15	1111
16	10000
17	10001
18	10010
19	10011
20	10100

在任何基数系统中，数字符号从 0 开始，一直到比基数小 1 的数。在以 b 为基数的系统中，数字符号从 0 开始，一直到 $b-1$。以 b 为基数的计数系统的位值是 b 的幂，如下所示：

$$\cdots,\ b^4,\ b^3,\ b^2,\ b^1,\ 1$$

表 4.4 展示了各个基数中的数字符号与位值。

表 4.4　不同基数下的数字符号与位值

基数	数字符号	位值
2	0,1	$\cdots,\ 2^4,\ 2^3,\ 2^2,\ 2^1,\ 1$
3	0,1,2	$\cdots,\ 3^4,\ 3^3,\ 3^2,\ 3^1,\ 1$
4	0,1,2,3	$\cdots,\ 4^4,\ 4^3,\ 4^2,\ 4^1,\ 1$
5	0,1,2,3,4	$\cdots,\ 5^4,\ 5^3,\ 5^2,\ 5^1,\ 1$
6	0,1,2,3,4,5	$\cdots,\ 6^4,\ 6^3,\ 6^2,\ 6^1,\ 1$
7	0,1,2,3,4,5,6	$\cdots,\ 7^4,\ 7^3,\ 7^2,\ 7^1,\ 1$
8	0,1,2,3,4,5,6,7	$\cdots,\ 8^4,\ 8^3,\ 8^2,\ 8^1,\ 1$
9	0,1,2,3,4,5,6,7,8	$\cdots,\ 9^4,\ 9^3,\ 9^2,\ 9^1,\ 1$
10	0,1,2,3,4,5,6,7,8,9	$\cdots,\ 10^4,\ 10^3,\ 10^2,\ 10^1,\ 1$

我们已经看到，在以 2 为基数的系统中，10_2 表示一组 2，零组 1。因此，$10_2=2$。相似地，在六进制中，10_6 表示一组 6，零组 1。因此，$10_6=6$。在 $10_{\text{基数为}\,b}$ 中，它表示一组 b，零组 1，也就是说，$10_{\text{基数为}\,b}=b$。

将其他进制的数转换为以 10 为基数的数的步骤如下所示。

> **转换为以 10 为基数的数**
> 要想将其他进制的数转换为以 10 为基数的数，需要
> 1. 求出数中每个数字的位值。
> 2. 分别将数中的每个数字与其对应的位值相乘。
> 3. 求出步骤 2 中的乘积之和。

例 1　转换为以 10 为基数的数

将 4726_8 转换为以 10 为基数的数。

你可以用计算器将其他进制的数转换成以 10 为基数的数。例如将例 1 中的 4726_8 转换成以 10 为基数的数，按下如下按键即可：

科学计算器：

$4 \times 8 \boxed{y^x} 3 + 7 \times 8 \boxed{y^x}$
$2 + 2 \times 8 + 6 \boxed{=}$

图形计算器：

$4 \times 8 \boxed{\wedge} 3 + 7 \times 8 \boxed{\wedge} 2$
$+ 2 \times 8 + 6 \boxed{\text{ENTER}}$

有些图形计算器需要你在输入指数后按右箭头键退出指数。

解答

给定的以 8 为基数的数有四个数位。从左到右，位值分别是：8^3，8^2，8^1，1。

分别将数中的每个数位上的值与其位值相乘，然后求出乘积之和。

位值：8^3	位值：8^2	位值：8^1	位值：1
4	7	2	6_8

$$4726_8 = (4 \times 8^3) + (7 \times 8^2) + (2 \times 8^1) + (6 \times 1)$$
$$= (4 \times 8 \times 8 \times 8) + (7 \times 8 \times 8) + (2 \times 8) + (6 \times 1)$$
$$= 2\,048 + 448 + 16 + 6$$
$$= 2\,518$$

☑ **检查点 1**

将 3422_5 转换为以 10 为基数的数。

例 2 转换为以 10 为基数的数

将 100101_2 转换为以 10 为基数的数。

解答

分别将数字中的每个数位上的值与其位值相乘，然后求出乘积之和。

位值：2^5	位值：2^4	位值：2^3	位值：2^2	位值：2^1	位值：1
1	0	0	1	0	1_2

$$100101_2 = (1 \times 2^5) + (0 \times 2^4) + (0 \times 2^3) + (1 \times 2^2) + (0 \times 2^1) + (1 \times 1)$$
$$= (1 \times 32) + (0 \times 16) + (0 \times 8) + (1 \times 4) + (0 \times 2) + (1 \times 1)$$
$$= 32 + 0 + 0 + 4 + 0 + 1$$
$$= 37$$

☑ **检查点 2** 将 110011_2 转换为以 10 为基数的数。

在计算机技术中，数码一词指的是一种使用**二进制**或以 2

为基数的 0 和 1 **系统**对数字、字母、视觉图像和声音进行编码的方法。因为计算机使用的电信号是一组通－断的电脉冲，所以以 2 为基数的数字很方便。在二进制代码中，1 表示电脉冲通过（"开"），0 表示电脉冲中断（"关"）。例如，数字 37（100101_2）变成了二进制代码开－关－关－开－关－开。计算机中的微芯片存储和处理这些二进制信号。

除了以 2 为基数的系统，计算机应用通常包括以 8 为基数的系统，称为**八进制**，以及以 16 为基数的系统，称为**十六进制**。以 16 为基数的系统有一个问题，数字符号需要从 0 到比基数小 1 的数。也就是说，我们需要比以 10 为基数的系统中的 10（0,1,2,3,4,5,6,7,8,9）更多的数字符号。计算机程序员使用字母 A,B,C,D,E 和 F 来分别表示超出 10 的数字符号。

例 3　转换为以 10 为基数的数

将 $EC7_{16}$ 转换成以 10 为基数的数。

解答

从左到右，位值分别是：

$$16^2, 16^1, 1$$

数字符号 E 表示 14，C 表示 12。尽管这个数字看上去有点奇怪，但是跟着常规步骤走还是没问题的：分别将数字中的每个数位上的值与其位值相乘，然后求出乘积之和。

位值：16^2	位值：16^1	位值：1
E	C	7_{16}
E=14	C=12	

$$\begin{aligned} EC7_{16} &= (14 \times 16^2) + (12 \times 16^1) + (7 \times 1) \\ &= (14 \times 16 \times 16) + (12 \times 16) + (7 \times 1) \\ &= 3\,584 + 192 + 7 \\ &= 3\,783 \end{aligned}$$

☑ **检查点 3**　将 $AD4_{16}$ 转换成以 10 为基数的数。

布利策补充

以 2 为基数的字母和单词

字母被转换成以 2 为基数的数字供计算机处理。大写字母 A 到 Z 赋值 65 到 90，每个数以 2 为基数表示。因此，A(65) 的二进制代码是 1000001。类似地，小写字母 a 到 z 以 2 为基数时赋值 97 到 122。德国数学家威廉·莱布尼茨是第一个提倡二进制的现代思想家。他从来没有想过有一天，二进制系统会使计算机能够处理信息并相互通信。

威廉·莱布尼茨
（1646—1716）

以 16 为基数的数字系统中的额外数字符号：

A = 10　B = 11
C = 12　D = 13
E = 14　F = 15

好问题！

　　我明白了为什么开关脉冲的电脉冲导致计算机使用二进制，即以 2 为基数的系统。但是八进制（以 8 为基数）和十六进制（以 16 为基数）是怎么回事呢？为什么计算机程序员使用这些系统？

　　八进制和十六进制系统提供了一种简洁的表示二进制数字的方法。由于要读取的数字符号更少，要执行的操作更少，计算机的操作速度就提高了，内存中的空间也就节省了。特别是：

- 每个三位的二进制数字都可以被一个一位的八进制数字代替。（$2^3 = 8$）

二进制数字	八进制数字
000	0
001	1
010	2
011	3
100	4
101	5
110	6
111	7

计算机程序员利用这张表在二进制和八进制之间来回切换。

示例

$$\underbrace{110}_{6}\ \underbrace{111}_{7}{}_{2} = 67_8$$

示例

$$\underbrace{2}_{010}\ \underbrace{3}_{011}{}_{8} = 010011_2$$

- 每个四位的二进制数字都可以被一个一位的十六进制数字代替。（$2^4 = 16$）

二进制数字	十六进制数字	二进制数字	十六进制数字
0000	0	1000	8
0001	1	1001	9
0010	2	1010	A
0011	3	1011	B
0100	4	1100	C
0101	5	1101	D
0110	6	1110	E
0111	7	1111	F

计算机程序员利用这些表在二进制和十六进制之间来回切换。

> 从右侧开始，将数字分为四个一组，根据需要在前面添加零。

示例

$$1111001101_2 = \underbrace{0011}_{3}\ \underbrace{1100}_{C}\ \underbrace{1101}_{D} = 3CD_{16}$$

示例

$$\underbrace{6}_{0110}\ \underbrace{F}_{1111}\ \underbrace{A}_{1010}{}_{16} = 011011111010_2$$

2 将基数是 10 的数转换成基数不是 10 的数

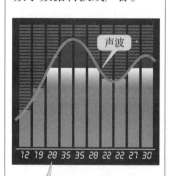
将基数是 10 的数转换成基数不是 10 的数

要将以 10 为基数的数转换为不以 10 为基数的其他数，我们需要找出以 10 为基数的数中每个位值包含多少组。当以 10 为基数的数是一位数或两位数时，我们可以心算。例如，假设我们要将以 10 为基数的数转换成以 4 为基数的数。以 4 为基数的数的位值如下所示：

$$\cdots,\ 4^3,\ 4^2,\ 4^1,\ 1$$

比 6 小的位值是 4 和 1。我们可以将 6 表示成一组 4 和两组 1：

$$6_{10} = (1 \times 4) + (2 \times 1) = 12_4$$

例 4 将十进制数转换成五进制数的心算

将以 10 为基数的数 8 转换成以 5 为基数的数。

解答

以 5 为基数的数的位值如下所示：

$$\cdots,\ 5^3,\ 5^2,\ 5^1,\ 1$$

比 8 小的位值是 5 和 1。我们可以将 8 表示成一组 5 和三组 1：

$$8_{10} = (1 \times 5) + (3 \times 1) = 13_5$$

☑ **检查点 4** 将以 10 为基数的数 6 转换成以 5 为基数的数。

如果不能心算，你可以利用除法计算以 10 为基数的数中每个位值有多少组。

例 5 利用除法将以 10 为基数的数转换成以 8 为基数的数

将以 10 为基数的数 299 转换成以 8 为基数的数。

解答

基数 8 的位值如下所示：

$$\cdots,\ 8^3,\ 8^2,\ 8^1,\ 1\ ,\ 或 \cdots,\ 512,\ 64,\ 8,\ 1$$

比 299 小的位值有 64、8 和 1。我们可以用除法计算 299 中每个位值有多少组。将 299 除以 64，再将余数除以 8。

$$
64\overline{)299} \qquad \text{有 4 组 64} \qquad 8\overline{)43} \qquad \text{有 5 组 8}
$$

（过程）
$$
\begin{array}{r} 4 \\ 64\overline{)299} \\ \underline{256} \\ 43 \end{array} \qquad \qquad \begin{array}{r} 5 \\ 8\overline{)43} \\ \underline{40} \\ 3 \end{array} \qquad \text{余下 3 组 1}
$$

上述除法过程显示，299 可以表示成 4 组 64、5 组 8 和 3 组 1：

$$299 = (4 \times 64) + (5 \times 8) + (3 \times 1)$$

$$= (4 \times 8^2) + (5 \times 8^1) + (3 \times 1)$$

$$= 453_8$$

☑ **检查点 5** 将以 10 为基数的数 365 转换成以 7 为基数的数。

例 6 利用除法将以 10 为基数的数转换成以 2 为基数的数

将以 10 为基数的数 26 转换成以 2 为基数的数。

解答

基数 2 的位值如下所示：

$$\cdots, \quad 2^5, \quad 2^4, \quad 2^3, \quad 2^2, \quad 2^1, \quad 1$$

或 $\cdots$, 32, 16, 8, 4, 2, 1

我们用小于 26 的 2 的幂，然后进行连续的除法，如下所示：

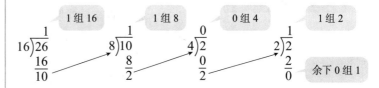

利用上面除法得出的四个商以及最后一个余数，我们可以得到答案。

$$26 = 11010_2$$

☑ **检查点 6** 将以 10 为基数的数 51 转换成以 2 为基数的数。

例 7 利用除法将以 10 为基数的数转换成以 6 为基数的数

将以 10 为基数的数 3 444 转换成以 6 为基数的数。

解答

基数为 6 的位值如下所示:

$$\cdots, \quad 6^5, \quad 6^4, \quad 6^3, \quad 6^2, \ 6, \ 1$$

或 $\cdots$, 7 776, 1 296, 216, 36, 6, 1

我们用小于 3 444 的 6 的幂, 然后进行连续的除法, 如下所示:

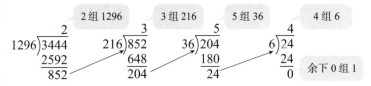

利用上面除法得出的四个商以及最后一个余数, 我们可以得到答案。

$$3\ 444 = 23540_6$$

☑ **检查点 7** 将十进制数 2 763 转换成五进制数。

4.3

位值系统中的计算

学习目标

学完本节之后, 你应该能够掌握:

1. 十进制以外进制的加法。
2. 十进制以外进制的减法。
3. 十进制以外进制的乘法。
4. 十进制以外进制的除法。

人们一直在寻找使计算变得更快、更简单的方法。印度 – 阿拉伯的计数系统简化了计算, 也揭开了计数系统神秘的面纱。更多的人能够轻松地执行计算, 因而该系统得到了广泛使用。所有不以 10 为基数的计算都与以 10 为基数的计算完全相同。但是, 当计算结果等于或超过给定的基数时, 需要使用上一节讨论的心算将以 10 为基数的数转换为所需基数中的数。

加法

1　十进制以外进制的加法

例 1　四进制加法

求出下列加法的结果:

$$33_4$$
$$+ \ 13_4$$

4^1 列

1 列

$$33_4$$
$$+ \ 13_4$$

解答

我们将从右边一列的加法开始入手。在四进制中，数字符号是 0,1,2 和 3。如果任意一列的和超过了 3，我们就需要将这个十进制的数转换成四进制的数。我们从右边一列的数相加开始，如下所示：

$$3_4 + 3_4 = 6$$

6 是不属于四进制的数字符号。然而，我们可以将 6 表示为一组 4 以及剩下来的两组 1，如下所示：

$$3_4 + 3_4 = 6_{10} = (1 \times 4) + (2 \times 1) = 12_4$$

现在我们可以将右边的和记为 12_4：

> 我们将右边数字 12 中的 1 放在 4^1 列的上方

$$\overset{1}{3}3_4$$
$$+ \ 13_4$$
$$\overline{2}$$

12_4

> 我们将右边数字 12 中的 2 放在 1 列的下方

下一步，我们计算左边这一列的和：

$$1_4 + 3_4 + 1_4 = 5$$

5 不属于四进制的数字符号。然而，我们可以将 5 表示为一组 4 以及剩下来的一组 1，如下所示：

$$1_4 + 3_4 + 1_4 = 5_{10} = (1 \times 4) + (1 \times 1) = 11_4$$

记下 11_4。

$$\overset{1}{3}3_4$$
$$+ \ 13_4$$
$$\overline{112_4}$$

> 这是最终答案

你可以通过将 33_4、13_4 和 112_4 转换成十进制来验算求出的和。33_4=15，13_4=7，112_4=22。由于 $15 + 7 = 22$，所以计算结果是正确的。

☑ **检查点 1**　计算下列加法：

$$32_5$$
$$+\ 44_5$$

例2　二进制的加法

计算下列加法：

$$111_2$$
$$+\ 101_2$$

解答

我们从最右边的一列开始入手，如下所示：

$$1_2 + 1_2 = 2$$

2 不是二进制的数字符号。我们可以将 2 表示为一组 2 以及剩下来的 0 组 1，如下所示：

$$1_2 + 1_2 = 2_{10} = (1 \times 2) + (0 \times 1) = 10_2$$

我们将最右边一列的和记为 10_2。

2^1 列
2^2 列
1 列
$$111_2$$
$$+\ 101_2$$

我们将右边数字 10 的 1 放在 2^1 列上方

$$\begin{array}{r}{}^{1}\\ 111_2 \\ +101_2 \\ \hline 0 \end{array}$$

$$10_2$$

我们将右边数字 10 的 0 放在 1 列下方

然后我们计算中间一列，如下所示：

$$1_2 + 1_2 + 0_2 = 2_{10} = (1 \times 2) + (0 \times 1) = 10_2$$

我们将中间一列记为 10_2。

我们将右边数字 10 的 1 放在 2^2 列上方

$$\begin{array}{r}{}^{1\ 1}\\ 111_2 \\ +101_2 \\ \hline 00 \end{array}$$

$$10_2$$

我们将右边数字 10 的 0 放在 2^1 列下方

最后，我们计算最左边的一列，如下所示：

$$1_2 + 1_2 + 1_2 = 3$$

3 不属于二进制的数字符号。我们可以将 3 表示为一组 2 和剩下来的一组 1，如下所示：

$$1_2+1_2+1_2=3_{10}=(1\times2)+(1\times1)=11_2$$

记下 11_2。

$$\begin{array}{r} \overset{1\ 1}{111_2} \\ +\ 101_2 \\ \hline 1100_2 \end{array}$$ —— 这是最终结果

你可以通过将加数与和转换成十进制数来验算，$111_2=7$，$101_2=5$，$1100_2=12$。由于 $5+7=12$，所以计算结果无误。

☑ **检查点 2**　计算下列加法：

$$\begin{array}{r} 111_2 \\ +\ 111_2 \\ \hline \end{array}$$

2　十进制以外进制的减法

减法

要想计算其他进制数的减法，我们先要将位值相同的数字排好，然后从右到左依次相减。如果在减法运算中需要"借位"，那就借一个基数。例如，当我们在十进制减法中借位时，我们借 10。类似地，我们借二进制的 2、三进制的 3 以及四进制的 4，依此类推。

例 3　四进制的减法

计算下列减法：

$$\begin{array}{r} 31_4 \\ -\ 12_4 \\ \hline \end{array}$$

解答

我们先从右边一列开始，即 1_4-2_4。由于 2_4 比 1_4 要大，我们需要借一位。我们计算的是四进制的数，因此我们需要借一组 4。这样就有十进制的 $4+1=5$。然后我们再从 5 中减去 2，得到差为 3。

我们借了 1 组 4，现在还剩下 2 组 4，不再是 3 组

$$\begin{array}{r} {}^{2}\cancel{3}{}^{5}\cancel{1}_{4} \\ -12_{4} \\ \hline 3_{4} \end{array}$$

我们借来的 1 组 4 加上 1，用十进制表示：1+4=5

然后我们计算左边的一列。

我们用 2 减去 1

$$\begin{array}{r} {}^{2}\cancel{3}{}^{5}\cancel{1}_{4} \\ -12_{4} \\ \hline 13_{4} \end{array}$$

这是最终结果

你可以通过将减数、被减数和差转换成十进制的数来验算：$31_4 = 13$，$12_4 = 6$，$13_4 = 7$。由于 $13 - 6 = 7$，所以计算无误。

☑ **检查点 3**　计算下列减法：

$$\begin{array}{r} 41_5 \\ -23_5 \\ \hline \end{array}$$

例 4　　五进制的减法

计算下列减法：

$$3431_5 - 1242_5$$

解答

步骤①. 从前一位借来 1 组 5，用十进制表示：5+1 或 6

步骤③. 从前一位借来 1 组 5，用十进制表示：5+2 或 7

步骤⑤. 这两位不用借

$$\begin{array}{r} 34\,{}^{2}\cancel{3}{}^{6}\cancel{1}_5 \\ -1242_5 \\ \hline 4_5 \end{array}$$

$$\begin{array}{r} 3\,{}^{3}\cancel{4}{}^{7}\cancel{3}\,{}^{6}\cancel{1}_5 \\ -1242_5 \\ \hline 34_5 \end{array}$$

$$\begin{array}{r} 3\,{}^{3}\cancel{4}{}^{7}\cancel{3}\,{}^{6}\cancel{1}_5 \\ -1242_5 \\ \hline 2134_5 \end{array}$$

步骤②. 6-2=4

步骤④. 7-4=3

步骤⑥. 3-2=1

步骤⑦. 3-1=2

因此，$3431_5 - 1242_5 = 2134_5$。

☑ **检查点 4**　计算下列减法：

$$5144_7 - 3236_7$$

3 十进制以外进制的乘法

乘法

> **例 5** 六进制的乘法

计算下列乘法：

$$34_6$$
$$\times\ 2_6$$

解答

其他进制的乘法和十进制的乘法一样。首先，我们乘右侧的数字 2 和数字 4。然后我们乘左上的 3 和右下的 2。记住，六进制中的数字符号只有 0,1,2,3,4,5。我们从下式入手：

$$2_6 \times 4_6 = 8_{10} = (1 \times 6) + (2 \times 1) = 12_6$$

记下 2 然后进一位，如下所示：

$$\overset{1}{3}4_6$$
$$\times\ 2_6$$
$$\overline{2_6}$$

我们的下一步计算涉及乘法和加法，如下所示：

$$(2_6 \times 3_6) + 1_6 = 6 + 1 = 7_{10} = (1 \times 6) + (1 \times 1) = 11_6$$

记下 11_6。

$$34_6$$
$$\times\ 2_6$$
$$\overline{112_6}$$ 这是最终结果

我们可以将乘数与积转换成十进制数来验算：$34_6 = 22$，$2_6 = 2$，$112_6 = 44$。由于 $22 \times 2 = 44$，因此计算结果是正确的。

☑ **检查点 5** 计算下列乘法：

$$45_7$$
$$\times\ 3_7$$

4 十进制以外进制的除法

除法

除法的计算结果称为**商**。乘法表对基数一样的除法问题是十分有帮助。

表 4.5　四进制乘法

×	0	1	2	3
0	0	0	0	0
1	0	1	2	3
2	0	2	10	12
3	0	3	12	21

例 6　四进制的除法

利用展示四进制乘法的表 4.5，计算下列除法：

$$3_4\overline{)222_4}$$

解答

我们可以用计算十进制数除法的方法计算四进制的除法。我们从 22_4 除以 3_4 开始。观察表 4.5，我们发现最大的积 21_4 都要小于或等于 22_4。由于 $3_4 \times 3_4 = 21_4$，所以商的第一个数字是 3_4。

除数　　3 ← 商的第一位
$3_4\overline{)222_4}$ ← 被除数

现在计算 $3_4 \times 3_4$ 然后写下乘积 21_4，与被除数的左边两位对齐。

计算减法：$22_4 - 21_4 = 1_4$。

$$\begin{array}{r} 3 \\ 3_4\overline{)222_4} \\ 21 \\ \hline 1 \end{array}$$

将被除数最右边的数字 2_4 带下来，如下所示：

$$\begin{array}{r} 3 \\ 3_4\overline{)222_4} \\ 21 \\ \hline 12 \end{array}$$

现在我们回到表 4.5。在最右边的一列中，找到小于等于 12_4 的最大的积。由于 $3_4 \times 2_4 = 12_4$，所以商的下一个数字是 2_4。利用这一信息，我们可以完成除法了。

$$\begin{array}{r} 32_4 \\ 3_4\overline{)222_4} \\ 21 \\ \hline 12 \\ 12 \\ \hline 0 \end{array}$$ ← 这是最终结果

我们将商转换成十进制的数进行验算：$3_4 = 3$，$222_4 = 42$，$32_4 = 14$。由于 42 除以 3 的商是 14，所以我们的计算无误。

☑ 检查点 6　利用表 4.5，求出下列除法的商：

$$2_4 \overline{)112_4}$$

布利策补充

量子计算机

没有思想和技能的快速计算是机械计算历史上的推动因素。经典的计算机以二进制处理数据，二进制的比特位可以是 1 或 0。量子计算机依赖于称为量子位的量子比特，它可以同时为 1 或 0。拥有 n 个量子位的芯片的量子计算机可以同时执行 2^n 次计算和操作。

量子计算机 D-Wave 2（花费大约 1 000 万美元）有一个具有 512 个量子位的铌芯片，可以同时进行 2^{512} 次计算，比宇宙中的原子数还多。企业和政府机构相信量子计算机将改变我们治疗疾病、探索宇宙和在地球上做生意的方式。D-Wave 的研发主管，曾担任史蒂芬·霍金研究助理的科林·威廉姆斯说：“我们的机器所能获得的那种物理效应对超级计算机来说是无法获得的，无论你制造出多大的超级计算机都是如此。”“我们正在以一种全新的方式利用现实结构，制造一种世界从未见过的计算机。”

布利策补充

二进制、逻辑与计算机

计算机的微芯片比指甲还小，就像一个小小的电子大脑。图 4.2 中的微芯片放大了近 1 200 倍，显示出上面有连接轨迹的晶体管。这些微小的晶体管开关控制电子信号，每秒处理数千条信息。自 1971 年以来，一块芯片上可容纳的晶体管数量已从 2 000 多个增加到 2010 年的惊人的 20 亿个。

我们已经看到，计算机内部的通信采取开－关电脉冲的序列形式数字表示数字、

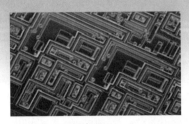

图 4.2

文字、声音和视觉图像。这些二进制流在通过微芯片的门时被操纵，如图 4.3 所示。**非门**采用一个数字序列，把所有的 0 变成 1，把所有的 1 变成 0。

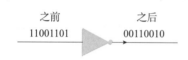

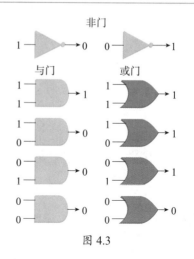

与门和或门采用两个输入序列并产生一个输出序列。如果两个序列都输入 1，则**与门**输出 1；否则，它输出 0。

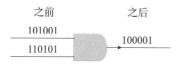

如果任一序列输入 1，则**或门**输出 1；否则，它输出 0。

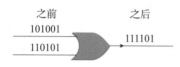

图 4.3

这些门是计算机的计算中心。它们会让你想起逻辑上的且、或、非，除 T 现在是 1，而 F 现在是 0 之外，没什么不同。如果二进制和逻辑没有结合在一起，我们所知道的计算机就不会存在。

4.4

回顾早期的计数系统

学习目标

学完本节之后，你应该能够：

1. 理解并使用埃及计数系统。
2. 理解并使用罗马计数系统。
3. 理解并使用中文传统计数系统。
4. 理解并使用爱奥尼亚希腊计数系统。

在 1991 年 1 月 27 日举行的第 25 届超级碗比赛中，打出了有史以来最接近的比分：纽约巨人队 20 分，野牛队 19 分。如果你对体育事实和数据感兴趣，可能就会知道一些重大的体育赛事，比如超级碗，是用罗马数字命名的。也许你在电影和电视节目中，或者在时钟和手表上也见过人们使用罗马数字。

在本节中，我们开始一段关于时间和数字的简短旅程。我们的印度 - 阿拉伯计数系统是本章的重点。它非常的成功，因为它只用 10 个符号来表示数字，简化了这些数字的计算。根据这些标准，本节讨论的早期计数系统，如罗马数字，是不成功的。通过简单地观察这些系统，你就会发现我们使用的系统与历史上其他的系统相比十分杰出。

1　理解并使用埃及计数系统

埃及计数系统

和大多数伟大的文明一样，古埃及也有好几种计数系统。最古老的是象形符号表示法，大约发展于公元前 3400 年。表 4.6 列出了埃及象形数字和与之对应的印度 – 阿拉伯数字。注意，这些数字都是 10 的幂。数字 1 000 000，或者说 10^6，看起来就像刚中了彩票一样兴高采烈！

表 4.6　埃及象形数字

印度 – 阿拉伯数字	埃及象形数字	描述
1			拐杖
10	∩	跟骨
100	๏	螺旋
1 000	⚱	莲花
10 000	⌒	手指
100 000	⌒	蝌蚪
1 000 000	𓁨	震惊的人

好问题！

我有必要记住本节中的四种计数系统的符号吗？

没有必要。你只需要集中注意力，理解每个计数系统背后的原理，并理解这些系统与印度 – 阿拉伯计数系统之间的关系。

在埃及计数系统中，大多数的数的表示要比在我们的系统中占用更多的空间。这是因为数是通过重复每个数字所需的次数来表示的。然而，任何数字，也许除了震惊的人，都不能重复超过 9 次。如果我们要用埃及计数系统来表示 764，我们就需要写

100 100 100 100 100 100 100 10 10 10 10 10 10 1 1 1 1

然后使用表 4.6 中的象形文字表示印度 – 阿拉伯数字。这样，埃及计数系统中的 764 如下所示：

๏ ๏ ๏ ๏ ๏ ๏ ๏ ∩ ∩ ∩ ∩ ∩ ∩ | | | |

埃及计数系统是加法系统的例子，其中每个数都是由数字的值的和表示的。

例 1　使用埃及计数系统

将下列数字转换成印度 – 阿拉伯数字：

布利策补充

古埃及陵墓中的象形文字

　　早在公元前 2600 年的埃及坟墓中就有象形文字的数字。古埃及的葬礼仪式为死者提供食物和饮料。数字显示了每件物品的数量。因此，即使祭品本身已经风化消失，死者也有形式上的营养。

解答

利用表 4.6，我们可以找出每个埃及数字的值。然后将它们加起来。

$$1\,000\,000 + 10\,000 + 10\,000 + 10 + 10 + 10 + 1 + 1 + 1 = 1\,020\,034$$

☑ **检查点 1**　将下列数字转换成印度－阿拉伯数字：

$\mathcal{O}\ \mathcal{O}\ \mathcal{O}\ \mathcal{g}\mathcal{g}\cap |||$

例 2　使用埃及计数系统

将 1 752 转换成埃及数字。

解答

我们首先将 1 752 拆分成符合埃及数字的数量，如下所示：

$$1752 = 1000 + 700 + 50 + 2$$
$$= 1000 + 100 + 100 + 100 + 100 + 100 + 100 + 100 + 10 +$$
$$10 + 10 + 10 + 10 + 1 + 1$$

现在，我们可以利用表 4.6，找出与每个数字相对应的埃及符号。例如，表示 1 000 的莲花符号。我们依次写下所有的符号，然后去掉加号。这样，我们就把 1752 转换成了埃及数字，如下所示：

☑ **检查点 2**　将 2 563 转换成埃及数字。

2　理解并使用罗马计数系统

罗马计数系统

　　罗马的计数系统是在公元前 500 年到公元 100 年发展起来的。它是庞大的罗马帝国收税和商业发展的结果。表 4.7 所示的罗马数字在整个欧洲一直使用到 18 世纪。它们仍然被广泛地用于提纲、时钟、某些版权日期以及给书的某些页编号。罗马数字是从罗马字母表中挑选出来的字母。

表 4.7 罗马数字

罗马数字	I	V	X	L	C	D	M
印度 – 阿拉伯数字	1	5	10	50	100	500	1 000

如果表 4.7 中的符号按照从左到右递减的顺序排列，那么该罗马数字的值等于两个符号的值相加。例如，$CX = 100 + 10 = 110$。另外，如果符号按照从左到右递增的顺序排列，那么该罗马数字的值等于右边的符号减去左边的符号。例如，IV 等于 $5 - 1 = 4$，IX 等于 $10 - 1 = 9$。

只有表示 $1, 10, 1\,000, \cdots$ 的罗马数字能够被减去。此外，它们只能被比它大不超过两个数量级的罗马数字减。

罗马数字	I	V	X	L	C	D	M
印度 – 阿拉伯数字	1	5	10	50	100	500	1 000

> I 只能从 V 和 X 中减去

> X 只能从 L 和 C 中减去

> C 只能从 D 和 M 中减去

好问题！

每当我看到罗马数字的时候，总是会忘记这些字母代表什么数字。你能帮帮我吗？

下面有一句英文，能帮助你记忆代表罗马数字的字母，数字按照递增的顺序排列。

If Val's X-ray Looks Clear, Don't Medicate.

例 3 使用罗马数字

将 CLXVII 转换成印度 – 阿拉伯数字。

解答

由于该数字是按照从左到右递减的顺序排列的，我们可以将这些罗马数字所表示的值加起来。

$$CLXVII = 100 + 50 + 10 + 5 + 1 + 1 = 167$$

☑ **检查点 3** 将 MCCCLXI 转换成印度 – 阿拉伯数字。

例 4 使用罗马数字

将 MCMXCVI 转换成印度 – 阿拉伯数字。

解答

$$
\begin{array}{ccccc}
M & CM & XC & V & I \\
\downarrow & \downarrow & \downarrow & \downarrow & \downarrow
\end{array}
$$

$= 1\,000 + (1\,000 - 100) + (100 - 10) + 5 + 1$

$= 1\,000 + 900 + 90 + 5 + 1 = 1\,996$

布利策补充

不要冒犯朱庇特

你有没有注意到，有些时钟上的罗马数字 4 并没有写成 IV，而是写成了 IIII。这可能是因为 IIII 有一种对称的平衡感，与另一边的 VIII 成对。还有一种更有趣但不一定对的原因，罗马人不希望冒犯朱庇特神。朱庇特拼作"IVPITER"，罗马人不敢把拼写的首字母"IV"写在钟表上。

3 理解并使用中文传统计数系统

☑ **检查点 4** 将 MCDXLVII 转换成印度 - 阿拉伯数字。

因为罗马数字既包含加法也包含减法，所以代表大多数数字所需要的空间比埃及数字要小得多。任何符号连续重复三次以上都是不必要的。例如，我们把 46 写成罗马数字，写成 XLVI 而不是 XXXXVI。

$$XL = 50 - 10 = 40$$

例 5   使用罗马数字

将 249 转换成罗马数字。

解答

$$
\begin{aligned}
249 &= \quad 200 \quad + \quad 40 \quad + \quad 9 \\
&= 100 + 100 + (50 - 10) + (10 - 1) \\
&= \quad C \quad\quad C \quad\quad XL \quad\quad\quad IX
\end{aligned}
$$

因此，249 = CCXLIX。

☑ **检查点 5** 将 399 转换成罗马数字。

罗马计数系统利用数字或一组数字上的横线表示这些数字要乘以 1 000。例如，

$$\overline{L} = 50 \times 1\,000 = 50\,000$$

$$\overline{CM} = 900 \times 1\,000 = 900\,000$$

在罗马数字上方加横线减少了表示较大数需要的符号数量。

中文传统计数系统

中文传统计数系统中的符号如表 4.8 所示。至少有两个符号没有出现，零的符号以及吃惊的中彩票的人符号！

表 4.8 中文传统数字

中文传统数字	一	二	三	四	五	六	七	八	九	十	百	千
印度 - 阿拉伯数字	1	2	3	4	5	6	7	8	9	10	100	1 000

那么，我们应该如何利用这一套符号表示数字呢？中国人

3	
1 000	
2	
100	
6	
10	
4	

将 3 264 竖着写是将印度－阿拉伯数字转换成中文传统数字的第一步。

$$3\,000:\begin{cases} 3 & 三 \\ 1\,000 & 千 \end{cases}$$

$$200:\begin{cases} 2 & 二 \\ 100 & 百 \end{cases}$$

$$60:\begin{cases} 6 & 六 \\ 10 & 十 \end{cases}$$

$$4:\quad 4 \quad 四$$

将 3 264 转换成中文传统数字。

4　理解并使用爱奥尼亚希腊计数系统

的数字是竖着写的。利用我们的数字符号，数 3 264 可以表示成左侧页边的那样。

下一步就是将这七个数字符号替换成表 4.8 中的中文传统数字。下一个例子阐释了这一转换方法。

例 6　使用中文传统计数系统

将 3 264 转换成中文传统数字。

解答

我们首先将这个印度－阿拉伯数字拆开，使其符合中文传统数字的量级。竖直表示每一个量级。然后，利用表 4.8 找出与每个量级匹配的中文符号。这一步与得出的中文数字见左侧页边。

中文计数系统不需要零这个数字，原因在于这个系统不是数位的。例如，我们在书写 8 006 时，将两个零用作占位符号，表示两个十的幂，即 10^2（或 100）以及 10^1（或 10）。中文传统数字不需要零占位，如下所示

$$\begin{array}{cc} 8 & 八 \\ 1\,000 \quad 或 & 千 \\ 6 & 六 \end{array}$$

☑ **检查点 6**　将 2 693 转换成中文传统数字。

爱奥尼亚希腊计数系统

古希腊人是艺术、建筑、戏剧、文学、哲学、几何学和逻辑学的大师，但他们并不是数字表示法的大师。爱奥尼亚希腊的计数系统可以追溯到公元前 450 年，使用他们字母表中的字母作为数字。表 4.9 显示了用于表示数字的许多符号（符号太多了）。

表 4.9　爱奥尼亚希腊数字

1	α	alpha	10	ι	iota	100	ρ	rho
2	β	beta	20	κ	kappa	200	σ	sigma
3	γ	gamma	30	λ	lambda	300	τ	tau
4	δ	delta	40	μ	mu	400	υ	upsilon
5	ε	epsilon	50	ν	nu	500	φ	phi
6	ι	vau	60	ξ	xi	600	χ	chi
7	ζ	zeta	70	o	omicron	700	ψ	psi
8	η	eta	80	π	pi	800	ω	omega
9	θ	theta	90	Q	koph	900	π	sampi

要想表示 1 到 999 的数，我们应该将合适的数字写在一起。例如，数 21=20+1。当将其转换成希腊数字时，加号就被省略了，如下所示：

$$21 = \kappa\alpha$$

类似地，将数字 823 转换成希腊数字的结果是

$$\omega\kappa\gamma$$

例 7　　使用爱奥尼亚希腊计数系统

将 $\psi\lambda\delta$ 转换成印度－阿拉伯数字。

解答

$\psi=700$，$\lambda=30$，$\delta=4$。将这些数加起来，我们得到 734。

☑ **检查点 7**　将 $\omega\pi\varepsilon$ 转换成印度－阿拉伯数字。

希腊计数系统有许多不成功的特点，其中之一是必须添加新的符号来代表更大的数字。它就像一个字母表，要想变大就要使用一个新单词，而且必须写出来。

第 5 章

数论与实数系统

当你上网的时候，会听到政客们在讨论超过 18 万亿美元的美国国债问题。他们指出，债务的利息等于政府在退伍军人、国土安全、教育和交通方面的支出之和。在他们口中，国家债务看起来是一个真正的问题，但后来你意识到自己并不知道 18 万亿这样的数字意味着什么。如果国债在所有公民中平均分配，每个男人、女人和孩子需要支付多少？是不是经济末日就要来了？

相关应用所在位置

读写数字的能力，称为算术能力，是作为个人、专业和公民有意义地发挥自身作用的先决条件。在本章中，我们的重点在于理解数及其性质以及应用。

- 超过 18 万亿美元的国债问题见 5.6 节中的例 9。

- 面对超过 18 万亿美元的国债问题，我们从掌握 1 万亿美元到底是多少开始入手。5.6 节检查点 6 后的布利策补充应该能够帮助你理解这个大得离谱的数。

5.1

数论：质数与合数

数论与整除性

你正在学校组织一个校内社团。你需要把 40 名男性和 24 名女性分成全男性和全女性的队，这样每个队的人数都一样。男子队的人数应与女子队相同。队伍中最多可以容纳多少人？

我们可以利用称为**数论**的数学分支来解决这个问题。数论主要关注用于计数的数的性质，即 1，2，3，4，5 等。计数的数的集合也称为**自然数**的集合。正如我们在第 2 章中看到的，我们用大写字母 **N** 表示这个集合。

> **自然数的集合**
> $$N = \{1,2,3,4,5,6,7,8,9,10,11,\cdots\}$$

我们可以解决上述校内社团的问题。然而，要解决这个问题，我们必须理解整除性的概念。例如，有许多不同的方法将 24 名女生分成小组，如下所示：

分成 1 个队伍，每队 24 名女生：　　$1 \times 24 = 24$

分成 2 个队伍，每队 12 名女生：　　$2 \times 12 = 24$

分成 3 个队伍，每队 8 名女生：　　$3 \times 8 = 24$

分成 4 个队伍，每队 6 名女生：　　$4 \times 6 = 24$

分成 6 个队伍，每队 4 名女生：　　$6 \times 4 = 24$

分成 8 个队伍，每队 3 名女生：　　$8 \times 3 = 24$

分成 12 个队伍，每队 2 名女生：　$12 \times 2 = 24$

分成 24 个队伍，每队 1 名女生：　$24 \times 1 = 24$

乘积为 24 的自然数是 24 的因数。任何自然数都可以表示成两个或更多自然数的乘积。相乘的自然数称为乘积的**因数**。注意，一个自然数可能有多个因数。

$$2 \times 12 = 24 \qquad 3 \times 8 = 24 \qquad 6 \times 4 = 24$$

24 的因数　　24 的因数　　24 的因数

数字 1，2，3，4，6，8，12 和 24 是 24 的所有因数。这些数字都可以整除 24，没有余数。

我们通常用 a 和 b 表示自然数。如果 a 除以 b 没有余数，那么 a 就可以被 b 整除。

一个自然数可以被它的所有因数整除。因此，24 可以被 1，2，3，4，6，8，12 和 24 整除。使用因数 8，我们可以用几种方式表示整除性：

24 可以被 8 **整除**。

8 是 24 的 **除数**。

8 整除 24。

数学家使用一种特殊的表示方法表示整除性。

整除性

如果 a 和 b 是自然数，且如果 a 除以 b 没有余数，那么 a 就可以被 b 整除。也可以说 b 是 a 的除数或 b 整除 a。这三种命题可以符号化，如下所示：

$$b \mid a$$

利用这个新型的表示方法，我们可以写出：

$$12 \mid 24$$

由于 24 除以 12 没有余数，所以 12 整除 24。相比之下，24 除以 13 有余数，所以 13 不能整除 24。记作：

$$13 \nmid 24$$

意味着 13 不能整除 24。

表 5.1 记录了一些整除性的一般法则。7 和 11 的整除法则难以记忆，因此没有收录进表格。

好问题！

$b \mid a$ 和 b/a 有什么区别？

这两个概念很容易混淆。符号 $b \mid a$ 表示 b 除 a。

符号 b/a 表示 b 除以 a（即 $b \div a$，b 和 a 的商）。例如，$5 \mid 35$ 意味着 5 除 35，而 $5/35$ 意味着 5 除以 35，等于分数 $\dfrac{1}{7}$。

1　判断整除性

表 5.1　整除法则

除以	法则	例子
2	最后一位是 0,2,4,6 或 8	5 892 796 的最后一位是 6，所以它可以被 2 整除
3	所有数位的和可以被 3 整除	52 341 的数位之和为 $5 + 2 + 3 + 4 + 1 = 15$，可以被 3 整除，所以它可以被 3 整除
4	最后两位可以被 4 整除	3 947 136 的最后两位 36 可以被 4 整除，所以它可以被 4 整除
5	最后一位是 0 或 5	28 160 和 72 805 的最后一位分别是 0 和 5，所以它们都可以被 5 整除

（续）

除以	法则	例子
6	可以被 2 和 3 整除（也就是说，所有数位的和可以被 3 整除的偶数）	954 的最后一位是 4，所以它可以被 2 整除。954 的数位之和是 18，可以被 3 整除，因此 954 也可以被 3 整除。因为 954 可以被 2 和 3 整除，所以它可以被 6 整除
8	最后三位数可以被 8 整除	593 777 832 的最后三位数是 832，可以被 8 整除，所以它可以被 8 整除
9	所有数位的和可以被 9 整除	5 346 的所有数位的和是 18，可以被 9 整除，所以它可以被 9 整除
10	最后一位是 0	998 746 250 的最后一位是 0，所以它可以被 10 整除
12	可以被 3 和 4 整除（也就是说，所有数位的和可以被 3 整除且最后两位可以被 4 整除）	614 608 176 的数位之和是 39，可以被 3 整除，所以它可以被 3 整除。614 608 176 的最后两位是 76，可以被 4 整除，所以它可以被 4 整除。因为 614 608 176 可以被 3 和 4 整除，所以它可以被 12 整除

例 1 利用整除性的法则

判断下列命题的真假。

a. $4 \mid 3\,754\,086$　　b. $9 \nmid 4\,119\,706\,413$　　c. $8 \mid 677\,840$

解答

a. $4 \mid 3\,754\,086$ 表示 4 可以整除 3 754 086。根据表 5.1，4 的整除法则是最后两位必须被 4 整除。由于 86 不能被 4 整除，因此该命题为假。

b. $9 \nmid 4\,119\,706\,413$ 表示 9 不可以整除 4 119 706 413。根据表 5.1，如果一个数的所有数位之和可以被 9 整除，那么它可以被 9 整除。它的数位之和是 4+1+1+9+7+0+6+4+1+3=36，可以被 9 整除。由于 4 119 706 413 可以被 9 整除，因此该命题为假。

c. $8 \mid 677\,840$ 表示 8 可以整除 677 840。根据表 5.1，如果一个数的最后三位数可以被 8 整除，那么它可以被 8 整除。由于 840 可以被 8 整除，因此 8 可以整除 677 840，该命题为真。

c 中的命题是唯一的真命题。

好问题！

质数可以是偶数吗？

2 这个数是唯一的偶质数。所有其他偶数都至少有三个因数：1、2 和它自身。

2 写出合数的质因数分解

☑ **检查点 1** 下列哪个命题为真？

    a. $8 | 48\,324$　　b. $6 | 48\,324$　　c. $4 \nmid 48\,324$

质因数分解

再学习一些数论的其他知识，我们就能解决校内社团的问题了。我们从质数的定义开始。

> **质数**
>
> 质数是比 1 大且因数只有 1 和它本身的自然数。

利用这个定义，我们可以看到 7 这个数是一个质数，因为它的因数只有 1 和 7。换句话说，因为 7 只能被 1 和 7 整除，所以它是质数。前 10 个质数是 2，3，5，7，11，13，17，19，23 和 29。这些数中的每个数都有两个因数——1 和它本身。相比之下，9 不是质数。除了能被 1 和 9 整除，它还能被 3 整除。9 是合数的一个例子。

> **合数**
>
> 合数是比 1 大且因数不只有 1 和它本身的自然数。

根据这个定义，前 10 个合数是 4，6，8，9，10，12，14，15，16 和 18。这个列表中的每个数至少有三个不同的因数。

根据上面的定义，质数和合数都必须是大于 1 的自然数，所以**自然数 1 既不是质数也不是合数**。

每一个合数都可以表达成质数的乘积。例如，合数 45 可以表达成：

$$45 = 3 \times 3 \times 5。$$

注意，3 和 5 是质数。将合数表达成质数的乘积称为**质因数分解**。45 的质因数分解是 $3 \times 3 \times 5$。质数相乘的顺序无关紧要，如下所示：

$$45 = 3 \times 3 \times 5$$

$$或\ 45 = 5 \times 3 \times 3$$

$$或\ 45 = 3 \times 5 \times 3$$

好问题！

在例 2 中，我需要从 7·100 开始画因数树吗？

不需要。你从哪里开始画因数树无关紧要。例如，在例 2 中，你可以从 5 和 140 开始画因数树（ 5×140 = 700 ）

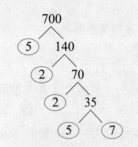

700 的质因数分解如下所示：

$$700 = 5 \times 2 \times 2 \times 5 \times 7$$
$$= 2^2 \times 5^2 \times 7$$

这个质因数分解与示例中得到的一样。

在第 1 章中，我们将**定理**定义为可以使用演绎推理证明的命题。古希腊人证明，如果因数的排列顺序忽略不计，那么任何给定合数只有一种可能的质因数分解。这个命题称为**算术基本定理**。

> **算术基本定理**
>
> 任何合数都可以表达成质数乘积的形式，这种表示形式有且仅有一种（如果因数的排列顺序忽略不计）。

例 2　使用因数树进行质因数分解

求出 700 的质因数分解。

解答

我们从乘积是 700，而且不是 1 的两个数开始，例如 7 和 100。这两个数构成了第一个树枝。我们继续求合数（ 100 ）的因数，求一个因数画一个树枝，一直画到每个树枝都连接一个质因数为止。

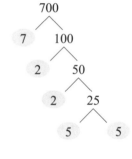

质因数是椭圆内的数。因此，700 的质因数分解如下所示：

$$700 = 7 \times 2 \times 2 \times 5 \times 5$$

我们可以用指数来替换重复的质因数，如下所示：

$$700 = 7 \times 2^2 \times 5^2$$

最后用点号表示乘法，然后按照从小到大的顺序排列质因数，我们就得到了：

$$700 = 2^2 \cdot 5^2 \cdot 7$$

☑ **检查点 2**　求出 120 的质因数分解。

3　求出两个数的最大公约数

最大公约数

两个或两个以上自然数的最大公约数是这些自然数的除数（或因数）的最大数。例如，8 是 32 和 40 的最大公约数，因为它是能同时整除 32 和 40 的最大自然数。有些数对的最大公约数是 1，这样的数对被称为**互质**。例如，5 和 26 的最大公约数是 1。因此，5 和 26 互质。

我们可以用质因数分解求最大公约数。

利用质因数分解求最大公约数

要想求出两个或两个以上自然数的最大公约数需要 3 步：

1. 写出每个自然数的质因数分解。
2. 选择每个质因数分解共有的指数最小的质因数。
3. 将步骤 2 中的选出的数相乘。这些质因数的乘积就是最大公约数。

布利策补充

没有答案的简单问题

在数论中，一个很好的问题的表述很简单，但它的解答却特别困难，如果确实可以解答出来的话。

1742 年，数学家克里斯蒂安·哥德巴赫（1690—1764）在给莱昂哈德·欧拉（1707—1783）的一封信中，没有任何根据地提出，每一个大于 2 的偶数都是两个质数的和。例如：

偶数	两个质数之和
4 = 2 + 2	
6 = 3 + 3	
8 = 3 + 5	

$$10 = 5 + 5$$
$$12 = 7 + 5$$
$$\vdots$$

两个半世纪过去了，仍然不清楚这个猜想是真还是假。归纳起来，这似乎是真的。计算机搜索已经写出了大到 400 万亿的偶数的两个质数之和。从演绎的角度来看，没有一个数学家能够证明这个猜想是正确的。2000 年，Farber and Farber 出版社为帮助宣传小说 *Uncle Petros and Goldbach's Conjecture* 而悬赏 100 万美元，但最终无人赢得大奖。

例 3 求出最大公约数

求出 216 和 234 的最大公约数。

解答

步骤 1 写出每个自然数的质因数分解。我们从写出 216 和 234 的质因数分解入手。

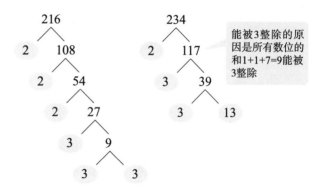

左侧的因数树表明，

$$216 = 2^3 \times 3^3$$

右侧的因数树表明，

$$234 = 2 \times 3^2 \times 13$$

步骤 2　选择每个质因数分解共有的指数最小的质因数。
观察步骤 1 中的 216 和 234 的质因数分解。你能发现 2 是 216
和 234 的质因数分解中共同出现的质数吗？类似地，3 也是两
个的质因数分解中共同出现的质数。相比之下，13 不是共同出
现的质数。

$$216 = 2^3 \times 3^3$$

$$234 = 2 \times 3^2 \times 13$$

> 2 是两种因数分
> 解共同的质数

> 3 是两种因数分
> 解共同的质数

现在我们需要使用质因数分解来确定哪个指数适合 2 哪个
指数适合 3。适当的指数是因数分解中与质数相关的较小的指
数。在分解过程中，与 2 相关的指数是 1 和 3，所以我们选择
1。因此，最大公约数的一个因数是 2^1，也就是 2。在分解过
程中，和 3 有关的指数是 2 和 3，所以我们选择 2。因此，最
大公约数的另一个因数是 3^2。

$$216 = 2^3 \times 3^3$$

> 2 上更小的指数是 1

> 3 上更小的指数是 2

$$234 = 2^1 \times 3^2 \times 13$$

步骤 3 **将步骤 2 中的选出的数相乘。这些质因数的乘积就是最大公约数。**

$$最大公约数 = 2 \times 3^2 = 18$$

216 和 234 的最大公约数是 18。

☑ **检查点 3** 求出 225 和 825 的最大公约数。

---

4 利用最大公约数解决问题

例 4 使用最大公约数解决问题

在一个校内社团中，你需要把 40 名男生和 24 名女生分为全是男生和全是女生的队伍，而且每个队伍的人数都一样。团队中最多可以容纳多少人？

解答

因为要把 40 名男生分成队，所以每个队的男生人数必须能整除 40。因为要把 24 名女生分成队，所以每个队的女生人数必须能整除 24。虽然所有的队伍都是男生和女生，但每个队伍的人数必须相同。一个团队中可以容纳的最大人数是能被分成 40 和 24 而没有余数的最大人数，也就是 40 和 24 的最大公约数。要想求出 40 和 24 的最大公约数，我们从质因数分解入手。

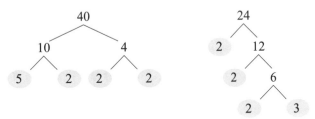

这两棵因数树表明，

$$40 = 2^3 \times 5 \qquad 24 = 2^3 \times 3$$

我们可以看出 2 是两个质因数分解共有的数。质因数分解中 2 的指数是 3，所以我们选择 3 作为 2 的指数。

$$最大公约数 = 2^3 = 2 \times 2 \times 2 = 8$$

每个队伍能容纳的最大人数是 8。因此，40 个男生可以组成 5 队，每队 8 人。24 个女生可以组成 3 队，每队 8 人。

☑ **检查点 4** 一名合唱队指挥需要将 192 名男性和 288 名女

性分成全是男性和全是女性的队伍，每个队伍的人数相同。每个合唱队里最多能容纳多少人？

---

5 求出两个数的最小公倍数

最小公倍数

两个或两个以上自然数的**最小公倍数**是能被所有自然数整除的最小自然数。求出最小公倍数的一种方法是列出所有能被每个数整除的数。这个列表表示每个数的**倍数**。例如，如果我们想要找出 15 和 20 的最小公倍数，我们可以列出 15 的倍数和 20 的倍数的集合。

$$\begin{cases} 可以被15整除的数： \\ 15的倍数： \end{cases} \{15, 30, 45, \mathbf{60}, 75, 90, 105, \mathbf{120}, \cdots\}$$

$$\begin{cases} 可以被20整除的数： \\ 20的倍数： \end{cases} \{20, 40, \mathbf{60}, 80, 100, \mathbf{120}, 140, 160, \cdots\}$$

15 和 20 的公倍数有 60 和 120。最小公倍数是 60。也就是说，60 是能同时被 15 和 20 整除的最小的数。

有时，列出每个数的倍数并不能清楚地显现两个给定数的最小公倍数。利用质因数分解是一种效率更高的方法。

> **利用质因数分解求最小公倍数**
> 要想求出两个或更多数的最小公倍数需要 3 步：
> 1. 写出每个数的质因数分解。
> 2. 选择每一个出现的质因数，选取指数最大的质因数。
> 3. 算出步骤 2 中选取的数的乘积。最小公倍数就是这些因数的乘积。

例5　求出最小公倍数

求出 144 和 300 的最小公倍数。

解答

步骤 1　写出每个数的质因数分解。写出 144 和 300 的质因数分解。

$$144 = 2^4 \times 3^2$$

$$300 = 2^2 \times 3 \times 5^2$$

步骤2　选择每一个出现的质因数，选取指数最大的质因数。出现的质因数有 2,3 和 5。2 的最大的指数是 4，所以我们选取 2^4。3 的最大的指数是 2，所以我们选取 3^2。5 只有 2 这个指数，所以我们选取 5^2。这样，我们选出来 2^4，3^2 和 5^2。

步骤3　算出步骤 2 中选取的数的乘积。最小公倍数就是这些因数的乘积。

$$最小公倍数 = 2^4 \times 3^2 \times 5^2 = 16 \times 9 \times 25 = 3\ 600$$

144 和 300 的最小公倍数是 3 600。能同时被 144 和 300 整除的最小自然数是 3 600。

☑ **检查点 5**　求出 18 和 30 的最小公倍数。

布利策补充

回文的质数

　　May a moody baby doom a yam？撇开这个问题的答案不谈，这句话有趣之处在于，从左到右和从右到左读起来都一样！这样的句子叫作回文。有些质数也是回文的。例如，质数 11 从左到右和从右到左读起来都一样，有一个更有趣的包含所有 10 位数字的回文质数例子如下所示：

1023456987896543201

　　在下面的回文质数金字塔中，每个数都是在前一个质数的开头和结尾加上两位数得到的。

2
30203
133020331
1713302033171
12171330203317121
151217133020331712151
1815121713302033171215181
16181512171330203317121518161

　　2003 年，退休电气工程师大卫·布罗赫斯特发现了一个巨大的回文质数。这个数字包含 30 803 位数字（没错，30 803 也是一个回文质数！）。

来源：Clifford A. Pickover, *A Passion for Mathematics*, John Wiley and Sons, Inc., 2005.

6　利用最小公倍数解决问题

例6　使用最小公倍数解决问题

　　电影院连续放映电影。一部电影放映 80 分钟，第二部电影放映 120 分钟。两部电影都在下午 4 点开始。在什么时候两部电影同时重新开始?

解答

较短的电影为 80 分钟，即 1 小时 20 分钟。下午 4 点开始，所以 5 点 20 分再放一遍。较长的电影时长 120 分钟，即 2 小时。下午 4 点开始，所以会在 6 点再放一遍。我们要找出电影什么时候同时重新开始。因此，我们要寻找 80 和 120 的最小公倍数。找出最小公倍数，然后把这段时间加到下午 4 点上。

我们从写出 80 和 120 的质因数分解开始:

$$80 = 2^4 \times 5$$

$$120 = 2^3 \times 3 \times 5$$

然后选出指数最大的每一个质因数。

$$最小公倍数 = 2^4 \times 3 \times 5 = 16 \times 3 \times 5 = 240$$

因此，240 分钟后两部电影才会再次同时开始播放。下午 4 点加上 240 分钟，也就是 4 个小时，得出两部电影会在晚上 8 点再次同时开始播放。

☑ **检查点 6**　电影院连续放映纪录片。第一部纪录片放映 40 分钟，第二部纪录片放映 60 分钟。两部纪录片都在下午 3 点开始。两部纪录片在什么时候会同时重新开始?

好问题!

我能不能通过列出倍数的方法解决例 6?

可以。具体步骤如下所示:

较短电影（1 小时 20 分钟）:

　4:00, 5:20, 6:40, 8:00,…

较长电影（2 小时）:

　4:00, 6:00, 8:00,…

通过列表可知，两部电影会在晚上 8 点再次同时开始播放。

5.2

整数及其运算

你能骗过死亡吗? 美国男性的平均寿命是 77.1 岁，女性的平均寿命是 81.9。但如果你想多点几根生日蜡烛，需要怎么做? 在本节中，我们将对一组称为整数的数字进行运算，以指出在你的控制范围内可以延长寿命预期的因素。首先是使用牙线。（参本节的例 5。）

整数的定义

在 5.1 节中，我们将一些数论的概念应用到自然数或可数的数的集合上:

$$自然数 = \{1,2,3,4,5,\cdots\}$$

我们将数 0 添加到自然数集之中，就得到了**非负整数**集:

学习目标

学完本节之后，你应该能够:

1. 定义整数。
2. 在数轴上画出整数。
3. 使用符号"＜"和"＞"。
4. 求出整数的绝对值。
5. 进行整数的运算。
6. 掌握整数的运算顺序。

1　定义整数

$$非负整数 = \{0,1,2,3,4,5,\cdots\}$$

我们不能使用非负整数描述某些日常情况。例如，如果你的支票账户余额是 30 美元，而你开了一张 35 美元的支票，那么你的支票账户就透支了 5 美元。我们可以把它写成 –5，读作负五。由自然数、0 和自然数的负数组成的集合称为**整数**集。

$$整数 = \{\cdots,\underbrace{-4,-3,-2,-1}_{负整数},0,\underbrace{1,2,3,4}_{正整数},\cdots\}$$

注意，正整数集就是自然数集。正整数有两种表示方法：

1. 使用"+"号。例如，+4 是"正四"。
2. 什么符号都不加。例如，4 就是"正四"。

数轴；符号"＜"和"＞"

2 在数轴上画出整数

数轴是我们用来可视化整数集以及其他集合的图像。数轴如图 5.1 所示。

数轴在两个方向上无限延伸，用右箭头表示正方向。在数轴上，0 把正数和负数分开。正整数位于 0 的右边，负整数位于 0 的左边。0 既不是正的也不是负的。对于数轴上的每一个正整数，在 0 的对侧均有一个对应的负整数。

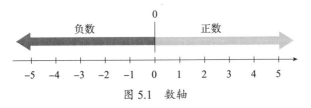

图 5.1　数轴

通过在每个数字的正确位置上画一个点，整数可以被画在数轴上。

例 1　　在数轴上画出整数

在数轴上画出：a. –3　　b. 4　　c. 0

解答

在数轴的每一个正确的位置上画上点。

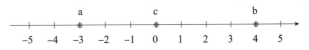

☑ **检查点 1**　　在数轴上画出：a. –4　　b. 0　　c. 3

---

3 使用符号"＜"和"＞"

我们将要使用下列符号来比较两个整数的大小：

"＜"意味着"小于"。

"＞"意味着"大于"。

在数轴上，整数按照从左到右的顺序递增。两个整数中更小的一个是在数轴上更靠近左边的数。两个整数中更大的一个是在数轴上更靠近右边的数。

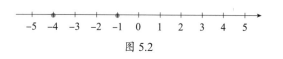

图 5.2

请看图 5.2 中的数轴，画出了 –1 和 –4。

我们可以看出，在数轴上，–4 在 –1 的左边。也就是说，–4 要比 –1 小。

$$-4<-1$$

> –4 比 –1 小，因为在数轴上 –4 在 –1 左边

我们还可以看出，在图 5.2 中，–1 在 –4 的右边。也就是说，–1 要比 –4 大。

$$-1>-4$$

> –1 比 –4 大，因为在数轴上 –1 在 –4 右边

符号"＜"和"＞"被称为**不等号**。当不等式为真时，这两个符号的尖头总是指向两个整数中较小的那个。

| –4 比 –1 小 | $-4<-1$ | 符号指向更小的数字 –4 |
| –1 比 –4 大 | $-1>-4$ | 符号仍指向更小的数字 –4 |

例2 使用符号"＜"和"＞"

在整数之间的阴影部分插入符号"＜"或"＞"，使得不等式成立。

a. –4 ▨ 3　　b. –1 ▨ –5　　c. –5 ▨ –2　　d. 0 ▨ –3

解答

如图 5.3 中的数轴所示：

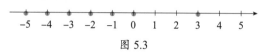

图 5.3

a. $-4<3$（负四小于三），这是因为 –4 位于 3 的左边。

b. $-1>-5$（负一大于负五），这是因为 –1 位于 –5 的右边。

c. $-5<-2$（负五小于负二），这是因为 –5 位于 –2 的左边。

d. $0>-3$（零大于负三），这是因为 0 位于 –3 的右边。

好问题！

除了使用数轴，还有其他方法可以记住 –1 要比 –5 大吗？

有的。你可以将负数看作你欠的钱。当然钱欠得越少越好，所以

$$-1>-5$$

☑ **检查点 2**　在整数之间的阴影部分插入符号"＜"或"＞"，使得不等式成立。

a. 6 ■ −7　　　b. −8 ■ −1　　　c. −25 ■ −2　　　d. −14 ■ 0

符号"＜"和"＞"还可以和等号结合起来，如下表所示：

如果"＜"部分或"＝"部分为真，则该不等式为真

如果"＞"部分或"＝"部分为真，则该不等式为真

符号	含义	例子	解释
$a \leqslant b$	a 小于或等于 b	$2 \leqslant 9$ $9 \leqslant 9$	因为 2<9 因为 9 = 9
$b \geqslant a$	b 大于或等于 a	$9 \geqslant 2$ $2 \geqslant 2$	因为 9>2 因为 2 = 2

4　求出整数的绝对值

绝对值

绝对值描述数轴上的数和 0 之间的距离。如果 a 是一个整数，符号 $|a|$ 表示它的绝对值，读作"a 的绝对值"。例如，

$$|-5| = 5$$

由于 −5 距离 0 五个单位，所以 −5 的绝对值等于 5。

> **绝对值**
>
> 整数 a 的绝对值记作 $|a|$，表示数轴上 a 到 0 之间的距离。由于绝对值描述的是距离，所以它永远不是负的。

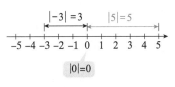

图 5.4　绝对值描述数轴上的数和 0 之间的距离

例 3　求出绝对值

求出下列绝对值：

a. $|-3|$　　　b. $|5|$　　　c. $|0|$

解答

如图 5.4 所示。

a. $|-3| = 3$　　　−3 的绝对值是 3，因为 −3 距离 0 三个单位

b. $|5| = 5$　　　5 距离 0 五个单位

c. $|0| = 0$　　　0 距离其本身 0 个单位

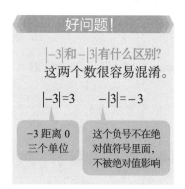

好问题！

|–3|和 –|3|有什么区别?
这两个数很容易混淆。

|–3|=3   –|3|=–3

–3 距离 0
三个单位

这个负号不在绝对值符号里面，不被绝对值影响

5 进行整数的运算

例 3 表明，正整数或 0 的绝对值是它本身。负整数的绝对值是去掉负号之后的数，如 –3 的绝对值是 3。0 是唯一一个绝对值是 0 的实数：$|0| = 0$。**任何除 0 之外的整数的绝对值均是正的。**

☑ **检查点 3**　求出下列绝对值：

    a. |–8|　b. |6|　c. –|8|

整数加法

今天真不走运！首先，你丢了一只装有 50 美元的钱包。然后，你借了 10 美元来撑过这一天，但是又弄丢了。你损失了 50 美元又损失了 10 美元，可以记作 $–50+(–10)$。

将两个或更多的数加起来的结果称为数的**和**。–50 和 –10 的和是 –60。

你可以将求和看作赚到或损失金钱。例如，要想求出 $17+(–13)$，你可以看作赚了 17 美元之后损失了 13 美元。加起来赚了 4 美元。因此，$17+(–13)=4$。同样地，$–17+13$ 可以看作损失了 17 美元之后赚了 13 美元，一共损失了 4 美元。因此，$–17+13=–4$。

利用得与失的概念，我们可以总结出下列整数加法的法则。

整数加法的法则

法则	例子
如果两个整数的符号相同 1. 它们的绝对值相加 2. 得到的和的符号与这两个整数的符号相同	$–11+(–15)=–26$　使用相同的符号　绝对值相加：$11+15=26$
如果两个整数的符号不同 1. 较大的绝对值减去较小的绝对值 2. 得到的和的符号与绝对值较大的整数的符号相同	$–13 + 4 = –9$　使用与绝对值较大的数相同的符号　绝对值相减：$13–4=9$ $13 + (–6) = 7$　使用与绝对值较大的数相同的符号　绝对值相减：$13–6=7$

好问题!

除了金钱的得与失,还有其他整数加法的类比吗?

有的。我们可以将整数加法看作温度计 0 刻度上下的温度。将温度计画成一个竖直的数轴。例如,

$$-11+(-15) = -26$$

如果温度是零下 11 度,温度下降 15 度,那么温度将降至零下 26 度

$$-13+4 = -9$$

如果温度是零下 13 度,温度上升 4 度,那么新的温度将是零下 9 度

$$13+(-6) = 7$$

如果温度是零上 13 度,温度下降 6 度,那么新的温度将是零上 7 度

利用得与失金钱或温度计的类比,我们可以更加容易地理解并使用整数加法的法则。

技术

计算器与整数加法

你可以用计算器来进行整数加法。下面是求出 $-11+(-15)$ 的计算器按键。

科学计算器:

11 $\boxed{+/-}$ $\boxed{+}$ 15 $\boxed{+/-}$ $\boxed{=}$

图形计算器:

$\boxed{(-)}$ 11 $\boxed{+}$ $\boxed{(-)}$ 15 $\boxed{\text{ENTER}}$

下面是求出 $-13+4$ 的计算器按键:

科学计算器:

13 $\boxed{+/-}$ $\boxed{+}$ 4 $\boxed{=}$

图形计算器:

$\boxed{(-)}$ 13 $\boxed{+}$ 4 $\boxed{\text{ENTER}}$

你可以猜出来,计算器计算诸如 $18+(-18)$ 的结果吗?如果你得到 18 再失去 18,那就既没有得到也没有损失。因此, $18+(-18) = 0$。

我们将 18 与 -18 称为**相反数**。相反数的绝对值相同,但是分别位于数轴上 0 的两侧。因此,-7 是 7 的相反数,5 是 -5 的相反数。总之,任何整数与它的相反数的和总是 0:

$$a+(-a) = 0$$

整数减法

假设有一台电脑平时卖 1 500 美元,现在降价 600 美元。降价后的价格,即 900 美元,有如下两种表达方式:

$$1\ 500-600 = 900 \text{ 或 } 1\ 500+(-600) = 900。$$

也就是说,$1\ 500-600 = 1\ 500+(-600)$。

要想从 1 500 中减去 600,我们可以将 1 500 加上 600 的相反数。我们可以从中归纳出整数减法的定义,如下所示:

减法的定义

对于任意整数 a 和 b,有

$$a-b = a+(-b)。$$

要想从 a 中减去 b,可以将 a 加上 b 的相反数。减法运算的结果称为**差**。

技术

计算器与整数减法

你可以用计算器来进行整数减法。求 17−(−11) 需要按下如下按键。

科学计算器：

$17 \boxed{-} 11 \boxed{+/-} \boxed{=}$

图形计算器：

$17 \boxed{-} \boxed{(-)} 11 \boxed{\text{ENTER}}$

求 −18−(−5) 需要按下如下按键。

科学计算器：

$18 \boxed{+/-} \boxed{-} 5 \boxed{+/-} \boxed{=}$

图形计算器：

$\boxed{(-)} 18 \boxed{-} \boxed{(-)} 5 \boxed{\text{ENTER}}$

不要混淆了图形计算器上的减号键$\boxed{-}$与相反数键$\boxed{(-)}$。如果你弄混淆了，结果会发生什么样的变化？

例 4　整数减法

计算下列整数减法：

a. $17-(-11)$　　b. $-18-(-5)$　　c. $-18-5$

解答

a. $17-(-11)=17+11=28$

　　减号改成加号　　　−11 替换成它的相反数

b. $-18-(-5)=-18+5=-13$

　　减号改成加号　　　−5 替换成它的相反数

c. $-18-5=-18+(-5)=-23$

　　减号改成加号　　　5 替换成它的相反数

☑ **检查点 4**　计算下列整数减法：

a. $30-(-7)$　　b. $-14-(-10)$　　c. $-14-10$

当差这个词出现时，我们用减法来解决问题。整数 a 与 b 之间的差记作 $a-b$。

好问题！

有没有可以用来理解减去负数这一概念的实际方法？

有的。你可以把它想成是免除债务。我们将这个类比应用到 17−(−11) 上。在银行错误地扣除了 11 美元之后，你的账户上还有 17 美元。你向银行反映这个错误之后，他们免除了这一款项，你的账户又回到了 28 美元：

$$17-(-11)=28 。$$

例 5　减法的应用

美国男性的平均预期寿命是 77.1 年，女性是 81.9 年。图 5.5 中的数轴指出了 8 个整数，表示我们可以控制的、影响预期寿命的因素。

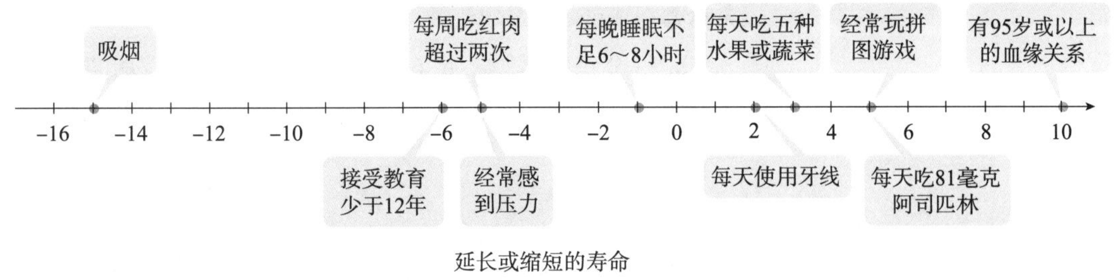

延长或缩短的寿命

图 5.5　延长或缩短寿命

来源：*Newsweek*

a. 一个经常玩拼图游戏的人和一个每周吃两次以上红肉的人在寿命上的差是多少？

b. 一个受教育少于 12 年的人与一个吸烟的人在寿命上的差是多少？

解答

a. 我们先来计算一个经常玩拼图游戏的人和一个每周吃两次以上红肉的人在寿命上的差是多少。根据图 5.5，我们可以得出上述因素对预期寿命的影响。

差　为　　经常玩拼图游戏的人的寿命变化　减去　每周吃红肉超过两次的人的寿命变化

$$= \quad 5 \quad - \quad (-5)$$
$$= \quad 5 \quad + \quad 5 \quad = \quad 10$$

二者在寿命上的差是 10 年。

b. 现在我们来计算一个接受教育少于 12 年的人与一个吸烟的人在寿命上的差是多少。

差　为　　接受教育少于 12 年的人的寿命变化　减去　吸烟的人的寿命变化

$$= \quad -6 \quad - \quad (-15)$$
$$= \quad -6 \quad + \quad 15 \quad = \quad 9$$

二者在寿命上的差是 9 年。

☑ **检查点 5**　利用图 5.5 中的数轴回答下列问题：

a. 一个每天吃五种水果或蔬菜的人与一个经常感到压力的

人在寿命上的差是多少？

b. 一个每晚睡眠不足 6～8 小时的人与一个吸烟的人在寿命上的差是多少？

整数乘法

两个或更多整数相乘的结果称为这些数的**积**。你可以将乘法看作从 0 开始的重复的加法或减法。例如：

$$3(-4) = 0 + (-4) + (-4) + (-4) = -12$$

> 乘数的符号不同，积为负数

以及

$$-3(-4) = 0-(-4)-(-4)-(-4) = 0+4+4+4=12$$

> 乘数的符号相同，积为正数

通过观察上面两个计算，我们可以得出下列整数乘法的法则。

整数乘法的法则

法则	例子
1. 两个符号不同的整数相乘，先求绝对值的乘积，积是负数	$7(-5) = -35$
2. 两个符号相同的整数相乘，求出绝对值的乘积，积是正数	$(-6)(-11) = 66$
3. 0 与任何整数的乘积均是 0：$a \cdot 0=0$ 且 $0 \cdot a=0$	$-17(0)=0$
4. 在没有 0 的情况下，负整数的数量为奇数，先求绝对值的乘积，积是负数	$-2(-3)(-5) = -30$ 三个负整数
5. 在没有 0 的情况下，负整数的数量为偶数，先求出绝对值的乘积，积是正数	$-2(3)(-5) = 30$ 两个负整数

指数表示法

由于指数的含义就是重复的乘法，我们可以用整数乘法的法则计算指数表达式。

例6 计算指数表达式

计算：

a. $(-6)^2$ b. -6^2 c. $(-5)^3$ d. $(-2)^4$

解答

a. $(-6)^2 = (-6)(-6) = 36$

> 底是 -6　　相同的符号，乘积为正

b. $-6^2 = -(6 \cdot 6) = -36$

> 底是 -6。负号不在括号里面，负数不进行二次方

c. $(-5)^3 = (-5)(-5)(-5) = -125$

> 奇数个负乘数，乘积为负

d. $(-2)^4 = (-2)(-2)(-2)(-2) = 16$

> 偶数个负乘数，乘积为正

☑ **检查点 6**　计算

a. $(-5)^2$　　b. -5^2　　c. $(-4)^3$　　d. $(-3)^4$

布利策补充

整数、迷信与指数

在 13 号周五，即使你相信自己不迷信，你过马路的时候会不会格外小心？数字命理学研究的就是各个文化中某些特定的整数具有更大的意义，会带来幸运或者厄运。

整数	内涵	文化	来源	例子
4	负面	中国	中文中 4 的发音与"死"相近	中国的很多建筑都没有标 4 层、14 层
7	正面	美国	在骰子游戏中，这个质数是两个骰子最常掷出来的数	在 2007 年 7 月 7 日，有很多情侣结婚
8	正面	中国	这个数被视为发财的迹象	北京奥运会于 2008 年 8 月 8 日晚上 8 点开幕
13	负面	很多	有很多原因，包括《最后的晚餐》上的人数	有很多建筑没有标 13 层
18	正面	犹太	希伯来字母 chai，意为活着，是字母表中第 8 和第 10 个字母，加起来是 18	节日庆典的礼金通常是 18 的倍数
666	负面	基督教	《新约》的《启示录》将 666 确定为"野兽的数字"，有人说它指的是魔鬼撒旦	2008 年，路易斯安那州的里夫斯市取消了 666 这个电话号码前缀

来源：*Time*

尽管本书作者并不是一名数字命理主义者，但他还是被 666 的指数表示深深吸引：

$$666 = 6 + 6 + 6 + 6^3 + 6^3 + 6^3$$

$$666 = 1^3 + 2^3 + 3^3 + 4^3 + 5^3 + 6^3 + 5^3 + 4^3 + 3^3 + 2^3 + 1^3$$

$$666 = 2^2 + 3^2 + 5^2 + 7^2 + 11^2 + 13^2 + 17^2 \quad \text{前七个质数的平方和}$$

$$666 = 1^6 - 2^6 + 3^6$$

甚至在罗马数字中，666 也很有意思：

$$666 = \text{DCLXVI} \quad \text{包含全部罗马数字，从 D(500) 到 I(1) 降序排列}$$

整数除法

a 除以非零整数 b 的结果称为**商**。我们可以将商记作 $a \div b$ 或 $\dfrac{a}{b}$。

乘法与除法之间存在一定的关系。例如，

$$-\frac{12}{4} = -3 \text{，意味着 } 4(-3) = -12 \text{。}$$

$$\frac{-12}{-4} = 3 \text{，意味着 } -4(3) = -12 \text{。}$$

由于乘法与除法之间存在一定的关系，我们可以从乘法的法则推出除法的法则。

整数除法的法则

法则	例子
1. 两个符号不同的整数相除，先求绝对值的商，商是负数	$\dfrac{80}{-4} = -20$ $\dfrac{-15}{5} = -3$
2. 两个符号相同的整数相除，求出绝对值的商，商是正数	$\dfrac{27}{9} = 3$ $\dfrac{-45}{-3} = 15$
3. 0 除以任何非零整数均是 0	$\dfrac{0}{-5} = 0$，这是因为 $-5(0) = 0$
4. 任何数除以 0 没有意义	$\dfrac{-8}{0}$ 没有意义，这是因为任何数都不能通过乘以 0 得到 -8

6　掌握整数的运算顺序

运算顺序

假设你想要求出 $3 + 7 \cdot 5$ 的值。下面哪个计算方法是正确的?

$$3 + 7 \cdot 5 = 3 + 35 = 38 \text{ 或 } 3 + 7 \cdot 5 = 10 \cdot 5 = 50$$

如果你知道答案,那么你可能已经知道了某些称为**运算顺序**的法则,这些法则确保运算只会出现一个正确的结果。其中一个运算顺序法则表明,如果一个运算没有括号,那就在加法之前进行乘法运算。因此,由于左边的运算先计算了 $7 \cdot 5$,所以它是正确的。乘法之后再进行加法,正确答案是 38。

下面是运算顺序的法则:

> **运算顺序**
>
> 1. 在分组符号内进行所有的运算。
> 2. 求出所有指数表达式的值。
> 3. 按照从左往右的顺序,进行所有乘除运算。
> 4. 最后,按照从左往右的顺序,进行所有加减运算。

在运算顺序的第三步中,一定要按照从左往右的顺序进行乘除运算。例如,

$$8 \div 4 \cdot 2 = 2 \cdot 2 = 4 \quad \text{(先进行除法运算,因为它在左边)}$$

$$8 \cdot 4 \div 2 = 32 \div 2 = 16 \text{(先进行乘法运算,因为它在左边)}$$

例 7　使用运算顺序

化简: $6^2 - 24 \div 2^2 \cdot 3 + 1$

解答

没有出现分组符号。因此,我们先进行指数运算。然后进行乘除运算,最后进行加减运算。

$$6^2 - 24 \div 2^2 \cdot 3 + 1$$

$$= 36 - 24 \div 4 \cdot 3 + 1 \quad \text{(先进行指数运算,$6^2 = 36$ 且 $2^2 = 4$)}$$

$$= 36 - 6 \cdot 3 + 1 \quad \text{(从左到右进行乘除运算,从 $24 \div 4 = 6$ 开始)}$$

$$= 36 - 18 + 1 \quad \text{(现在进行乘法运算,$6 \cdot 3 = 18$)}$$

$$= 18 + 1 \quad \text{(从左到右进行加减运算,减法:$36 - 18 = 18$)}$$

$$= 19 \quad \text{(加法:$18 + 1 = 19$)}$$

☑ **检查点 7**　化简：$7^2 - 48 \div 4^2 \cdot 5 + 2$

例 8　使用运算顺序

化简：$(-6)^2 - (5-7)^2(-3)$

解答

由于出现了分组符号，我们先进行括号内的运算。

$(-6)^2 - (5-7)^2(-3)$

$=(-6)^2 - (-2)^2(-3)$　　　（先进行括号内的运算，$5-7=-2$）

$=36 - 4(-3)$　　　　　　（指数运算：$(-6)^2 = 36$，$(-2)^2 = 4$）

$=36 - (-12)$　　　　　　（乘法：$4(-3) = -12$）

$=48$　　　　　　　　　　（减法：$36-(-12) = 48$）

☑ **检查点 8**　化简：$(-8)^2 - (10-13)^2(-2)$

5.3

学习目标

学完本节之后，你应该能够：

1. 定义有理数。
2. 化简有理数。
3. 转换带分数和假分数。
4. 将有理数转换成小数。
5. 将小数转换成 $\frac{a}{b}$ 的形式。
6. 进行有理数的乘法与除法运算。
7. 进行有理数的加法与减法运算。
8. 使用有理数的运算顺序法则。
9. 应用有理数的稠密性。
10. 解决涉及有理数的问题。

有理数

假设你正在为一个大型的街区聚会做 96 块巧克力饼干。食谱列出了制作 60 块饼干所需的原料，比如 $\frac{3}{4}$ 杯的糖。你应该如何调整食谱中给出的糖的量，以及其他配料的量？

调整食谱以适应不同数量通常涉及使用非整数的数字。例如，描述糖的量的数字 $\frac{3}{4}$ 杯尽管是两个整数 3 和 4 的商，但它不是一个整数。在回到改变食谱大小的问题之前，我们先研究一组由整数的商组成的新数集。

定义有理数

如果将两个整数相加、相减或相乘，得到的结果永远是另一个整数。然而，两个整数相除的结果可不一定。例如，10

1 定义有理数

除以 5 得到整数 2。但是 5 除以 10 得到 $\frac{1}{2}$，这不是一个整数。

为了赋予 $\frac{5}{10}$ 这样的除法意义，我们扩大了整数集的范围，将这一新数称为有理数。**有理数**集包括了所有能表示成两个整数的商的数，其中分母不为 0。

好问题!

有理数 $\frac{-3}{4}$ 和 $-\frac{3}{4}$ 是不是一回事?

我们知道符号不同的两个数的商是一个负数。因此，

$$\frac{-3}{4} = -\frac{3}{4} \text{ 且 } \frac{3}{-4} = -\frac{3}{4}$$

有理数

有理数集是所有能够表示成 $\frac{a}{b}$ 形式的数的集合，其中 a 和 b 是整数且 b 不等于 0。整数 a 称为**分子**，整数 b 称为**分母**。

下列各个数是有理数的例子：

$$\frac{1}{2}, \ \frac{-3}{4}, \ 5, \ 0$$

由于整数 5 可以转换成整数的商 $\frac{5}{1}$ 的形式，所以它是一个有理数。同样，0 可以转换成 $\frac{0}{1}$。

一般来说，所有的整数 a 都可以转换成 $\frac{a}{1}$ 的形式，所以所有的整数都是有理数。

2 化简有理数

化简有理数

一个有理数可以**化简**，化成最简形式之后的分子与分母没有比 1 更大的公约数。我们可以使用**有理数的基本原则**进行有理数的化简。

有理数的基本原则

如果 $\frac{a}{b}$ 是一个有理数且 c 是一个不为 0 的任意数，则有：

$$\frac{a \cdot c}{b \cdot c} = \frac{a}{b}$$

有理数 $\frac{a}{b}$ 和 $\frac{a \cdot c}{b \cdot c}$ 称为**等值分数**。

当使用有理数的基本原则化简一个有理数的时候，可以求出分子与分母的最大公约数，令其为 c，来完成化简。因此，**化简有理数可以通过分子与分母同时除以二者的最大公约数来完成。**

例如，化简有理数 $\dfrac{12}{100}$。12 和 100 的最大公约数是 4。我们可以化简这个有理数，如下所示：

$$\frac{12}{100}=\frac{3\cdot\cancel{4}}{25\cdot\cancel{4}}=\frac{3}{25}\ \text{或}\ \frac{12}{100}=\frac{12\div4}{100\div4}=\frac{3}{25}\,\text{。}$$

例 1　化简有理数

将 $\dfrac{130}{455}$ 化成最简形式。

解答

我们求出 130 和 455 的最大公约数。

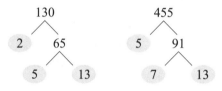

因此，$130=2\cdot5\cdot13$ 且 $455=5\cdot7\cdot13$。二者的最大公约数是 $5\cdot13$，即 65。我们将给定有理数的分子和分母同时除以 $5\cdot13$ 或 65。

$$\frac{130}{455}=\frac{2\cdot\cancel{5}\cdot\cancel{13}}{\cancel{5}\cdot7\cdot\cancel{13}}=\frac{2}{7}\ \text{或}\ \frac{130}{455}=\frac{130\div65}{455\div65}=\frac{2}{7}\,\text{。}$$

2 和 7 没有比 1 更大的公约数。因此 $\dfrac{2}{7}$ 就是化到最简形式了。

☑ **检查点 1**　将 $\dfrac{72}{90}$ 化成最简形式。

3　转换带分数和假分数

带分数与假分数

带分数由一个整数与一个有理数的和组成，不使用加号。下面有一个带分数的例子：

$$3\frac{4}{5}$$

整数部分是 3，有理数部分是 $\frac{4}{5}$，

$3\frac{4}{5}$ 意味着 $3 + \frac{4}{5}$

好问题！

带分数 $3\frac{4}{5}$ 应该怎么读?

它读作 "三又五分之四。"

假分数是分子比分母大的有理数。假分数的一个例子是 $\frac{19}{5}$。

我们可以经过下列步骤，将带分数 $3\frac{4}{5}$ 转换成假分数 $\frac{19}{5}$。

将正的带分数转换成假分数

1. 将整数部分与有理数的分母相乘，然后将得出的积加上分子。
2. 将步骤 1 中得到的和当作分子放在带分数分母之上。

例 2 将带分数转换成假分数

将 $3\frac{4}{5}$ 转换成假分数。

解答

$$3\frac{4}{5} = \frac{3 \cdot 5 + 4}{5}$$

整数与分母相乘再加上分子

分母不变

$$= \frac{15 + 4}{5} = \frac{19}{5}$$

好问题！

$-2\frac{3}{4}$ 是不是意味着我需要将 $\frac{3}{4}$ 与 -2 相加?

不是的。$-2\frac{3}{4}$ 的含义是:

$-\left(2\frac{3}{4}\right)$ 或 $-\left(2 + \frac{3}{4}\right)$。

$-2\frac{3}{4}$ 不意味着 $-2 + \frac{3}{4}$。

☑ **检查点 2** 将 $2\frac{5}{8}$ 转换成假分数。

将负的带分数转换成假分数时，需要复制负号，然后进行上述转换步骤。例如，

$$-2\frac{3}{4} = -\frac{4 \cdot 2 + 3}{4} = -\frac{8 + 3}{4} = -\frac{11}{4}$$

一步步复制负号，并将 $2\frac{3}{4}$ 转换成假分数

我们可以经过下列步骤，将正的假分数转换成带分数。

将正的假分数转换成带分数

1. 将分子除以分母，记下得到的商与余数。
2. 将带分数写成下列形式：

$$\text{商} \underline{\dfrac{\text{余数}}{\text{原来的分母}}}$$

整数部分 有理数部分

好问题！

我应该在什么时候使用带分数，什么时候使用假分数？

在应用问题中，答案通常用带分数表示。许多人认为带分数比假分数更有意义。然而，当对分数进行运算时，假分数通常更容易处理。

例3　将假分数转换成带分数

将 $\dfrac{42}{5}$ 转换成带分数。

解答

步骤 1　**将分子除以分母。**

$$5\overline{)42} \quad \text{商}$$
$$\dfrac{40}{2} \quad \text{余数}$$

步骤 2　**将带分数写成 $\text{商}\dfrac{\text{余数}}{\text{原来的分母}}$ 的形式：**

$$\dfrac{42}{5} = 8\dfrac{2}{5}$$

余数

原来的分母

商

☑ **检查点 3**　将 $\dfrac{5}{3}$ 转换成带分数。

当将负的假分数转换成带分数时，需要复制负号，然后进行上述转换步骤。例如，

$$-\dfrac{29}{8} = -3\dfrac{5}{8}$$

复制负号

将 $\dfrac{29}{8}$ 转换为带分数

$$8\overline{)29} \quad \text{商}$$
$$\dfrac{24}{5} \leftarrow \text{余数}$$

4　将有理数转换成小数

有理数与小数

我们已经学过有理数是整数的商。有理数同样可以转换成小数。如左侧页边的表格所示，我们可以很容易地将分母为 10、100、1 000 等的有理数转换为小数。例如，

$$\frac{7}{10} = 0.7 \ , \quad \frac{3}{100} = 0.03 \ , \quad \frac{8}{1\,000} = 0.008$$

任何有理数 $\dfrac{a}{b}$ 都可以通过分子 a 除以分母 b 的形式转换成小数。

十位	个位	十分位	百分位	千分位	万分位	十万分位
10	1	$\frac{1}{10}$	$\frac{1}{100}$	$\frac{1}{1\,000}$	$\frac{1}{10\,000}$	$\frac{1}{100\,000}$

小数点

例 4　**将有理数转换成小数**

将下列有理数转换成小数：

a. $\dfrac{5}{8}$　　　　b. $\dfrac{7}{11}$

解答

在每一小题中，进行分子除以分母的运算。

a.
$$\frac{5}{8} = 0.625$$

```
       0.625
   8 ) 5.000
       4 8
        20
        16
        40
        40
         0
```

b.
$$\frac{7}{11} = 0.636\,3\cdots$$

```
        0.636 3···
   11 ) 7.000 0···
        6 6
         40
         33
         70
         66
         40
         33
         70
          ⋮
```

在例 4 中，$\dfrac{5}{8}$ 的小数形式，即 0.625 是有限的，称为**有限小数**。其他有限小数的例子包括：

$$\frac{1}{4} = 0.25 \ , \quad \frac{2}{5} = 0.4, \quad \frac{7}{8} = 0.875$$

相比之下，$\dfrac{7}{11}$ 的小数形式是 0.636 3⋯，数位 63 无限循环。为了表明它是无限循环的，我们在循环的数位上方标点。

因此，$\dfrac{7}{11} = 0.\dot{6}\dot{3}$。

$\dfrac{7}{11}$ 的小数形式 $0.\dot{6}\dot{3}$ 称为**循环小数**。其他循环小数的例子包括：

$$\frac{1}{3} = 0.333\cdots = 0.\dot{3} \text{ 以及 } \frac{2}{3} = 0.666\cdots = 0.\dot{6}\text{。}$$

有理数与小数

任何有理数都可以转换成小数形式。转换得到的小数要么是有限的，要么是无限循环某个或某些数位的。

☑ **检查点 4** 将下列有理数转换成小数：

a. $\dfrac{3}{8}$ b. $\dfrac{5}{11}$

5 将小数转换成 $\dfrac{a}{b}$ 的形式

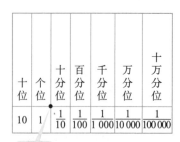

小数点

将小数转换成两个整数的商

有限小数可以转换成分母是 10、100、1 000 或 10 000 等的有理数。使用左侧页边的小数位值表。小数点右边的数是有理数的分子部分。求出分母需要观察小数点右边的最后一位，该数位的位值与分母的大小有关。

例 5 将有限小数转换成 $\dfrac{a}{b}$ 的形式

将下列有限小数转换成两个整数的商：

a. 0.7   b. 0.49   c. 0.048

解答

a. $0.7 = \dfrac{7}{10}$，这是因为 7 位于十分位。

b. $0.49 = \dfrac{49}{100}$，这是因为小数点右边最后一位 9 位于百分位。

c. $0.048 = \dfrac{48}{1\,000}$，这是因为小数点右边最后一位 8 位于千

分位。将得出的有理数进行化简：$\dfrac{48}{1\,000} = \dfrac{48 \div 8}{1\,000 \div 8} = \dfrac{6}{125}$。

☑ **检查点 5**　将下列有限小数转换成两个整数的商，并进行化简：

　　a. 0.9　b. 0.86　c. 0.053

简单复习

解一步方程

● 解一个方程涉及确定所有代入方程后能得到真命题的值。这些值就是方程的解。

例如 $x - 4 = 10$ 的解是 14，这是因为 $14 - 4 = 10$ 是一个真命题。

● 下面有两个解方程的基本规则：

1. 我们可以同时在方程两边加上或减去相同的量。

2. 我们可以同时在方程两边乘以或除以相同的量，只要这个量不是 0 即可。

一步方程的解法例子

方程	解法	解方程	方程的解
$x - 4 = 10$	两边同时加上 4	$x - 4 + 4 = 10 + 4$ $x = 14$	14
$y + 12 = 17$	两边同时减去 12	$y + 12 - 12 = 17 - 12$ $y = 5$	5
$99n = 53$	两边同时除以 99	$\dfrac{99n}{99} = \dfrac{53}{99}$ $n = \dfrac{53}{99}$	$\dfrac{53}{99}$
$\dfrac{z}{5} = 9$	两边同时乘以 5	$5 \cdot \dfrac{z}{5} = 5 \cdot 9$ $z = 45$	45

　　为什么我们要简单回顾可以一步求解的方程？如果题目给你一个无限循环的小数，有一种将这个小数转换成两个整数的商的方法需要解一步方程。我们从结合示例讲解方法开始，然后总结这个方法的步骤，并应用到其他示例上去。

例6 将循环小数转换成 $\dfrac{a}{b}$ 的形式

将 $0.\dot{6}$ 转换成整数的商。

解答

步骤 1 令 n 等于这个循环小数。令 $n = 0.\dot{6}$，因此 $n = 0.666\ 66\cdots$。

步骤 2 如果循环的位数是一位，将步骤 1 中得到的等式两边同时乘以 10。

$n = 0.666\ 66\cdots$	这是步骤 1 中的等式
$10n = 10(0.666\ 66\cdots)$	将两边同时乘以 10
$10n = 6.666\ 66\cdots$	通过将小数点向右移一位乘以 10

步骤 3 将步骤 2 中得到的等式减去步骤 1 中的等式。确保在进行减法之前小数点对齐。

根据代数可知 n 表示 $1n$，因此，$10n - 1n = 9n$

$$10n = 6.666\ 66\cdots \quad \text{由步骤 2 可得}$$
$$-n = 0.666\ 66\cdots \quad \text{由步骤 1 可得}$$
$$9n = 6$$

步骤 4 步骤 3 中得到的等式两边同时除以 n 前面的数，求出 n 的值。我们通过在 $9n = 6$ 两边同时除以 9 求出 n 的值。

$9n = 6$	这是步骤 3 中的等式
$\dfrac{9n}{9} = \dfrac{6}{9}$	两边同时除以 9
$n = \dfrac{6}{9} = \dfrac{2}{3}$	把 $\dfrac{6}{9}$ 化成最简：$\dfrac{6}{9} = \dfrac{2 \cdot \cancel{3}}{3 \cdot \cancel{3}} = \dfrac{2}{3}$

我们从 $n = 0.\dot{6}$ 开始，最后得到了 $n = \dfrac{2}{3}$。因此，

$$0.\dot{6} = \dfrac{2}{3}$$

将循环小数转换成整数的商的步骤如下所示。我们假定循环的某个或某些数位就在小数点的右边。

将循环小数转换成整数的商

步骤 1 令 n 等于这个循环小数。

步骤 2 如果循环的位数是一位，等式两边同时乘以 10，是两位就乘以 100，三位就乘以 1 000，依此类推。

步骤 3　步骤 2 中得到的等式减去步骤 1 中的等式。

步骤 4　步骤 3 中得到的等式两边同时除以 n 前面的数，求出 n 的值。

☑ **检查点 6**　将 $0.\dot{2}$ 转换成整数的商。

例 7　将循环小数转换成 $\dfrac{a}{b}$ 的形式

将 $0.\dot{5}\dot{3}$ 转换成整数的商。

步骤 1　令 n 等于这个循环小数。令 $n = 0.\dot{5}\dot{3}$，因此 $n = 0.535\,353\cdots$ 。

步骤 2　如果循环的位数是两位，等式两边同时乘以 100。

$$n = 0.535\,353\cdots \qquad \text{这是步骤 1 中的等式}$$

$$100n = 100(0.535\,353\cdots) \qquad \text{将两边同时乘以 100}$$

$$100n = 53.535\,353\cdots \qquad \text{通过将小数点向右移两位乘以 100}$$

步骤 3　步骤 2 中得到的等式减去步骤 1 中的等式。

$$
\begin{array}{rl}
100n & = 53.535\,353\cdots \qquad \text{由步骤 2 可得} \\
-\quad n & = \ \ 0.535\,353\cdots \qquad \text{由步骤 1 可得} \\
\hline
99n & = \ \ 53
\end{array}
$$

步骤 4　步骤 3 中得到的等式两边同时除以 n 前面的数，求出 n 的值。我们通过在 $99n = 53$ 两边同时除以 99 求出 n 的值。

$$99n = 53 \qquad \text{这是步骤 3 的等式}$$

$$\frac{99n}{99} = \frac{53}{99} \qquad \text{两边同时除以 99}$$

$$n = \frac{53}{99}$$

由于 $n = 0.\dot{5}\dot{3}$ 且 $n = \dfrac{53}{99}$，所以

$$0.\dot{5}\dot{3} = \frac{53}{99}$$

☑ **检查点 7**　将 $0.\dot{7}\dot{9}$ 转换成整数的商。

6 进行有理数的乘法与除法运算

好问题！

我可以在乘法之前化简相乘的两个有理数吗？

可以。你可以在进行乘法运算之前化简相乘的有理数。然后将化简之后的分子和分母分别相乘。例如，

$$\frac{7}{15} \cdot \frac{20}{21} = \frac{\overset{1}{\cancel{7}}}{\underset{3}{\cancel{15}}} \cdot \frac{\overset{4}{\cancel{20}}}{\underset{3}{\cancel{21}}} = \frac{1}{3} \cdot \frac{4}{3}$$

$$= \frac{4}{9}$$

有理数的乘法与除法

两个有理数的乘积的求法如下所示：

有理数相乘

两个有理数的乘积等于其分子的乘积除以其分母的乘积。

如果 $\frac{a}{b}$ 和 $\frac{c}{d}$ 是有理数，那么有 $\frac{a}{b} \cdot \frac{c}{d} = \frac{a \cdot c}{b \cdot d}$。

例8 有理数相乘

将下列有理数相乘。如果得出来的积可以化简，化简成最简形式。

a. $\frac{3}{8} \cdot \frac{5}{11}$ b. $\left(-\frac{2}{3}\right) \cdot \left(-\frac{9}{4}\right)$ c. $\left(3\frac{2}{3}\right) \cdot \left(1\frac{1}{4}\right)$

解答

a. $\frac{3}{8} \cdot \frac{5}{11} = \frac{3 \cdot 5}{8 \cdot 11} = \frac{15}{88}$

b. $\left(-\frac{2}{3}\right) \cdot \left(-\frac{9}{4}\right) = \frac{(-2) \cdot (-9)}{3 \cdot 4} = \frac{18}{12} = \frac{3 \cdot 6}{2 \cdot 6} = \frac{3}{2}$ 或 $1\frac{1}{2}$

c. $\left(3\frac{2}{3}\right) \cdot \left(1\frac{1}{4}\right) = \frac{11}{3} \cdot \frac{5}{4} = \frac{11 \cdot 5}{3 \cdot 4} = \frac{55}{12}$ 或 $4\frac{7}{12}$

☑ **检查点 8** 将下列有理数相乘。如果得出来的积可以化简，化简成最简形式：

a. $\frac{4}{11} \cdot \frac{2}{3}$ b. $\left(-\frac{3}{7}\right) \cdot \left(-\frac{14}{4}\right)$ c. $\left(3\frac{2}{5}\right) \cdot \left(1\frac{1}{2}\right)$

两个乘积为1的有理数互称为**倒数**，或**乘法逆元**。因此，2是 $\frac{1}{2}$ 的倒数，$\frac{1}{2}$ 是2的倒数，原因在于 $2 \cdot \frac{1}{2} = 1$。总之，如果 $\frac{d}{c}$ 是一个非零的有理数，则它的倒数是 $\frac{c}{d}$，这是因为 $\frac{d}{c} \cdot \frac{c}{d} = 1$。

求两个有理数的商使用倒数。

有理数相除

两个有理数的商是第一个有理数与第二个有理数的倒数的乘积。

如果 $\dfrac{a}{b}$ 和 $\dfrac{c}{d}$ 是有理数且 $\dfrac{c}{d}$ 不为 0，那么有 $\dfrac{a}{b} \div \dfrac{c}{d} = \dfrac{a}{b} \cdot \dfrac{d}{c} = \dfrac{a \cdot d}{b \cdot c}$。

例 9　有理数相除

将下列有理数相除。如果得出来的商可以化简，化简成最简形式。

a. $\dfrac{4}{5} \div \dfrac{1}{10}$　　b. $-\dfrac{3}{5} \div \dfrac{7}{11}$　　c. $4\dfrac{3}{4} \div 1\dfrac{1}{2}$

解答

a. $\dfrac{4}{5} \div \dfrac{1}{10} = \dfrac{4}{5} \cdot \dfrac{10}{1} = \dfrac{4 \cdot 10}{5 \cdot 1} = \dfrac{40}{5} = 8$

b. $-\dfrac{3}{5} \div \dfrac{7}{11} = -\dfrac{3}{5} \cdot \dfrac{11}{7} = -\dfrac{3 \cdot 11}{5 \cdot 7} = \dfrac{-3(11)}{5 \cdot 7} = -\dfrac{33}{35}$

c. $4\dfrac{3}{4} \div 1\dfrac{1}{2} = \dfrac{19}{4} \div \dfrac{3}{2} = \dfrac{19}{4} \cdot \dfrac{2}{3} = \dfrac{19 \cdot 2}{4 \cdot 3} = \dfrac{38}{12} = \dfrac{19 \cdot 2}{6 \cdot 2} = \dfrac{19}{6}$ 或 $3\dfrac{1}{6}$

☑ **检查点 9**　将下列有理数相除。如果得出来的商可以化简，化简成最简形式。

a. $\dfrac{9}{11} \div \dfrac{5}{4}$　　b. $-\dfrac{8}{15} \div \dfrac{2}{5}$　　c. $3\dfrac{3}{8} \div 2\dfrac{1}{4}$

7　进行有理数的加法与减法运算

有理数的加法与减法

分母相同的有理数的加法与减法遵循下列法则：

分母相同的有理数的加法与减法

分母相同的两个有理数的和或差分别是其分子的和或差除以公分母。

如果 $\dfrac{a}{b}$ 和 $\dfrac{c}{b}$ 是有理数，那么有 $\dfrac{a}{b} + \dfrac{c}{b} = \dfrac{a+c}{b}$ 和 $\dfrac{a}{b} - \dfrac{c}{b} = \dfrac{a-c}{b}$。

例 10　分母相同的有理数的加法与减法

进行下列运算：

a. $\dfrac{3}{7}+\dfrac{2}{7}$　b. $\dfrac{11}{12}-\dfrac{5}{12}$　c. $-5\dfrac{1}{4}-\left(-2\dfrac{3}{4}\right)$

解答

a. $\dfrac{3}{7}+\dfrac{2}{7}=\dfrac{3+2}{7}=\dfrac{5}{7}$

b. $\dfrac{11}{12}-\dfrac{5}{12}=\dfrac{11-5}{12}=\dfrac{6}{12}=\dfrac{1\cdot6}{2\cdot6}=\dfrac{1}{2}$

c. $-5\dfrac{1}{4}-\left(-2\dfrac{3}{4}\right)=-\dfrac{21}{4}-\left(-\dfrac{11}{4}\right)=-\dfrac{21}{4}+\dfrac{11}{4}$

$$=\dfrac{-21+11}{4}=\dfrac{-10}{4}=-\dfrac{5}{2}\text{或}-2\dfrac{1}{2}$$

☑ **检查点 10**　进行下列运算：

a. $\dfrac{5}{12}+\dfrac{3}{12}$　b. $\dfrac{7}{4}-\dfrac{1}{4}$　c. $-3\dfrac{3}{8}-\left(-1\dfrac{1}{8}\right)$

如果相加或相减的有理数的分母不相同，我们需要使用两个分母的最小公倍数来重写有理数。分母的最小公倍数称为**最小公分母**。

我们使用有理数的基本原则来重写有着最小公分母的有理数，该原则已在本节开头讨论过了。回忆一下，如果 $\dfrac{a}{b}$ 是一个有理数，c 是一个非零的数，有

$$\dfrac{a}{b}=\dfrac{a}{b}\cdot\dfrac{c}{c}=\dfrac{a\cdot c}{b\cdot c}$$

一个有理数的分子和分母乘以同一个非零数（相当于乘以 1），得到一个等值分数。

例 11　分母不相同的有理数相加

求出 $\dfrac{3}{4}+\dfrac{1}{6}$ 的和。

解答

能同时被 4 和 6 整除的最小的数是 12。因此，12 是 4 和 6 的最小公倍数，并将作为最小公分母。要得到分母 12，需要将第一个有理数 $\frac{3}{4}$ 的分母和分子同时乘以 3。要得到分母 12，需要将第二个有理数 $\frac{1}{6}$ 的分母和分子同时乘以 2。

$$\frac{3}{4}+\frac{1}{6}=\frac{3}{4}\cdot\frac{3}{3}+\frac{1}{6}\cdot\frac{2}{2} \qquad \text{将每个有理数重写为分母为 12 的等值分数;}$$

乘以 1 大小不变，$\frac{3}{3}=1,\ \frac{2}{2}=1$

$$=\frac{9}{12}+\frac{2}{12} \qquad \text{乘法}$$

$$=\frac{11}{12} \qquad \text{分子相加}$$

☑ **检查点 11** 求出 $\frac{1}{5}+\frac{3}{4}$ 的和。

如果我们不能通过观察发现最小公分母，那么使用分母的质因数分解，然后使用 5.1 节中讨论过的方法求出最小公倍数。

例 12 分母不相同的有理数相减

进行下列运算：$\frac{1}{15}-\frac{7}{24}$。

解答

我们需要首先求出最小公分母，即 15 和 24 的最小公倍数。能够同时被 15 和 24 整除的最小的数是多少？这个答案并不明显，因此我们从质因数分解开始入手。

$$15=5\cdot3$$

$$24=8\cdot3=2^3\cdot3$$

不同的因数有 5、3 和 2。利用两个质因数分解中出现次数较多的因数，我们可以求出最小公倍数是 $5\cdot3\cdot2^3=5\cdot3\cdot8=120$。现在，我们可以将两个有理数的分母转换成 120，即最小公分

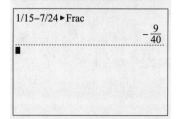

技术

下面是利用图形计算器计算示例 12 的减法问题的按键顺序：

1 ÷ 15 − 7 ÷ 24

▶ Frac ENTER

1/15−7/24▶Frac

$-\dfrac{9}{40}$

■

计算器算出来的结果是 $-\dfrac{9}{40}$，验证了我们在例 12 中得到的答案。

母。对于第一个有理数 $\dfrac{1}{15}$，120 除以 15 等于 8。因此，我们将第一个有理数的分子和分母同时乘以 8。对于第二个有理数 $\dfrac{7}{24}$，120 除以 24 等于 5。因此，我们将第二个有理数的分子和分母同时乘以 5。

$$\frac{1}{15} - \frac{7}{24} = \frac{1}{15} \cdot \frac{8}{8} - \frac{7}{24} \cdot \frac{5}{5}$$ 将每个有理数重写为分母为 120 的等值分数

$$= \frac{8}{120} - \frac{35}{120}$$ 乘法

$$= \frac{8 - 35}{120}$$ 分子相减，将差放在最小公分母上方

$$= \frac{-27}{120}$$ 减法运算

$$= \frac{-9 \cdot 3}{40 \cdot 3}$$ 化简

$$= -\frac{9}{40}$$

☑ **检查点 12** 进行下列运算：$\dfrac{3}{10} - \dfrac{7}{12}$。

---

8 使用有理数的运算顺序法则

有理数的运算顺序

在上一节中，我们介绍了决定运算顺序的法则：分组符号中的运算；指数表达式；乘法 / 除法（从左到右）；加法 / 减法（从左到右）。在下一个例子中，我们将运算顺序应用到有理数表达式之上。

例 13 使用运算顺序

化简：$\left(\dfrac{1}{2}\right)^3 - \left(\dfrac{1}{2} - \dfrac{3}{4}\right)^2 (-4)$

解答

由于分组符号括号出现了，我们首先进行括号内的运算。

$$\left(\frac{1}{2}\right)^3 - \left(\frac{1}{2} - \frac{3}{4}\right)^2 (-4)$$

$$= \left(\frac{1}{2}\right)^3 - \left(-\frac{1}{4}\right)^2 (-4) \qquad \text{首先在括号内运算}$$
$$\frac{1}{2} - \frac{3}{4} = \frac{2}{4} - \frac{3}{4} = \frac{2}{4} + \left(-\frac{3}{4}\right) = -\frac{1}{4}$$

$$= \frac{1}{8} - \frac{1}{16}(-4) \qquad \text{求指数表达式的值}$$
$$\left(\frac{1}{2}\right)^3 = \frac{1}{2} \cdot \frac{1}{2} \cdot \frac{1}{2} = \frac{1}{8}, \left(-\frac{1}{4}\right)^2 = \left(-\frac{1}{4}\right)\left(-\frac{1}{4}\right) = \frac{1}{16}$$

$$= \frac{1}{8} - \left(-\frac{1}{4}\right) \qquad \text{乘法：} \frac{1}{16} \cdot \left(\frac{-4}{1}\right) = -\frac{4}{16} = -\frac{1}{4}$$

$$= \frac{3}{8} \qquad \text{减法：} \frac{1}{8} - \left(-\frac{1}{4}\right) = \frac{1}{8} + \frac{1}{4} = \frac{1}{8} + \frac{2}{8} = \frac{3}{8}$$

☑ **检查点 13** 化简：$\left(-\frac{1}{2}\right)^2 - \left(\frac{7}{10} - \frac{8}{15}\right)^2 (-18)$

9 应用有理数的稠密性

有理数的稠密

在任意两个不同的有理数之间总是可以找到其他有理数。数学家通过说有理数的集合是稠密的来表达这个想法。

> **有理数的稠密**
>
> 如果 r 和 t 表示有理数，且 $r < t$，那么 r 和 t 之间存在一个有理数 s：
>
> $$r < s < t$$

找到两个给定有理数之间的有理数的一种方法是找到它们中间的有理数。将给定的有理数相加，并将它们的和除以 2，从而得到这些数的平均值。

例 14 说明稠密性

求出 $\frac{1}{2}$ 和 $\frac{3}{4}$ 中间的有理数。

解答

首先，将 $\frac{1}{2}$ 和 $\frac{3}{4}$ 相加，

$$\frac{1}{2} + \frac{3}{4} = \frac{2}{4} + \frac{3}{4} = \frac{5}{4}$$

然后将得到的和除以 2，

$$\frac{5}{4} \div \frac{2}{1} = \frac{5}{4} \cdot \frac{1}{2} = \frac{5}{8}$$

$\frac{5}{8}$ 就是 $\frac{1}{2}$ 和 $\frac{3}{4}$ 中间的有理数。因此，

$$\frac{1}{2} < \frac{5}{8} < \frac{3}{4}$$

我们可以重复例 14 中的步骤，求出 $\frac{1}{2}$ 和 $\frac{5}{8}$ 中间的有理数。

在重复上述步骤之后，我们得到了一个惊人的结果：

两个任意有理数之间有**无数**个有理数。

☑ **检查点 14**　求出 $\frac{1}{3}$ 和 $\frac{1}{2}$ 中间的有理数。

10　解决涉及有理数的问题

有理数的问题解决

一个有理数的常见应用涉及准备食谱给出的不同分量的配料。每个配料的量可以通过下列公式求出：

$$需要的配料的量 = \frac{需要的份数}{食谱中的份数} \times 食谱中的配料量$$

例 15　调整食谱的量

制作 5 打巧克力饼干需要 $\frac{3}{4}$ 杯糖。如果你想制作 8 打巧克力饼干，需要多少糖？

解答

$$需要的糖的量 = \frac{需要的份数}{食谱中的份数} \times 食谱中糖的量$$

$$= \frac{8打}{5打} \times \frac{3}{4}杯$$

需要的糖的量（以杯为单位）由下列有理数乘法确定：

$$\frac{8}{5} \times \frac{3}{4} = \frac{8 \cdot 3}{5 \cdot 4} = \frac{24}{20} = \frac{6 \cdot 4}{5 \cdot 4} = 1\frac{1}{5}$$

因此，你需要 $1\frac{1}{5}$ 杯糖。

☑ **检查点 15** 制作 5 打巧克力饼干需要两个鸡蛋。如果你想要制作 7 打巧克力饼干，需要多少个鸡蛋？将你的答案四舍五入到现实中的鸡蛋个数（不包括小数部分）。

布利策补充

《数字追凶》(*NUMB3RS*)：利用数学解决犯罪问题

《数字追凶》是黄金档的犯罪电视剧。剧中的主角查理·埃普斯是一位才华横溢的数学家，他运用自己强大的数学技能帮助联邦调查局查明并抓获罪犯。这部电视剧很有趣，而且它的基本前提说明了数学是如何成为对抗犯罪的强大武器的。《数字追凶》具有重大的意义，因为它是第一部围绕数学展开的电视剧。有一组数学家顾问确保在剧本中出现的方程是真实的，并且与剧集相关。数学的内容包括这本书的许多主题，从质数、概率论到基本几何。

《数字追凶》的开头就是有关数学重要性的演讲：

"我们到处都在使用数学。表示时间，预测天气，理财……数学不仅仅是公式和方程。数学不仅仅是数字。它是逻辑，它是理性，它是用你的头脑来解决我们已知的最大谜团。"

5.4

无理数

学习目标

学完本节之后，你应该能够：

1. 定义无理数。
2. 化简平方根。
3. 进行平方根的运算。
4. 分母有理化。

对于公元前 6 世纪的希腊数学家毕达哥拉斯的追随者来说，数字具有攸关性命的重要性。"毕达哥拉斯学派"是一个秘密组织，它的成员坚信整数的性质是理解宇宙的关键。该学派（也承认女性成员）的成员认为，所有不是整数的数都能够用整数之比来表示。当毕达哥拉斯学派发现非有理数存在时，一场危机发生了。由于毕达哥拉斯学派尊敬且敬畏数，说出无理数就是死刑。然而，该学派的成员揭露了这个无理数的秘密。当他之后丧生于一场海难时，人们认为他的死是诸神的惩罚。

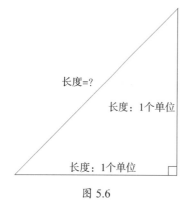

图 5.6

图 5.6 中的三角形引导毕达哥拉斯学派发现一个无法用整数之间的商来表示的数。根据他们对三角形三条边之间的关系的理解，他们知道斜边的长度的平方是 2。毕达哥拉斯学派发现这个数似乎很接近有理数 $\frac{14}{10}, \frac{141}{100}, \frac{1\,414}{1\,000}, \frac{14\,142}{10\,000}$ 等。

然而，当他们发现不存在平方为 2 的整数的商时非常震惊。

平方为 2 的正数记作 $\sqrt{2}$，读作 "2 的平方根" 或 "根号 2"。符号 $\sqrt{}$ 称作**根号**。根号里面的数，在本例中是 2，称为**被开方数**。整个 $\sqrt{2}$ 符号称为**根式**。

运用演绎推理法，数学家已经证明了 $\sqrt{2}$ 不能用整数的商来表示。这就意味着没有有限或循环小数乘以自身能得到 $\sqrt{2}$。不过，我们可以给出 $\sqrt{2}$ 的小数近似值。我们使用 ≈ 符号，表示 "约等于"。因此，

$$\sqrt{2} \approx 1.414\,214$$

我们可以通过将 1.414 214 乘以自身来证明上式，但只能是约等于的。乘积并不是 2。

$$1.414\,214 \times 1.414\,214 = 2.000\,001\,237\,796$$

和 $\sqrt{2}$ 类似的数，小数表示既不有限也不循环，是**无理数**的例子。

1 定义无理数

> **无理数**
>
> 无理数集是用小数表示时既不有限也不循环的数。

或许最为人所知的无理数是 π。这个无理数表示一个圆的周长除以其直径的商。在《星际迷航》的 "羊群中的狼" 中，斯波克让邪恶的计算机计算 "π 的最后一位"。由于 π 是一个无理数，因此它的小数表示没有最后一位：

π=3.141 592 653 589 793 238 462 643 383 279 5···

无理数 π 的性质吸引了数学家长达数世纪。业余和专业数学家都接受了计算 π 的更多位数的挑战。尽管他们的挑战可能看起来毫无意义，但是这项计算被当作新型高速计算机的终

极压力测试，而且也是检验一个由来已久但尚未得到证明的假说，即 π 的位数分布完全是随机的。

你可以用计算器来计算无理数的小数近似表示。例如，近似计算 $\sqrt{2}$ 需要按如下按键：

科学计算器

2 $\boxed{\sqrt{}}$ 或 2 $\boxed{\begin{array}{c}\text{2ND}\\\text{INV}\end{array}}$ $\boxed{x^2}$

图形计算器

$\boxed{\sqrt{}}$ 2 $\boxed{\text{ENTER}}$ 或 $\boxed{\begin{array}{c}\text{2ND}\\\text{INV}\end{array}}$ $\boxed{x^2}$ 2 $\boxed{\text{ENTER}}$

一些图形计算器在显示 $\sqrt{}$ 之后会出现一个开括号。在本例中，可以在 2 后面输入一个闭括号 $\boxed{)}$

屏幕会显示 1.414 213 562 37，你的计算器可能显示更多或更少位数。你可以在数轴上的哪两个数之间标上 $\sqrt{2}$ 的位置？

联合国大厦是由三个黄金矩形设计出来的。

平方根

位于纽约的联合国大厦的设计理念是凸显它促进世界和平的任务。从正面看，联合国大厦就像是三个矩形堆在一起一样。在每一个矩形中，宽度比高度都是 $\sqrt{5}+1$ 比 2，近似 1.618 比 1。古希腊人相信这种称为**黄金矩形**的矩形是所有矩形中最好看的。这个比近似为 1.618 比 1 的原因在于 $\sqrt{5}$ 是一个无理数。

一个非负数 n 的**主平方根**写作 $\sqrt{n}$，是自身相乘的乘积是 n 的非负数。因此，

因为 $6 \cdot 6 = 36$，所以 $\sqrt{36} = 6$

因为 $9 \cdot 9 = 81$，所以 $\sqrt{81} = 9$

注意，$\sqrt{36}$ 和 $\sqrt{81}$ 都是有理数，因为 6 和 9 是有限小数。因此，**不是所有的平方根都是无理数**。

36 和 81 这样的数称为完全平方数。一个**完全平方数**是一个整数的平方。前几个完全平方数如下所示：

$$0 = 0^2 \quad 16 = 4^2 \quad 64 = 8^2 \quad 144 = 12^2$$

$$1 = 1^2 \quad 25 = 5^2 \quad 81 = 9^2 \quad 169 = 13^2$$

$$4=2^2 \quad 36=6^2 \quad 100=10^2 \quad 196=14^2$$
$$9=3^2 \quad 49=7^2 \quad 121=11^2 \quad 225=15^2$$

完全平方根的主平方根是一个整数。例如，$\sqrt{0}=0, \sqrt{1}=1,$ $\sqrt{4}=2, \sqrt{16}=4, \sqrt{25}=5, \sqrt{36}=6$ 等。

2 化简平方根

化简平方根

通过比较 $\sqrt{25 \cdot 4}$ 和 $\sqrt{25} \cdot \sqrt{4}$，归纳化简平方根的方法。注意到，

$$\sqrt{25 \cdot 4}=\sqrt{100}=10 \text{ 和 } \sqrt{25} \cdot \sqrt{4}=5 \cdot 2=10$$

由于两种情况下我们都得到 10，原始的平方根运算应该是相等的。也就是，

$$\sqrt{25 \cdot 4}=\sqrt{25} \cdot \sqrt{4}$$

这个结果是**平方根乘积法则**的典型例子，该法则的归纳如下所示：

> **平方根乘积法则**
>
> 如果 a 和 b 分别表示非负数，那么
>
> $$\sqrt{a \cdot b}=\sqrt{a} \cdot \sqrt{b} \text{ 且 } \sqrt{a} \cdot \sqrt{b}=\sqrt{a \cdot b}。$$
>
> 一个乘积的平方根是平方根的乘积。

例 1 显示了乘积法则是如何移除平方根中任何作为因数出现的完全平方数的。

好问题！

一个和的平方根是不是平方根的和？

不是。平方根的运算没有下列加法或减法法则：

$$\sqrt{a+b} \neq \sqrt{a}+\sqrt{b}$$
$$\sqrt{a-b} \neq \sqrt{a}-\sqrt{b}$$

例如，如果 $a=9$ 且 $b=16$，

$$\sqrt{9+16}=\sqrt{25}=5$$

而 $\sqrt{9}+\sqrt{16}=3+4=7$。因此，

$$\sqrt{9+16} \neq \sqrt{9}+\sqrt{16}$$

例 1 化简平方根

如果可以的话，化简下列平方根：

a. $\sqrt{75}$ b. $\sqrt{500}$ c. $\sqrt{17}$

解答

a. $\sqrt{75}=\sqrt{25 \cdot 3}$ 25 是 75 的因数中最大的完全平方数

     $=\sqrt{25} \cdot \sqrt{3}$ $\sqrt{ab}=\sqrt{a} \cdot \sqrt{b}$

     $=5\sqrt{3}$ 将 $\sqrt{25}$ 写成 5

b. $\sqrt{500}=\sqrt{100\cdot 5}$ 　　　100 是 500 的因数中最大的完全平方数

$\qquad =\sqrt{100}\cdot \sqrt{5}$ 　　　$\sqrt{ab}=\sqrt{a}\cdot \sqrt{b}$

$\qquad =10\sqrt{5}$ 　　　　将 $\sqrt{100}$ 写成 10

c. 因为 17 中没有除 1 之外的完全平方数的因数，$\sqrt{17}$ 不能被化简。

☑ **检查点 1**　如果可以的话，化简下列平方根：

a. $\sqrt{12}$ 　　　b. $\sqrt{60}$ 　　　c. $\sqrt{55}$

3　进行平方根的运算

平方根的乘法

如果 a 和 b 是非负数，那么我们可以运用乘积法则：$\sqrt{a}\cdot \sqrt{b}=\sqrt{a\cdot b}$ 将平方根相乘。平方根的乘积是乘积的平方根。平方根相乘之后记得尝试化简平方根。

例 2　平方根的乘法

将下列平方根相乘：

a. $\sqrt{2}\cdot \sqrt{5}$ 　　　b. $\sqrt{7}\cdot \sqrt{7}$ 　　　c. $\sqrt{6}\cdot \sqrt{12}$

解答

a. $\sqrt{2}\cdot \sqrt{5}=\sqrt{2\cdot 5}=\sqrt{10}$

b. $\sqrt{7}\cdot \sqrt{7}=\sqrt{7\cdot 7}=\sqrt{49}=7$ 　　　无理数相乘可能得到有理数

c. $\sqrt{6}\cdot \sqrt{12}=\sqrt{6\cdot 12}=\sqrt{72}=\sqrt{36\cdot 2}=6\sqrt{2}$

☑ **检查点 2**　将下列平方根相乘：

a. $\sqrt{3}\cdot \sqrt{10}$ 　　　b. $\sqrt{10}\cdot \sqrt{10}$ 　　　c. $\sqrt{6}\cdot \sqrt{2}$

平方根的除法

另一个平方根的性质与除法有关。

平方根的除法法则

如果 a 和 b 分别表示非负数，且 $b\neq 0$，那么

$$\frac{\sqrt{a}}{\sqrt{b}}=\sqrt{\frac{a}{b}} \text{ 且 } \sqrt{\frac{a}{b}}=\frac{\sqrt{a}}{\sqrt{b}}。$$

两个平方根的商是这个商的平方根。.

平方根相除之后记得尝试化简平方根。

例3 平方根的除法

将下列平方根相除：

a. $\dfrac{\sqrt{75}}{\sqrt{3}}$ b. $\dfrac{\sqrt{90}}{\sqrt{2}}$

解答

a. $\dfrac{\sqrt{75}}{\sqrt{3}}=\sqrt{\dfrac{75}{3}}=\sqrt{25}=5$

b. $\dfrac{\sqrt{90}}{\sqrt{2}}=\sqrt{\dfrac{90}{2}}=\sqrt{45}=\sqrt{9 \cdot 5}=\sqrt{9} \cdot \sqrt{5}=3\sqrt{5}$

☑ **检查点 3** 将下列平方根相除：

a. $\dfrac{\sqrt{80}}{\sqrt{5}}$ b. $\dfrac{\sqrt{48}}{\sqrt{6}}$

平方根的加法与减法

乘以一个平方根的数叫作该平方根的**系数**。例如，在 $3\sqrt{5}$ 中，3 就是平方根的系数。

被开方数相同的平方根可以进行加法与减法运算，加上或减去平方根的系数：

$$a\sqrt{c}+b\sqrt{c}=(a+b)\sqrt{c} \qquad\qquad a\sqrt{c}-b\sqrt{c}=(a-b)\sqrt{c}$$

系数和乘公共平方根 系数差乘公共平方根

例4 平方根的加法与减法

将下列平方根相加或相减：

a. $7\sqrt{2}+5\sqrt{2}$ b. $2\sqrt{5}-6\sqrt{5}$ c. $3\sqrt{7}+9\sqrt{7}-\sqrt{7}$

解答

a. $7\sqrt{2}+5\sqrt{2}=(7+5)\sqrt{2}=12\sqrt{2}$

b. $2\sqrt{5}-6\sqrt{5}=(2-6)\sqrt{5}=-4\sqrt{5}$

c. $3\sqrt{7}+9\sqrt{7}-\sqrt{7}=3\sqrt{7}+9\sqrt{7}-1\sqrt{7}$　　将 $\sqrt{7}$ 写成 $1\sqrt{7}$

$\qquad\qquad\qquad\qquad=(3+9-1)\sqrt{7}$

$\qquad\qquad\qquad\qquad=11\sqrt{7}$

☑ **检查点 4**　将下列平方根相加或相减：

a. $8\sqrt{3}+10\sqrt{3}$　　b. $4\sqrt{13}-9\sqrt{13}$　　c. $7\sqrt{10}+2\sqrt{10}-\sqrt{10}$

在某些情况下，进行化简之后，被开方数并不相同的平方根可以相加或相减。

好问题！

我可以将 $\sqrt{2}$ 与 $\sqrt{7}$ 相加吗？

不可以。无法化简平方根的和或差，而且被开方数不相同的平方根之间无法进行系数的加法与减法运算，因此无法进行加法与减法运算。例如：

- $5\sqrt{3}+3\sqrt{5}$ 的系数无法相加。平方根 $\sqrt{3}$ 和 $\sqrt{5}$ 不相同。

- $28+7\sqrt{3}$ 或 $28\sqrt{1}+7\sqrt{3}$ 的系数无法相加。平方根 $\sqrt{1}$ 和 $\sqrt{3}$ 不相同。

例5　化简之后再进行平方根的加法与减法

将下列平方根相加或相减：

a. $\sqrt{2}+\sqrt{8}$　　b. $4\sqrt{50}-6\sqrt{32}$

解答

a. $\sqrt{2}+\sqrt{8}$

$=\sqrt{2}+\sqrt{4\cdot2}$　　把 8 分成两个因数，其中一个是完全平方数

$=1\sqrt{2}+2\sqrt{2}$　　$\sqrt{4\cdot2}=\sqrt{4}\cdot\sqrt{2}=2\sqrt{2}$

$=(1+2)\sqrt{2}$　　系数相加，保留公共平方根

$=3\sqrt{2}$　　化简

b. $4\sqrt{50}-6\sqrt{32}$

$=4\sqrt{25\cdot2}-6\sqrt{16\cdot2}$　　25 是 50 的因数中最大的完全平方数，16 是 32 的因数中最大的完全平方数

$=4\cdot5\sqrt{2}-6\cdot4\sqrt{2}$　　$\sqrt{25\cdot2}=\sqrt{25}\sqrt{2}=5\sqrt{2}$，$\sqrt{16\cdot2}=\sqrt{16}\sqrt{2}=4\sqrt{2}$

$=20\sqrt{2}-24\sqrt{2}$　　相乘

$=(20-24)\sqrt{2}$　　系数相减，保留公共平方根

$=-4\sqrt{2}$　　化简

☑ **检查点 5** 将下列平方根相加或相减：

a. $\sqrt{3}+\sqrt{12}$ b. $4\sqrt{8}-7\sqrt{18}$

4 分母有理化

分母有理化

$1/\sqrt{3}$
.5773502692
$\sqrt{3}/3$
.5773502692

图 5.7 计算器屏幕显示 $\frac{1}{\sqrt{3}}$ 和 $\frac{\sqrt{3}}{3}$ 的近似值

图 5.7 中的计算器屏幕显示了 $\frac{1}{\sqrt{3}}$ 和 $\frac{\sqrt{3}}{3}$ 的近似值。这两个近似值是相同的。这可不是一个巧合：

$$\frac{1}{\sqrt{3}}=\frac{1}{\sqrt{3}}\cdot\boxed{\frac{\sqrt{3}}{\sqrt{3}}}=\frac{\sqrt{3}}{\sqrt{9}}=\frac{\sqrt{3}}{3}$$

任何数除以其本身都为 1。乘以 1 不改变 $\frac{1}{\sqrt{3}}$ 的值

这一过程涉及将一个根式重写为一个等价的表达式，其中分母不再含有任何根式。这个过程称为**分母有理化**。如果分母包含一个不是完全平方数的自然数的平方根，**那么将分子与分母同时乘以能够在分母中生成完全平方数的最小的数**。

好问题！

分母有理化这一过程到底对分母中的无理数部分做了什么？

有理化一个数值的分母是将它转化成一个有理数。

例 6 分母有理化

有理化下列分数的分母：

a. $\frac{15}{\sqrt{6}}$ b. $\sqrt{\frac{3}{5}}$ c. $\frac{12}{\sqrt{8}}$

解答

a. 如果我们将 $\frac{15}{\sqrt{6}}$ 的分子和分母同时乘以 $\sqrt{6}$，分母就成了 $\sqrt{6}\cdot\sqrt{6}=\sqrt{36}=6$。因此，我们将它乘以 1，也就是 $\frac{\sqrt{6}}{\sqrt{6}}=1$。

$$\frac{15}{\sqrt{6}}=\frac{15}{\sqrt{6}}\cdot\frac{\sqrt{6}}{\sqrt{6}}=\frac{15\sqrt{6}}{\sqrt{36}}=\frac{15\sqrt{6}}{6}=\frac{5\sqrt{6}}{2}$$

乘以 1

化简：$\frac{15}{6}=\frac{5\cdot\cancel{3}}{2\cdot\cancel{3}}=\frac{5}{2}$

好问题！

我可以通过乘以 $\frac{\sqrt{8}}{\sqrt{8}}$ 来有理化 $\frac{12}{\sqrt{8}}$ 的分母吗？

可以。但是，这样化简结果要多花一点功夫。

b. $\sqrt{\dfrac{3}{5}} = \dfrac{\sqrt{3}}{\sqrt{5}} = \dfrac{\sqrt{3}}{\sqrt{5}} \cdot \dfrac{\sqrt{5}}{\sqrt{5}} = \dfrac{\sqrt{15}}{\sqrt{25}} = \dfrac{\sqrt{15}}{5}$

乘以 1

c. $\dfrac{12}{\sqrt{8}}$ 的分母转化成完全平方数所需要乘以的最小的数是 $\sqrt{2}$，这是因为 $\sqrt{8} \cdot \sqrt{2} = \sqrt{16} = 4$。因此，我们将它乘以 1，也就是 $\dfrac{\sqrt{2}}{\sqrt{2}} = 1$。

$$\dfrac{12}{\sqrt{8}} = \dfrac{12}{\sqrt{8}} \cdot \dfrac{\sqrt{2}}{\sqrt{2}} = \dfrac{12\sqrt{2}}{\sqrt{16}} = \dfrac{12\sqrt{2}}{4} = 3\sqrt{2}$$

☑ **检查点 6** 有理化下列分数的分母：

a. $\dfrac{25}{\sqrt{10}}$ b. $\sqrt{\dfrac{2}{7}}$ c. $\dfrac{5}{\sqrt{18}}$

无理数与其他种类的方根

无理数不仅出现在平方根中。符号 $\sqrt[3]{}$ 表示一个数的**三次方根**。例如，

因为 $2 \cdot 2 \cdot 2 = 8$，$\sqrt[3]{8} = 2$

因为 $4 \cdot 4 \cdot 4 = 64$，$\sqrt[3]{64} = 4$

尽管上述三次方根是有理数，但大部分三次方根是无理数。例如，

$\sqrt[3]{217} \approx 6.009\,2$，$(6.009\,2)^3 \approx 216.995$，并不是精确的 217。

方根的种类无穷无尽。例如，$\sqrt[4]{}$ 代表一个数的**四次方根**。因此，由于 $3 \cdot 3 \cdot 3 \cdot 3 = 81$，$\sqrt[4]{81} = 3$。尽管 81 的四次方根是一个有理数，但是大部分四次方根、五次方根等是无理数。

布利策补充

激进的想法：时间是相对的

　　时光旅行与方根有什么关系？假设我们未来能够以光速（大约每秒 186 000 英里）旅行，根据爱因斯坦的狭义相对论理论，地球上的时间会比宇宙飞船上的时间更快。

　　在狭义相对论的公式 $R_a = R_f \sqrt{1 - \left(\dfrac{v}{c}\right)^2}$ 中，宇航员的老化率是 R_a，而他在地球上的朋友的老化率是 R_f。在这个公式中，v 表示宇航员的速度，c 表示光速。随着宇航员的速度不断接近光速，我们可以认为 v 等于 c。

$$R_a = R_f \sqrt{1 - \left(\frac{v}{c}\right)^2}$$

爱因斯坦给出了宇航员的老化率 R_a。他在地球上的朋友的老化率是 R_f

$$R_a = R_f \sqrt{1 - \left(\frac{c}{c}\right)^2}$$ 　　速度 v 接近光速 c，所以设 $v = c$

$$= R_f \sqrt{1 - 1}$$ 　　$\left(\dfrac{c}{c}\right)^2 = 1^2 = 1$

$$= R_f \sqrt{0}$$ 　　化简：$1 - 1 = 0$

$$= R_f \cdot 0$$ 　　$\sqrt{0} = 0$

$$= 0$$ 　　相乘：$R_f \cdot 0 = 0$

　　越接近光速，宇航员的老化率 R_a 相对于地球上朋友的老化率 R_f 越接近 0。这意味着什么？随着我们在地球上慢慢变老，宇航员基本不会变老。当宇航员在未来返回地球时，就会来到一个亲朋好友早已逝世的未来世界。

5.5　实数及其性质

学习目标

学完本节之后，你应该能够：

1. 认识实数的子集。
2. 认识实数的性质。
3. 将实数的性质应用到时钟加法中。

1　认识实数的子集

实数集

　　我们都听过吸血鬼的传说；他 / 她吸我们的血，将我们变成不死生物。吸血鬼外观与常人无异，但是隐藏着不死性。在本节中，你将会发现数字世界中的吸血鬼。数学家甚至用"吸血鬼"和"怪异"这样的标签来描述一些数集。但在本节中出现最多的标签是"实数"。有理数集和无理数集的并集就是**实数**集。

　　组成实数集的集合总结于表 5.2 中。我们将这些集合称为实数的**子集**，每个子集中的所有元素都是实数集中的元素。

表 5.2　实数中重要的子集

名称	描述	例子
自然数	$\{1,2,3,4,5,\cdots\}$ 自然数是我们用来计数的数	$2,3,5,17$
非负整数	$\{0,1,2,3,4,5,\cdots\}$ 非负整数集包括 0 和自然数	$0,2,3,5,17$
整数	$\{\cdots,-5,-4,-3,-2,-1,0,1,2,3,4,5,\cdots\}$ 整数集包括非负整数集和自然数的负数	$-17,-5,-3,-2,0,2,3,5,7$
有理数	$\left\{\dfrac{a}{b}\mid a\text{和}b\text{是整数且}b\neq0\right\}$ 有理数集是所有能够表示成两个整数的商的数的集合，其中分母不能为 0。有理数可以用有限小数和循环小数来表示	$-17=\dfrac{-17}{1},-5=\dfrac{-5}{1},-3,$ $-2,0,2,3,5,7,$ $\dfrac{2}{5}=0.4,$ $\dfrac{-2}{3}=-0.666\,6\cdots=-0.\dot{6}$
无理数	无理数是既不有限也不循环的小数的集合。无理数不能表示为两个整数的商	$\sqrt{2}\approx1.414\,214$ $-\sqrt{3}\approx-1.732\,05$ $\pi\approx3.142$ $-\dfrac{\pi}{2}\approx-1.571$

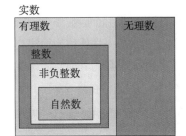

这幅图展现了，每个实数不是无理数就是有理数。

例 1　实数分类

考虑下列数的集合：

$$\left\{-7,-\frac{3}{4},0,0.\dot{6},\sqrt{5},\pi,7.3,\sqrt{81}\right\}$$

将集合中的数分成以下几类：

a. 自然数　　　b. 非负整数　　　c. 整数

d. 有理数　　　e. 无理数　　　f. 实数

解答

a. 自然数：自然数是用于计数的数。集合里唯一的自然数是 $\sqrt{81}$，因为 $\sqrt{81}=9$。（9 乘以自身或 9^2 等于 81。）

b. 非负整数：非负整数包含 0 和自然数。集合里的非负整数有 0 和 $\sqrt{81}$。

c. 整数：整数包含自然数、0 和负的自然数。集合里的整数有：-7，0 和 $\sqrt{81}$。

d. 有理数：集合里的所有能表示成两个整数的商的元素是有

怪异数

如果一个数具有下列性质，数学家会将它标上**怪异**的标签：

1. 它的因数（除了这个数本身）之和要比这个数大。

2. 这个数的因数集合加起来不能等于这个数。

数 70 就是怪异的。除了它本身的因数有 $1, 2, 5, 7, 10, 14$ 和 35。这些因数的和是 74，要比 70 大。列出的两个或以上的因数加起来得不到 70。

怪异数很稀有。10 000 以下的怪异数有 70, 836, 4 030, 5 830, 7 192, 7 912 和 9 272。我们还不知道是否有奇数的怪异数存在。

理数，包括 $-7 \left(-7 = -\dfrac{7}{1}\right)$，$-\dfrac{3}{4}$，$0 \left(0 = \dfrac{0}{1}\right)$ 和 $\sqrt{81} \left(\sqrt{81} = \dfrac{9}{1}\right)$。

此外，集合里所有能够表示成有限或循环小数的数同样是有理数，包括 $0.\dot{6}$ 和 7.3。

e. 无理数：集合里的无理数有 $\sqrt{5} \left(\sqrt{5} \approx 2.236\right)$ 和 $\pi \, (\pi \approx 3.14)$。$\sqrt{5}$ 和 π 分别近似于 2.236 和 3.14。在小数形式中，$\sqrt{5}$ 和 π 既不是有限的也不是循环的。

f. 实数：集合里的所有数都是实数。

☑ **检查点 1** 考虑下列数的集合：

$$\left\{ -9, -1.3, 0, 0.\dot{3}, \dfrac{\pi}{2}, \sqrt{9}, \sqrt{10} \right\}$$

将集合中的数分成以下几类：

a. 自然数　　　b. 非负整数　　　c. 整数

d. 有理数　　　e. 无理数　　　f. 实数

---

2 认识实数的性质

实数的性质

当你用计算器计算两个实数的和时，先加哪个后加哪个无所谓。实际上，两个实数能按照任意顺序相加这一性质称为**加法交换律**。你可能不假思索地使用了这条性质，实数的其他性质如表 5.3 所示。实数的性质在代数中非常有用，我们将在第 6 章学到。

吸血鬼数

如同传说中的吸血鬼隐藏在人类世界一样，吸血鬼数也隐藏在实数集合中，大部分都没有被发现。吸血鬼数的定义是具有偶数个位数的数字。此外，它们是两个数的乘积，这两个数是顺序变换的数位。例如，1 260, 1 435 和 2 187 是吸血鬼数。

$$21 \times 60 = 1\,260 \qquad 35 \times 41 = 1\,435 \qquad 27 \times 81 = 2\,187$$

数字 2，1，6 和 0 在吸血鬼数里翻来翻去

数字 3，5，4 和 1 在吸血鬼数里潜伏

数字 2，7，8 和 1 在吸血鬼数里保留

随着实数越来越大，吸血鬼数是不是会出现得更频繁？你多久能发现一个巨大的吸血鬼数？有没有可能发现一个怪异的吸血鬼数？

等号右边是一个 40 位的吸血鬼数，它是在计算机上用 Pascal 程序发现的：

$$98\,765\,432\,198\,765\,432\,198 \times 98\,765\,432\,198\,830\,604\,534 =$$
$$9\,754\,610\,597\,415\,368\,368\,844\,499\,268\,390\,128\,385\,732$$

来源：Clifford Pickover, *Wonders of Numbers*, Oxford University Press, 2001.

表 5.3　实数的性质

名称	含义	例子
加法的封闭性	任意两个实数的和是一个实数	$4\sqrt{2}$ 是一个实数，$5\sqrt{2}$ 是一个实数。因此 $4\sqrt{2}+5\sqrt{2}$ 即 $9\sqrt{2}$ 也是一个实数
乘法的封闭性	任意两个实数的积是一个实数	10 是一个实数，$\frac{1}{2}$ 是一个实数。因此 $10 \cdot \frac{1}{2}$ 即 5 是一个实数
加法交换律	改变加法的顺序并不影响结果 $a+b=b+a$	• $13+7=7+13$ • $\sqrt{2}+\sqrt{5}=\sqrt{5}+\sqrt{2}$
乘法交换律	改变乘法的顺序并不影响结果 $ab=ba$	• $13\cdot7=7\cdot13$ • $\sqrt{2}\cdot\sqrt{5}=\sqrt{5}\cdot\sqrt{2}$
加法结合律	改变加法的分组情况并不影响结果 $(a+b)+c=a+(b+c)$	$(7+2)+5=7+(2+5)$ $9+5=7+7$ $14=14$
乘法结合律	改变乘法的分组情况并不影响结果 $(ab)c=a(bc)$	$(7\cdot2)\cdot5=7\cdot(2\cdot5)$ $14\cdot5=7\cdot10$ $70=70$
乘法分配律	乘法会分配给括号内的每一个加数 $a\cdot(b+c)=a\cdot b+a\cdot c$	$7(4+\sqrt{3})=7\cdot4+7\cdot\sqrt{3}$ $=28+7\sqrt{3}$
加法同一性	任何一个实数加上 0 等于它本身 $a+0=a$ $0+a=a$	• $\sqrt{3}+0=\sqrt{3}$ • $0+\pi=\pi$
乘法同一性	任何一个实数乘以 1 等于它本身 $a\cdot1=a$ $1\cdot a=a$	• $\sqrt{3}\cdot1=\sqrt{3}$ • $1\cdot\pi=\pi$
加法可逆性	任何一个实数加上它的相反数结果为 0 $a+(-a)=0$ $(-a)+a=0$	• $\sqrt{3}+(-\sqrt{3})=0$ • $\pi+(-\pi)=0$
乘法可逆性	任何一个非零实数乘以它的倒数结果为 1 $a\cdot\frac{1}{a}=1$ $\frac{1}{a}\cdot a=1$	• $\sqrt{3}\cdot\frac{1}{\sqrt{3}}=1$ • $\pi\cdot\frac{1}{\pi}=1$

好问题！

有没有什么方法能够简单区分交换律和结合律?

交换律：改变顺序。

结合律：改变分组。

例2 认识实数的性质

说出下列性质的名称：

a. $\sqrt{3} \cdot 7 = 7 \cdot \sqrt{3}$

b. $(4+7)+6 = 4+(7+6)$

c. $2\left(3+\sqrt{5}\right) = 6+2\sqrt{5}$

d. $\sqrt{2}+\left(\sqrt{3}+\sqrt{7}\right) = \sqrt{2}+\left(\sqrt{7}+\sqrt{3}\right)$

e. $17+(-17) = 0$

f. $\sqrt{2} \cdot 1 = \sqrt{2}$

解答

a. $\sqrt{3} \cdot 7 = 7 \cdot \sqrt{3}$ 　　乘法交换律

b. $(4+7)+6 = 4+(7+6)$ 　　加法结合律

c. $2\left(3+\sqrt{5}\right) = 6+2\sqrt{5}$ 　　乘法分配律

d. $\sqrt{2}+\left(\sqrt{3}+\sqrt{7}\right) = \sqrt{2}+\left(\sqrt{7}+\sqrt{3}\right)$ 左右两边唯一改变的是 $\sqrt{3}$ 和 $\sqrt{7}$ 的顺序，运用加法交换律将顺序从 $\sqrt{3}+\sqrt{7}$ 变为 $\sqrt{7}+\sqrt{3}$

e. $17+(-17) = 0$ 　　加法可逆性

f. $\sqrt{2} \cdot 1 = \sqrt{2}$ 　　乘法同一性

☑ **检查点2** 说出下列性质的名称：

a. $(4 \cdot 7) \cdot 3 = 4 \cdot (7 \cdot 3)$

b. $3\left(\sqrt{5}+4\right) = 3\left(4+\sqrt{5}\right)$

c. $3\left(\sqrt{5}+4\right) = 3\sqrt{5}+12$

d. $2\left(\sqrt{3}+\sqrt{7}\right) = \left(\sqrt{3}+\sqrt{7}\right)2$

e. $1+0 = 1$

f. $-4\left(-\dfrac{1}{4}\right) = 1$

尽管整个实数集都对加法和乘法封闭，但有些实数的子集不满足给定运算的封闭属性。如果对一个集合的运算得到了一个不属于该集合的数字，那么该集合对于该运算而言是不封闭的。

例 3 验证封闭性

a. 整数对乘法封闭吗？

b. 无理数对乘法封闭吗？

c. 自然数对除法封闭吗？

解答

a. 考虑一些整数乘法的例子：

$$3 \cdot 2 = 6 \quad 3(-2) = -6 \quad -3(-2) = 6 \quad -3 \cdot 0 = 0$$

任意两个整数的积总是一个正整数、负整数或零，零也是一个整数。因此，整数对乘法封闭。

b. 如果我们将两个无理数相乘，得到的积一定是无理数吗？答案是否定的。下面有一个反例：

$$\sqrt{7} \cdot \sqrt{7} = \sqrt{49} = 7$$

都是无理数　　不是无理数

这意味着，无理数对乘法不是封闭的。

c. 如果我们将任意两个自然数相除，得到的商一定是自然数吗？答案是否定的。下面有一个反例：

$$4 \div 8 = \frac{1}{2}$$

都是自然数　　不是自然数

因此，自然数对除法不是封闭的。

☑ **检查点 3**

a. 自然数对乘法封闭吗？

b. 整数对除法封闭吗？

交换律涉及改变运算顺序但不改变运算结果。然而，改变实数除法或减法的顺序会改变运算结果。例如，

$$7 - 4 \neq 4 - 7 \text{ 和 } 6 \div 2 \neq 2 \div 6$$

因为实数没有减法或除法交换律，当你用计算器进行减法和除法计算时，运算顺序很重要。

分配律也不对减法和除法运算成立。下列例子显示了如果我们改变减法和除法运算中的分组情况时，答案会发生变化。

$$(6-1)-3 \neq 6-(1-3) \qquad\qquad (8\div4)\div2 \neq 8\div(4\div2)$$

$$5-3 \neq 6-(-2) \qquad\qquad 2\div2 \neq 8\div2$$

$$2 \neq 8 \qquad\qquad\qquad 1 \neq 4$$

布利策补充

实数之外

只有大于或等于 0 的实数才有实数平方根。–1 的平方根 $\sqrt{-1}$ 不是一个实数。这是因为没有任何一个实数的平方等于–1。任何实数的平方都不可能是一个负数。在 16 世纪，数学家吉罗拉莫·卡尔达诺（1501—1576）写到，负数的平方根会带来"精神上的折磨"。尽管受到了折磨，数学家还是发明了一个新的数，即 i 来表示 $\sqrt{-1}$。数 i 不是实数，而被称为**虚数**。因此，$\sqrt{9}=3$，$-\sqrt{9}=-3$，但 $\sqrt{-9}$ 不是一个实数。$\sqrt{-9}$ 是一个虚数，由 3i 表示。英文中用来描述实数的形容词 real，最先是由法国数学家和

哲学家笛卡儿（1596—1650）用来表示与虚数的概念相对的数的。

在街头学数学的小孩

若用6 973除以0，你就完了

曾经一个家伙试着找到–9的平方根，后来他的眼球变黑了

我兄弟认识的女孩想要知道 π 究竟等于几，后来她发疯了

---

3 将实数的性质应用到时钟加法中

实数的性质与时钟加法

数学研究我们身边出现的图案。数学家看到一片雪花，会研究它的内在结构。请看图 5.8 中的雪花，它无论旋转几个 $60°$ 角（转一圈的 $\frac{1}{6}$）看上去总是一样的。一个物体的**对称性**是物体旋转后与它本身重叠的性质。在一个对称物体中，你没办法看出来这个物体旋转之后位置有没有发生变化。

图 5.8

图 5.8 中的雪花是一个**六重旋转对称**物体。每当雪花转 60° 角，它都会回到原来的位置。如果一个物体转一圈有 *m* 次回到原来的位置，而且每一次都和原来的图形完全一致，那么这个物体就被称为 ***m* 重旋转对称**物体。

我们可以用集合 $\{0,1,2,3,4,5\}$ 和一种称为**时钟加法**的运算来研究图 5.8 中的雪花的六重旋转对称性。图 5.9 中的 "6 小时时钟"显示了雪花的六重旋转对称性。

使用图 5.9，我们就能将**时钟加法**定义出来：通过顺时针移动时针来作加法。符号 $\oplus$ 用来表示时钟加法。图 5.10 显示了：

$$2 \oplus 3 = 5 \qquad 4 \oplus 5 = 3 \qquad 3 \oplus 4 = 1$$

图 5.9　时钟和花朵中的六重旋转对称性

$2 \oplus 3=5 \qquad 4 \oplus 5=3 \qquad 3 \oplus 4=1$

2加3小时　　4加5小时　　3加4小时

图 5.10　6 小时时钟系统的加法

表 5.4　6 小时时钟加法表

$\oplus$	0	1	2	3	4	5
0	0	1	2	3	4	5
1	1	2	3	4	5	0
2	2	3	4	5	0	1
3	3	4	5	0	1	2
4	4	5	0	1	2	3
5	5	0	1	2	3	4

表 5.4 是 6 小时时钟系统的时钟加法表。

例 4　　将实数的性质应用到 6 小时时钟系统中

a. 如何说明集合 $\{0,1,2,3,4,5\}$ 对于时钟加法运算是封闭的？

b. 验证结合律的下列例子：

$$(2 \oplus 3) \oplus 4 = 2 \oplus (3 \oplus 4)$$

c. 6 小时时钟系统中的同一性元素是哪一个？

d. 求出 6 小时时钟系统中每一个元素的相反数。

e. 验证下列交换律的两个例子：

$$4 \oplus 3 = 3 \oplus 4 \text{ 和 } 5 \oplus 4 = 4 \oplus 5$$

解答

a. **封闭性**。由于表 5.4 中的所有元素都是集合 $\{0,1,2,3,4,5\}$ 中的元素，所以该集合对于时钟加法运算是封闭的。

b. **结合律**。我们需要验证结合律的一个例子。

在表 5.4 的左侧找 2，在上方找 3，交叉行显示 2⊕3=5	$(2 \oplus 3) \oplus 4 = 2 \oplus (3 \oplus 4)$ $5 \oplus 4 = 2 \oplus 1$ $3 = 3$	在表 5.4 的左侧找 3，在上方找 4，交叉行显示 3⊕4=1

c. 同一性。观察表 5.4 中不随时钟加法运算变化的元素。我们可以看出，0 这一列下的所有元素都与左侧加粗的元素相等。因此，$0 \oplus 0 = 0$，$1 \oplus 0 = 1$，$2 \oplus 0 = 2$，$3 \oplus 0 = 3$，$4 \oplus 0 = 4$ 和 $5 \oplus 0 = 5$。同样地，我们还可以看出，表中第二行的元素都与第一行的加粗元素相等。因此，$0 \oplus 0 = 0$，$0 \oplus 1 = 1$，$0 \oplus 2 = 2$，$0 \oplus 3 = 3$，$0 \oplus 4 = 4$ 和 $0 \oplus 5 = 5$。当我们用 0 作时钟加法运算时，每个元素都不会发生变化。因此，0 就是同一性元素。由于 0 也属于给定集合，满足同一性。

d. 可逆性。当一个元素加上它的相反数时，得到的结果是同一性元素。由于同一性元素是 0，我们可以通过回答下列问题找出集合 {0,1,2,3,4,5} 中每个元素的相反数：一个元素需要加上多少才能得到 0？

元素 +?=0

⊕	0	1	2	3	4	5
0	0	1	2	3	4	5
1	1	2	3	4	5	0
2	2	3	4	5	0	1
3	3	4	5	0	1	2
4	4	5	0	1	2	3
5	5	0	1	2	3	4

- $0 \oplus 0 = 0$：0 的相反数是 0
- $1 \oplus 5 = 0$：1 的相反数是 5
- $2 \oplus 4 = 0$：2 的相反数是 4
- $3 \oplus 3 = 0$：3 的相反数是 3
- $4 \oplus 2 = 0$：4 的相反数是 2
- $5 \oplus 1 = 0$：5 的相反数是 1

图 5.11

图 5.11 能够帮助我们回答这个问题。如果集合中的每个元素都有一个相反数，那么 0 就会出现在表格中的每一行和每一列。也就是如图所示的情况。使用每一行中的 0。因为集合 {0,1,2,3,4,5} 中的每一个元素的相反数都属于这个集合，因此满足可逆性。

e. 交换律。我们需要验证两个例子的交换律。

在表 5.4 的左侧找 4，在上方找 3，交叉行显示 4⊕3=1	$4 \oplus 3 = 3 \oplus 4$ $1 = 1$	在表 5.4 的左侧找 3，在上方找 4，交叉行显示 3⊕4=1
在表 5.4 的左侧找 5，在上方找 4，交叉行显示 5⊕4=3	$5 \oplus 4 = 4 \oplus 5$ $3 = 3$	在表 5.4 的左侧找 4，在上方找 5，交叉行显示 4⊕5=3

图 5.12 展示了四种旋转对称。

图 5.12 左侧的四重旋转对称可以使用图 5.13 中的 4 小时时钟和表 5.5 中的 4 小时时钟系统的时钟加法表来研究。

四重旋转对称

五重旋转对称

八重旋转对称

18重旋转对称

图 5.12　旋转对称的种类

图 5.13　4 小时时钟

表 5.5　4 小时时钟加法表

⊕	0	1	2	3
0	0	1	2	3
1	1	2	3	0
2	2	3	0	1
3	3	0	1	2

☑ **检查点 4**　使用表 5.5 中的 4 小时时钟系统的加法表来解决下列问题：

a. 如何说明集合 {0,1,2,3,} 在时钟加法运算下是封闭的？

b. 验证下列结合律的例子：

$$(2 \oplus 2) \oplus 3 = 2 \oplus (2 \oplus 3)$$

c. 4 小时时钟系统中的同一性元素是哪一个？

d. 求出 4 小时时钟系统中的每一个元素的相反数。

e. 验证下列交换律的两个例子：

$$1 \oplus 3 = 3 \oplus 1 \text{ 和 } 3 \oplus 2 = 2 \oplus 3$$

5.6

学习目标

学完本节之后，你应该能够：

1. 使用指数的性质。

2. 将科学计数法转换成十进制计数法。

3. 将十进制计数法转换成科学计数法。

4. 使用科学计数法进行计算。

5. 使用科学计数法解决实际问题。

指数与科学计数法

比最大还要大的数仍然存在。要比我们惊奇地感叹"哇哦，真的好大"的数还要更大……巨大的数乘以巨大的数再乘以惊人的巨大的数，这就是我们在这里想要传达的概念。

——Douglas Adams，*The Restaurant at the End of the Universe*

虽然 Adams 的描述可能并不特别符合 18.9 万亿美元国债的概念，但是指数这个概念能用于探索"惊人的巨大"的数。在本节中，你将学会如何使用指数来分别表示巨大的数和极小的数。

指数的性质

我们已经学过，指数用来表示重复的乘法运算。现在思考一下两个指数表达式的乘法，例如 $b^4 \cdot b^3$。我们需要将 b 的四

次方乘以 b 的三次方，总共得到 b 的七次方：

4 个因数 b　　3 个因数 b

$$b^4 \cdot b^3 = (b \cdot b \cdot b \cdot b)(b \cdot b \cdot b) = b^7$$

总共：7 个因数 b

这个结果和我们将指数相加的结果完全一样：

$$b^4 \cdot b^3 = b^{4+3} = b^7$$

指数具有一些性质，能够帮助我们在进行指数表达式的运算时简化运算。表 5.6 给出了三个指数性质。

1　使用指数的性质

表 5.6　指数的性质

性质	含义	例子
乘法法则 $b^m \cdot b^n = b^{m+n}$	同底数的指数表达式相乘时，将指数相加。将得到的和作为共同底数的指数	$9^6 \cdot 9^{12} = 9^{6+12} = 9^{18}$
乘方法则 $(b^m)^n = b^{mn}$	指数表达式进行幂运算时，将指数相乘。将得到的积作为共同底数的指数，并移除括号	$(3^4)^5 = 3^{4 \cdot 5} = 3^{20}$ $(5^3)^8 = 5^{3 \cdot 8} = 5^{24}$
除法法则 $\dfrac{b^m}{b^n} = b^{m-n}$	同底数的指数表达式相除时，分子的指数减去分母的指数。将得到的差作为共同底数的指数	$\dfrac{5^{12}}{5^4} = 5^{12-4} = 5^8$ $\dfrac{9^{40}}{9^5} = 9^{40-5} = 9^{35}$

表 5.6 中的第三个性质 $\dfrac{b^m}{b^n} = b^{m-n}$ 称为除法法则，指数相减时可能得出为零的指数。例如：

$$\frac{4^3}{4^3} = 4^{3-3} = 4^0$$

我们可以看出，零指数的含义可以通过计算上面的例子得出：

$$\frac{4^3}{4^3} = \frac{4 \cdot 4 \cdot 4}{4 \cdot 4 \cdot 4} = \frac{64}{64} = 1$$

这就意味着，4^0 等于 1。这个例子揭示了零指数法则。

好问题！

$\dfrac{4^3}{4^5}$ 和 $\dfrac{4^5}{4^3}$ 有什么区别？

$\dfrac{4^3}{4^5}$ 和 $\dfrac{4^5}{4^3}$ 分别表示不同的数：

$$\frac{4^3}{4^5} = 4^{3-5} = 4^{-2} = \frac{1}{4^2} = \frac{1}{16}$$

$$\frac{4^5}{4^3} = 4^{5-3} = 4^2 = 16$$

零指数法则

如果 b 是一个非零实数，那么 $b^0 = 1$。

例 1 使用零指数法则

使用零指数法则计算下列指数表达式：

a. 7^0 b. π^0 c. $(-5)^0$ d. -5^0

解答

a. $7^0=1$ b. $\pi^0=1$ c. $(-5)^0=1$ d. $-5^0=-1$

仅为 5 的零次方

☑ **检查点 1** 使用零指数法则计算下列指数表达式：

a. 19^0 b. $(3\pi)^0$ c. $(-14)^0$ d. -14^0

除法法则能够得到为负的指数，例如 $4^3 \div 4^5$：

$$\frac{4^3}{4^5}=4^{3-5}=4^{-2}$$

我们可以看出，负指数的含义可以通过计算上面的例子得出：

$$\frac{4^3}{4^5}=\frac{\not{4}\cdot\not{4}\cdot\not{4}}{\not{4}\cdot\not{4}\cdot\not{4}\cdot 4\cdot 4}=\frac{1}{4^2}$$

注意，$\dfrac{4^3}{4^5}$ 既等于 4^{-2} 又等于 $\dfrac{1}{4^2}$。这就意味着 4^{-2} 必然等于 $\dfrac{1}{4^2}$。这个例子揭示了负指数法则。

负指数法则

如果 b 是一个非零实数，m 是一个自然数，那么 $b^{-m}=\dfrac{1}{b^m}$。

例 2 使用负指数法则

使用负指数法则来计算下列指数表达式：

a. 8^{-2} b. 5^{-3} c. 7^{-1}

解答

a. $8^{-2}=\dfrac{1}{8^2}=\dfrac{1}{8\cdot 8}=\dfrac{1}{64}$ b. $5^{-3}=\dfrac{1}{5^3}=\dfrac{1}{5\cdot 5\cdot 5}=\dfrac{1}{125}$ c. $7^{-1}=\dfrac{1}{7^1}=\dfrac{1}{7}$

☑ **检查点 2** 使用负指数法则来计算下列指数表达式：

a. 9^{-2} b. 6^{-3} c. 12^{-1}

十的幂

使用指数及其性质，我们能够表示并计算巨大或极小的数。例如，十亿或 1 000 000 000 可以写作 10^9。指数形式下的 10^9 看上去可能不是很大，但是请这么想：如果你一分钟能数 200 个数，一天按照这个速度数 12 个小时，那么你要花上 19 年零 9 天 5 小时 20 分钟才能数到 10^9！

十的幂遵循两个基本性质，如下所示：

1. **正指数表示 1 后面有多少个 0**：例如，10^9（十亿）是 1 后面跟了 9 个 0：1 000 000 000。10^{100} 是 1 后面跟了 100 个 0（10^{100} 要比全宇宙的质子、中子和电子数量加起来还要多）。和 $10^{10^{100}}$ 相比，10^{100} 就是个小矮人。$10^{10^{100}}$ 是 1 后面跟 10^{100} 个 0。

（如果 $10^{10^{100}}$ 中的每一个 0 和一粒沙子差不多大，那么整个宇宙都没有空间来表示这么大的一个数。）

2. **负指数表示小数点后面有多少位**：例如，10^{-9} 表示小数点后面有 9 位，9 个数位包括 8 个 0 和 1 个 1。

$$10^{-9} = \underbrace{0.000\,000\,001}_{9位}$$

布利策补充

地震与十的幂

1989 年 10 月 17 日，一场里氏 7.1 级的地震发生在加州北部，夺去了超过 60 人的生命，超过 2 400 人受伤。左图为旧金山的玛丽娜区，冲击波将房屋连根拔起，甩到街道上。

里氏震级有一些误导性，它其实不是 1 级到 8 级，而是 1 到 1 000 万。每一个震级都比前一个震级大十倍，7.0 级的震级比 1.0 级要大 100 万倍。

里氏数字及其震级如下表所示：

里氏数字（R）	里氏震级（10^{R-1}）
1	$10^{1-1}=10^0=1$
2	$10^{2-1}=10^1=10$
3	$10^{3-1}=10^2=100$
4	$10^{4-1}=10^3=1\,000$
5	$10^{5-1}=10^4=10\,000$
6	$10^{6-1}=10^5=100\,000$
7	$10^{7-1}=10^6=1\,000\,000$
8	$10^{8-1}=10^7=10\,000\,000$

科学计数法

地球是一个 45 亿岁的环绕太阳运行的行星。因为十亿是 10^9（见表 5.7），我们的地球的年龄可以表示成：

$$4.5 \times 10^9$$

4.5×10^9 这种形式就叫作**科学计数法**。

表 5.7　大数名称

10^2	百
10^3	千
10^6	百万
10^9	十亿
10^{12}	万亿
10^{15}	千万亿
10^{18}	百兆
10^{21}	十万兆
10^{100}	古戈尔
$10^{10^{100}}$	古戈尔普勒克斯

> **科学计数法**
>
> 正数的**科学计数法**形式如下所示：
>
> $$a \times 10^n$$
>
> 其中 a 是一个大于等于 1 且小于 10 的数（$1 \leq a < 10$），n 是一个整数。

我们习惯用乘号 × 而不是点 · 来表示科学计数法中的乘法。下面有三个科学计数法的例子：

- 宇宙的年龄是 1.375×10^{10} 岁。

- 在 2010 年，人类生成了 1.2 泽字节，或 1.2×10^{21} 字节的数字信息。（1 字节包含 8 个二进制数字，0 或 1）

- AIDS 病毒的长度是 1.1×10^{-4} 毫米。

我们可以用 $a \times 10^n$ 中 10 的指数 n 将科学计数法转换成十进制计数法。如果 n 是正的，将小数点向右移动 n 位。如果 n 是负的，将小数点向左移动 $|n|$ 位。

2　将科学计数法转换成十进制计数法

> **例 3**　　将科学计数法转换成十进制计数法
>
> 将下列科学计数法转换成十进制计数法：
>
> a. 1.375×10^{10}　　　b. 1.1×10^{-4}
>
> 解答
>
> 在这两小题中，我们都要根据 10 的指数来移动小数点的位置。在 a 中，指数是正的，所以我们需要将小数点向右移动。在 b 中，指数是负的，所以我们需要将小数点向左移动。
>
> a. $1.375 \times 10^{10} = 13\,750\,000\,000$
>
> $n = 10$　　把小数点向右移 10 位

b. $1.1 \times 10^{-4} = 0.000\ 11$

$n = -4$

把小数点向左移$|-4|$或4位

☑ **检查点 3** 将下列科学计数法转换成十进制计数法：

a. 7.4×10^9 b. 3.017×10^{-6}

3 将十进制计数法转换成科学计数法

要想将十进制计数法转换成科学计数法，我们需要将例 3 中的步骤反过来。

> **将十进制计数法转换成科学计数法**
>
> 将数写成 $a \times 10^n$ 的形式。
> - 判断数值因数 a。移动给定的数的小数点位置，直到得到一个大于或等于 1 且小于 10 的数为止。
> - 判断 10^n 的指数 n。n 的绝对值是小数点需要移动的位数。如果给定的数大于 10，那么 n 是正的。如果给定的数位于 0 和 1 之间，那么 n 是负的。

技术

你可以用计算器上的 $\boxed{EE}$（输入指数）键或 $\boxed{EXP}$ 键来将十进制计数法转换成科学计数法。下面是 0.000 023 的转换例子：

科学计算器：

按键	显示
.000023 $\boxed{EE}$ $\boxed{=}$	$2.3 - 05$

图形计算器：

模式设置成科学计数法。

按键	显示
.000023 $\boxed{ENTER}$	$2.3\ \text{E} - 5$

例 4 将十进制计数法转换成科学计数法

将下列十进制计数法转换成科学计数法：

a. $4\ 600\ 000$ b. $0.000\ 023$

解答

a. $4\ 600\ 000$ = 4.6 × 10^6

这个数比 10 大，所以 $a \times 10^n$ 中的 n 为正

在 $4\ 600\ 000$ 中移动小数点，保证 $1 \leqslant a < 10$

从 $4\ 600\ 000$ 到 4.6 小数点移动 6 位

b. $0.000\ 023$ = 2.3 × 10^{-5}

这个数比 1 小，所以 $a \times 10^n$ 中的 n 为负

在 $0.000\ 023$ 中移动小数点，保证 $1 \leqslant a < 10$

从 $0.000\ 023$ 到 2.3 小数点移动 5 位

☑ **检查点 4** 将下列十进制计数法转换成科学计数法：

a. $7\ 410\ 000\ 000$ b. $0.000\ 000\ 092$

例 5　用科学计数法表示美国人口

截至 2016 年 1 月，美国人口约有 322 百万。请用科学计数法表示美国人口。

解答

由于一百万是 10^6，所以 2016 年美国人口可以表示成：

$$322 \times 10^6$$

> 这个因数不在 1 和 10 之间，所以它不是科学计数法表示

我们需要将 322 转换成科学计数法：

$$322 \times 10^6 = (3.22 \times 10^2) \times 10^6 = 3.22 \times 10^{2+6} = 3.22 \times 10^8$$

> $322 = 3.22 \times 10^2$

用科学计数法表示的美国人口是 3.22×10^8。

好问题！

我听说美国人口超过了十亿的 $\dfrac{3}{10}$。但你刚刚说美国人口是 3.22 亿。哪种说法是正确的？

两种说法都是正确的。我们可以利用指数的性质将 3.22 亿用十亿来表示。

$$3.22\text{亿} = 3.22 \times 10^8 = (0.322 \times 10^1) \times 10^8 = 0.322 \times 10^{1+8} = 0.322 \times 10^9$$

> 因为 10^9 是十亿，美国人口超过了十亿的 $\dfrac{3}{10}$

 检查点 5　用科学计数法表示 410×10^7。

4　使用科学计数法进行计算

使用科学计数法进行计算

我们可以使用指数的乘法法则来进行科学计数法的乘法运算：

$$(a \times 10^n) \times (b \times 10^m) = (a \times b) \times 10^{n+m}$$

将 10 的指数相加，然后将其余部分相乘。

例 6　科学计数法的数字乘法

计算：$(3.4 \times 10^9)(2 \times 10^{-5})$，将答案写成十进制的形式。

技术

用计算器计算
$(3.4 \times 10^9)(2 \times 10^{-5})$ ：

科学计算器：

3.4 EE 9 × 2 EE 5 +/- =

显示：6.8 04

图形计算器：

3.4 EE 9 × 2 EE (−) 5 ENTER

显示：6.8 E 4

解答

$$(3.4 \times 10^9)(2 \times 10^{-5}) = (3.4 \times 2) \times (10^9 \times 10^{-5}) \qquad \text{因数重组}$$

$$= 6.8 \times 10^{9+(-5)} \qquad \text{10 的指数相加，然后其余部分相乘}$$

$$= 6.8 \times 10^4 \qquad \text{化简}$$

$$= 68\,000 \qquad \text{把结果用十进制表示}$$

☑ **检查点 6**　计算：$(1.3 \times 10^7)(4 \times 10^{-2})$，将答案写成十进制的形式。

我们使用指数的除法法则来计算科学计数法的除法：

$$\frac{a \times 10^n}{b \times 10^m} = \left(\frac{a}{b}\right) \times 10^{n-m}$$

将 10 的指数相减，然后将其余部分相除。

例 7　科学计数法的数字除法

计算：$\dfrac{8.4 \times 10^{-7}}{4 \times 10^{-4}}$，将答案写成十进制的形式。

解答

$$\frac{8.4 \times 10^{-7}}{4 \times 10^{-4}} = \left(\frac{8.4}{4}\right) \times \left(\frac{10^{-7}}{10^{-4}}\right) \qquad \text{因数重组}$$

$$= 2.1 \times 10^{-7-(-4)} \qquad \text{10 的指数相减，然后其余部分相除}$$

$$= 2.1 \times 10^{-3} \qquad \text{化简}$$

$$= 0.002\,1 \qquad \text{把结果用十进制表示}$$

☑ **检查点 7**　计算：$\dfrac{6.9 \times 10^{-8}}{3 \times 10^{-2}}$，将答案写成十进制的形式。

涉及非常大的数与非常小的数的乘法与除法，可以先将这些数转换成科学计数法的形式。

例 8　科学计数法的乘法

计算：$0.000\,64 \times 9\,400\,000\,000$，将答案写成

a. 科学计数法的形式   b. 十进制计数法的形式。

解答

a. $0.000\,64 \times 9\,400\,000\,000$

$= 6.4 \times 10^{-4} \times 9.4 \times 10^{9}$ 把每个数用科学计数法表示

$= (6.4 \times 9.4) \times (10^{-4} \times 10^{9})$ 因数重组

$= 60.16 \times 10^{-4+9}$ 10 的指数相加，然后其余部分相乘

$= 60.16 \times 10^{5}$ 化简

$= (6.016 \times 10) \times 10^{5}$ 把 60.16 用科学计数法表示

$= 6.016 \times 10^{6}$ 10 的指数相加：$10^{1} \times 10^{5} = 10^{1+5} = 10^{6}$

b. 将科学计数法形式的答案转换成十进制计数法的答案即可。需要将 6.016 中的小数点向右移动 6 位，得到的答案是 6 016 000。

☑ **检查点 8**　计算：$0.003\,6 \times 5\,200\,000$，将答案写成
a. 科学计数法的形式　　b. 十进制计数法的形式。

5　使用科学计数法解决实际问题

应用：直观地理解数字大小

由于税收削减和开支增加，美国从 20 世纪 80 年代开始积累大量的亏损。为了负担亏损，美国政府截至 2016 年 1 月已经借了 18.9 万亿美元。图 5.14 展现了国债随着时间的推移而增长。

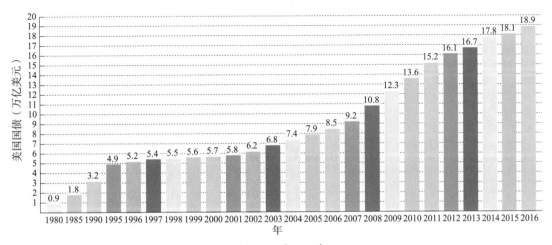

图 5.14　美国国债

来源：Office of Management and Budget

例 9 显示了我们可以怎样使用科学计数法来理解像 18.9 万亿这样的数的概念。

例 9　美国国债

截至 2016 年 1 月，美国国债是 18.9 万亿美元，或 18.9×10^{12} 美元。在那个时候，美国的人口约为 $322\,000\,000$（3.22 亿）或 3.22×10^8。如果国债平均摊在每一个美国公民头上，每个公民需要支付多少钱？

解答

每位公民需要支付的是全部国债 18.9×10^{12} 美元除以人口数 3.22×10^8 人。

$$\frac{18.9 \times 10^{12}}{3.22 \times 10^8} = \left(\frac{18.9}{3.22}\right) \times \left(\frac{10^{12}}{10^8}\right)$$

$$\approx 5.87 \times 10^{12-8}$$

$$= 5.87 \times 10^4$$

$$= 58\,700$$

每个美国公民需要给联邦政府支付约 58 700 美元来偿还国债。

如果这个数字用科学计数法的形式表示，即 $a \times 10^n$，a 中的数字称为有效数字。

国债：18.9×10^{12}　　美国人口：3.22×10^8

三位有效数字

我们将例 9 中的答案四舍五入到小数点后两位，即保留三位有效数字。当在进行科学计数法的乘法和除法且没有规定保留几位有效数字时，将科学计数法形式的答案四舍五入到给定数字中有效数字的最小位数。

☑ **检查点 9**　在 2015 年，美国有 680 000 名警察，年工资共计 4.08×10^{10} 美元。如果这些工资平均分配到每个人的头上，求出美国警察的平均工资。

布利策补充

花掉 1 万亿美元的七种方法

在理解 18.9 万亿美元的国债之前，我们先来看看 1 万亿美元究竟是多少钱。为了帮助你看清楚这个令人眼花缭乱的数，并且更清楚地理解 18.9 万亿是什么概念，考虑 1 万亿美元能买多少东西：

- 买 40 816 326 辆新车，每辆车标价 24 500 美元。
- 买 5 574 136 栋房屋，每栋独栋房屋的平均价格是 179 400 美元。
- 付加州 1 470 万教师的一年工资，平均每位教师工资 68 000 美元。

- 付国会 353 位议员 10 724 年的工资，平均每位议员年收入 174 000 美元。
- 付篮球巨星勒布朗·詹姆斯 50 000 年的工资，按照他目前的年收入 2 000 万美元计算。
- 付 5 950 万名美国士兵工资（美军实际服役士兵的 100 倍），按照平均每年 16 794 美元计算。
- 付堪萨斯州 280 万居民全职工作 23 年的所有工资，按照每小时 7.25 美元计算。

5.7

算术数列与几何数列

学习目标

学完本节之后，你应该能够：

1. 写出算术数列的项。
2. 使用算术数列的通项公式。
3. 写出几何数列的项。
4. 使用几何数列的通项公式。

数列

自然界的很多创造都具有错综复杂的数学设计，包括各种各样的螺旋。例如，向日葵花盘的排列就是一种螺旋。在某些种类的向日葵中，顺时针方向有 21 个螺旋，逆时针方向有 34 个螺旋。准确的螺旋数量取决于向日葵的种类：21 和 34，或 34 和 55，或 55 和 89，甚至可能是 89 和 144。

当我们将这个观察与十三世纪的意大利数学家斐波那契的数列结合起来时，更有趣的事情发生了。**斐波那契数列**是如下无限的数列：

$$1,1,2,3,5,8,13,21,34,55,89,144,233,\cdots$$

数列的前两项是 1，后面的每一项都是前面两项之和。例如，第三项 2 是第一项和第二项的和：1+1=2。第四项 3 是第二项和第三项的和：1+2=3，依此类推。你知道吗，雏菊或向日葵中的螺旋数量 21 和 34，是两个斐波那契数。松果中的螺旋数

钢琴键盘上的斐波那契数列

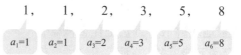

一个八度音阶

我们可以在钢琴键盘上的一个八度音阶中发现斐波那契数列中的数。一个八度音阶中有两个一组的黑键，三个另一组的黑键，一共五个黑键，八个白键，共计十三个琴键。数 2,3,5,8,13 是斐波那契数列中第三到第七个数。

量 8 和 13 与苹果中的螺旋数量 8 和 13 同样是斐波那契数。

我们可以将**数列**看作一列根据某种法则相互关联的数。数列中的数称为数列的**项**。带有下标的字母 a 用来表示数列的项。因此，a_1 表示数列的第一项，a_2 表示第二项，a_3 表示第三项，依此类推。斐波那契数列的前六项的表示如下所示：

$$1,\quad 1,\quad 2,\quad 3,\quad 5,\quad 8$$

$a_1=1 \quad a_2=1 \quad a_3=2 \quad a_4=3 \quad a_5=5 \quad a_6=8$

算术数列

图 5.15 中的柱状图显示了从 2001 年到 2012 年美国人每年在宠物上的花销，花销的单位是十亿美元。

柱状图显示，每年花销都会增加 20 亿美元。年花销的数列如下所示：

$$29,31,33,35,37,39,41,\cdots$$

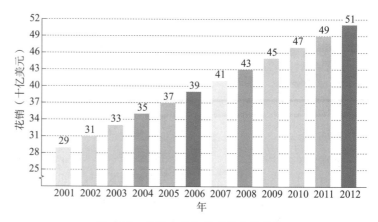

图 5.15　美国人每年在宠物上的花销

来源：American Pet Products Manufacturers Association

根据上面的数列，我们可以看出首项 29 后的每一项都与前一项相差一个常量，也就是 2。这种数列就是**算术数列**的一个例子。

算术数列的定义

一个算术数列是首项后的每一项都与前一项相差一个常量的数列。连续的项之间相差的常量称为数列的公差。

公差 d 可以通过将数列中任意一项减前一项得出。在下面的例子中，公差由第二项减去首项得出，即 $a_2 - a_1$。

算术数列	公差
$29, 31, 33, 35, 37, \cdots$	$d = 31 - 29 = 2$
$-5, -2, 1, 4, 7, \cdots$	$d = -2 - (-5) = 3$
$8, 3, -2, -7, -12, \cdots$	$d = 3 - 8 = -5$

如果算术数列中的首项是 a_1，首项后面的每一项都是通过前一项加上公差 d 得到的。

1 写出算术数列的项

例 1　写出算术数列的项

写出首项是 6，公差是 4 的算术数列的前六项。

解答

首项是 6，第二项是 6+4，即 10，第三项是 10+4，即 14，依此类推。该数列的前六项是：6, 10, 14, 18, 22 和 26。

☑ **检查点 1**　写出首项是 100，公差是 20 的算术数列的前六项。

例 2　写出算术数列的项

写出 $a_1 = 5$，$d = -2$ 的算术数列的前六项。

解答

首项 $a_1 = 5$，公差 $d = -2$。要求出第二项，我们需要将首项与公差相加，即 5+(-2)=3。第三项是第二项与公差相加，即 3+(-2)=1，依此类推。该算术数列的前六项如下所示：

$$5, 3, 1, -1, -3 \text{ 和 } -5$$

☑ **检查点 2**　写出 $a_1 = 8$，$d = -3$ 的算术数列的前六项。

2 使用算术数列的通项公式

算术数列的通项公式

请思考一个算术数列，它的首项是 a_1，公差是 d。我们想要求一个表示通项 a_n 的公式。我们从写出算术数列的前六项开始。首项是 a_1，第二项是 a_1+d，第三项是 a_1+d+d 或 a_1+2d。因此，我们可以从 a_1 开始，每一项都加上 d。前六项如下所示：

$$a_1, \quad a_1+d, \quad a_1+2d, \quad a_1+3d, \quad a_1+4d, \quad a_1+5d$$

| a_1，首项 | a_2，第二项 | a_3，第三项 | a_4，第四项 | a_5，第五项 | a_6，第六项 |

应用归纳推理，我们可以得到算术数列的通项公式，即表示第 n 项的公式，如下所示。

算术数列的通项公式

一个首项是 a_1，公差是 d 的算术数列的第 n 项（通项）是：

$$a_n = a_1+(n-1)d$$

例 3　　使用算术数列的通项公式

求出首项是 4，公差是 -7 的算术数列的第 8 项。

解答

要想求出第 8 项 a_8，我们需要将通项公式中的 n 换成 8，a_1 换成 4，d 换成 -7。

$$a_n = a_1+(n-1)d$$

$$a_8 = 4+(8-1)(-7) = 4+7(-7) = 4+(-49) = -45$$

第 8 项是 -45，我们可以通过列出数列的前八项检验这个结果：

$$4, \ -3, \ -10, \ -17, \ -24, \ -31, \ -38, \ -45$$

☑ **检查点 3**　求出首项是 6，公差是 -5 的算术数列的第 9 项。

在第 1 章中，我们学到求出公式来描述现实世界现象的过程称为数学建模。这些公式与各种参数所蕴含的意义加起来就是数学模型。例 4 显示了算术数列的通项公式是如何用于数学建模的。

例4　使用算术数列来模拟美国人口的变化

图 5.16 中的图表显示了 2010 年美国人口中各个人种或种族所占比例，美国人口普查局预测了 2050 年的比例。

数据显示，2010 年 64% 的美国人是白种人。平均下来，预测每年白种人的比例会下降 0.45%。

a. 写出表示 2009 年后的第 n 年美国人口中白种人所占比例的算术数列的通项公式。

b. 预计到 2030 年，美国人口中白种人所占比例是多少？

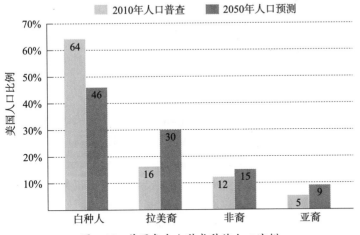

图 5.16　美国各个人种或种族人口比例

来源：U.S. Census Bureau

解答

a. 平均每年下降 0.45%，因此我们可以用下列算术数列表示白种人的人口比例：

$$64,\qquad 64-0.45=63.55,\qquad 63.55-0.45=63.10,\cdots$$

2009 年之后第 1 年，即 2010 年白人比例

2009 年之后第 2 年，即 2011 年白人比例

2009 年之后第 3 年，即 2012 年白人比例

在数列 64,63.55,63.10,… 中，首项 a_1 表示 2010 年白种人所占的人口比例。随后每一年，这个数都会减少 0.45%，因此公差 $d=-0.45$。我们可以用算术数列的通项公式写出描述 2009 年后的第 n 年白种人人口比例的数列的第 n 项。

$a_n=a_1+(n-1)d$　　　　　这是算术数列的通项公式

$a_n=64+(n-1)(-0.45)$　　　$a_1=64,\ d=-0.45$

$a_n=64-0.45n+0.45$　　　　展开

$a_n=-0.45n+64.45$　　　　化简

因此，2009 年后的第 n 年的美国人口中白种人所占比例可以由下列数列表示：

$$a_n=-0.45n+64.45$$

b. 现在我们需要预测 2030 年美国人口中白种人所占比例。2030 年是 2009 年后的第 21 年。因此，$n = 21$。我们将通项公式 $a_n = -0.45n + 64.45$ 中的 n 换成 21。

$$a_{21} = -0.45(21) + 64.45 = 55$$

第 21 项是 55。因此，2030 年美国人口中白种人所占比例是 55%。

☑ **检查点 4** 图 5.16 中的数据显示，2010 年，美国人口中拉美裔所占比例是 16%。平均下来，预测拉美裔所占比例每年增长 0.35%。

a. 写出表示 2009 年后的第 n 年美国人口中拉美裔所占比例的算术数列的通项公式。

b. 预计到 2030 年，美国人口中拉美裔所占比例是多少？

几何数列

图 5.17 显示了正方形数量在增加的数列。从左到右，正方形的数量分别是 $1, 5, 25, 125$ 和 625。在这个数列中，首项 1 后面的每一项都是前项乘以一个常量的积，这个常量就是 5。这个正方形数量增加的数列就是几何数列的一个例子。

图 5.17 正方形几何数列

几何数列的定义

几何数列是首项后的每一项都由前项乘以一个固定的非零常量得到的数列。每次都要乘的这个常量称为数列的**公比**。

我们可以通过将数列中首项后的任意一项除以前一项求出公比 r。在下列例子中，我们通过计算第二项除以首项的商来求出公比：$\dfrac{a_2}{a_1}$。

如果一个几何数列的公比是负数，那么该数列的项会有什么变化？

当一个几何数列的公比是负数时，该数列的项会在正负之间摇摆。

几何数列	公比
$1,5,25,125,625,\cdots$	$r=\dfrac{5}{1}=5$
$4,8,16,32,64,\cdots$	$r=\dfrac{8}{4}=2$
$6,-12,24,-48,96,\cdots$	$r=\dfrac{-12}{6}=-2$
$9,-3,1,-\dfrac{1}{3},\dfrac{1}{9},\cdots$	$r=\dfrac{-3}{9}=-\dfrac{1}{3}$

3　写出几何数列的项

当几何数列的首项和公比已知时，我们如何才能求出其他项？我们将首项乘以公比得到第二项，再将第二项乘以公比得到第三项，依此类推。

例 5　写出几何数列的项

写出首项是 6，公比是 $\dfrac{1}{3}$ 的几何数列的前六项。

解答

首项是 6，第二项是 $6\cdot\dfrac{1}{3}=2$，第三项是 $2\cdot\dfrac{1}{3}=\dfrac{2}{3}$，第四项是 $\dfrac{2}{3}\cdot\dfrac{1}{3}=\dfrac{2}{9}$，依此类推。该数列的前六项是：

$$6,2,\dfrac{2}{3},\dfrac{2}{9},\dfrac{2}{27}\text{和}\dfrac{2}{81}$$

☑ **检查点 5**　写出首项是 12，公比是 $-\dfrac{1}{2}$ 的几何数列的前六项。

4　使用几何数列的通项公式

几何数列的通项公式

考虑首项是 a_1，公比是 r 的几何数列。我们需要求出几何数列通项 a_n 的公式。我们从写出前六项开始入手。首项是 a_1，第二项是 $a_1 r$，第三项是 $a_1 r^2$，第四项是 $a_1 r^2\cdot r$ 或 $a_1 r^3$，依此类推。前六项从 a_1 开始，每一项都是前一项乘以 r，前六项如下所示：

$$a_1, \qquad a_1r, \qquad a_1r^2, \qquad a_1r^3, \qquad a_1r^4, \qquad a_1r^5$$

| a_1，首项 | a_2，第二项 | a_3，第三项 | a_4，第四项 | a_5，第五项 | a_6，第六项 |

应用归纳推理，我们能根据几何数列项的模式推断出它的通项公式：

几何数列的通项公式

首项是 a_1，公比是 r 的几何数列的第 n 项（通项）是：

$$a_n = a_1 r^{n-1}$$

好问题！

当我使用几何数列的通项公式 $a_n = a_1 r^{n-1}$ 求该数列的第 n 项时，我应该先做什么？

你要注意 $a_1 r^{n-1}$ 的运算顺序。首先，计算指数中的减法，然后计算 r 的幂，最后再将上一步的结果乘以 a_1。

例 6 使用几何数列的通项公式

求出首项是 −4，公比是 −2 的几何数列的第八项。

解答

要想求出第八项 a_8，我们需要分别用 −4 和 −2 替代通项公式中的 a_1 和 r。

$$a_n = a_1 r^{n-1}$$

$$a_8 = (-4)(-2)^{8-1} = -4(-2)^7 = -4(-128) = 512$$

该几何数列的第八项是 512，我们可以通过列出该数列的前八项来验证：

$$-4, 8, -16, 32, -64, 128, -256, 512$$

☑ **检查点 6** 求出首项是 5，公比是 −3 的几何数列的第七项。

例 7 几何人口增长

下表显示了美国 2000 年和 2010 年的人口，以及由统计局估算的 2001 年到 2009 年的人口数据。

年份	2000	2001	2002	2003	2004	2005	2006	2007	2008	2009	2010
人口（百万）	281.4	284.0	286.6	289.3	292.0	294.7	297.4	300.2	303.0	305.8	308.7

a. 说明人口是呈几何级数增长的。

b. 写出模拟 1999 年后的第 n 年美国人口变化的几何数列通项公式，以百万为单位。

c. 预测美国 2020 年的人口，以百万为单位。

解答

a. 首先，我们需要使用人口增长的数列 281.4, 284.0, 286.6, 289.3 等计算后一年除以前一年的商。

$$\frac{284.0}{281.4} \approx 1.009，\quad \frac{286.6}{284.0} \approx 1.009，\quad \frac{289.3}{286.6} \approx 1.009$$

我们继续算下去，还能得到近似 1.009 的结果。这就意味着，人口是以 $r \approx 1.009$ 进行几何级增长的。美国每一年的人口都大约是前一年的 1.009 倍。

b. 美国人口增长的数列如下所示：

$$281.4, 284.0, 286.6, 289.3, \cdots$$

由于人口是几何增长的，我们可以利用 $a_n = a_1 r^{n-1}$ 来求出该数列的通项。

在该数列中，$a_1 = 281.4$，从 a 可知 $r \approx 1.009$。我们将这些值替换到通项公式中。这样就得出了模拟 1999 年后的第 n 年美国人口变化的几何数列通项公式，以百万为单位。

$$a_n = 281.4(1.009)^{n-1}$$

c. 我们可以使用 b 中求出的通项公式来预测 2020 年的美国人口。2020 年是 1999 年后的第 21 年，即 $2020 - 1999 = 21$。因此，$n = 21$。我们将 $a_n = 281.4(1.009)^{n-1}$ 中的 n 替换成 21。

$$a_{21} = 281.4(1.009)^{21-1} = 281.4(1.009)^{20} \approx 336.6$$

这个模型预测美国 2020 年的人口约为 33 660 万（3.366 亿）。

☑ **检查点 7** 写出下列几何数列的通项：

$$3, 6, 12, 24, 48, \cdots$$

然后使用通项公式计算第 8 项。

布利策补充

几何人口增长

经济学家托马斯·马尔萨斯（1766—1834）预测人口增长呈几何数列形式，粮食生产增长呈算术数列形式。他得出结论，最终人口会超过粮食生产。如果两个数列，一个几何数列一个算术数列，都是增长的，那么不管算术数列最初比几何数列大多少，几何数列最终都会超越算术数列。

部分练习答案

1.1

检查点练习

1. 答案不唯一，其中之一为 $40 \times 40 = 1\,600$。

2. a. 前一个数加 6 得到：33。 b. 上一个数乘以 5 得到：1 250。 c. 第一个数乘以 2 得到第二个数，再乘以 3 得到第三个数，接着乘以 4 得到第四个数，重复乘以 2,3,4，结果为 3456。 d. 前一个数加上 8，再加上 8，然后减去 14，再重复加上 8，加上 8，减去 14，得到：7。

3. a. 从第三个数开始，每个数都是前两个数字之和：76。 b. 从第二个数开始，每个数都比前一个数的两倍少 1：257。

4. 图形在矩形和三角形之间变换，多出来的线按以下规律变换：1，2，3，1，2，3…

5. a. 结果为原来所选数字的 2 倍。 b. 用 n 表示所选数字，乘以 4 得到 $4n$，加上 6 有 $4n+6$，除以 2 得到 $2n+3$，最后减去 3 的结果为 $2n$。

布利策补充：进谷歌工作，你够聪明吗?

1. SSSS **2.** 3 1 2 2 1 1

1.2

检查点练习

1. a. 7 000 000 000 b. 7 480 000 000 **2.** a. 3.1 b. 3.141 6

3. a. 3 美元，2 美元，6 美元，5 美元，3 美元，3 美元和 4 美元；估算约为 26 美元 b. 不合理

4. a. 周薪 $\approx 2\,000$ 美元 b. 年薪 $\approx 100\,000$ 美元

5. a. $0.48 \times 2\,148.72$ b. $0.5 \times 2\,100 = 1\,050$；家庭去年的供暖和制冷费为 1 050 美元。

6. a. 预期寿命每年增长 ≈ 0.15 岁 b. ≈ 86.1 岁

7. a. 22%　b.1994 到 1998　c.1982 和 1994　d.2014 ; 13%

8. a. 1 123 美元　b. $T = 15\,518 + 1\,123x$　c.37 978 美元

1.3

检查点练习

1. 给收银员的现金数量。　　**2.** 大约 4 美分一盎司的 128 盎司每瓶装的更划算。　　**3.** 14 个月

4. 5　　**5.** 6　　**6.** 花费少于 1 460 美元的路线为 A，D，E，C，B，A.

思考题

1. 12　　**2.** 姐弟　　**3.** 火柴

2.1

检查点练习

1. L 是字母表中前 6 个小写字母的集合。　　**2.** M={April，August}　　**3.** O={1，3，5，7，9}

4. a. 不是空集　b. 空集　c. 不是空集　d. 不是空集　　**5.** a. 对　b. 对　c. 错

6. a.A={1，2，3}　b.B={15，16，17，18，…}　c.O={1，3，5，7，…}

7. a.{1，2，3，4，…，199}　b.{51，52，53，54，…，200}

8. a.$n(A)$=5　b.$n(B)$=1　c.$n(C)$=8　d.$n(D)$=0　　**9.** 不等价，集合不包含相同数量的不同元素。

10. a. 对　b. 错

2.2

检查点练习

1. a. $\not\subseteq$　b. $\subseteq$　c. $\subseteq$　　**2.** a. $\subseteq$,$\subset$　b. $\subseteq$,$\subset$　　**3.** 是　　**4.** a.16 ; 15　b.64 ; 63

2.3

检查点练习

1. a.{1，5，6，7，9}　b.{1，5，6}　c.{7，9}　　**2.** a.{a，b，c，d}　b.{e}　c.{e，f，g}　d.{f，g}

3. {b，c，e}　　**4.** a.{7，10}　b. $\varnothing$　c. $\varnothing$

5. a.{1，3，5，6，7，10，11}　b.{1，2，3，4，5，6，7}　c.{1，2，3}　　**6.** a.{a，d}　b.{a，d}

7. a.{5}　b.{2，3，7，11，13，17，19}　c.{2，3，5，7，11，13}　d.{17，19}　e.{5，7，11，13，17，19}　f.{2，3}　　**8.** 28

2.4

检查点练习

1. a.{a, b, c, d, f}　b.{a, b, c, d, f}　c.{a, b, d}

2. a.{5, 6, 7, 8, 9}　b.{1, 2, 5, 6, 7, 8, 9, 10, 12}　c.{5, 6, 7}　d.{3, 4, 6, 8, 11}　e.{1, 2, 3, 5, 6, 7, 8, 9, 10, 11, 12}

3.

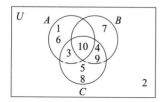

4. a. Ⅳ　b. Ⅳ　c. $(A \cup B)' = A' \cap B'$　　**5**. a. Ⅱ、Ⅳ、Ⅴ　b. Ⅱ、Ⅳ、Ⅴ　c.$A \cap (B \cup C) = (A \cap B) \cup (A \cap C)$

2.5

检查点练习

1. a.75　b.90　c.20　d.145　e.55　f.70　g.30　h.175　　**2**. a.750　b.140

3.

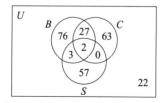

4. a.63　b.3　c.136　d.30　e.228　f.22

3.1

检查点练习

1. a. 巴黎不是西班牙的首都。　b. 七月是一个月份。　　**2**. a. ¬ p　b. ¬ q

3. 芝加哥奥黑尔机场不是世界上最繁忙的机场。

4. 一些新的税收将不会用于改善教育。至少有一笔新税收不会用于改善教育。

3.2

检查点练习

1. a. $q \wedge p$　b. $\neg p \wedge q$　　**2**. a. $p \vee q$　b. $q \vee \neg p$　　**3**. a. $\neg p \rightarrow \neg q$　b. $q \rightarrow \neg p$　　**4**. $\neg p \rightarrow q$

5. a. $q \leftrightarrow p$　　b. $\neg p \leftrightarrow \neg q$　　**6.** a. 他每年赚 105 000 美元并且他时常感到快乐，这不是真的。　b. 他并不时常感到快乐，他每年挣 105 000 美元。　c. 如果他时常感到快乐，那么他每年就能挣 105 000 美元，这不是真的。

7. a. 如果植物施肥和浇水，它就不会枯萎。　b. 植物已经施肥了，如果浇水就不会枯萎。

8. p：作业太多了。q：老师很无聊。r：我上这门课。　a. $(p \vee q) \to \neg r$　　b. $p \vee (q \to \neg r)$

3.3

检查点练习

1. a. 假　b. 真　c. 假　d. 真

2.

p	q	$p \vee q$	$\neg(p \vee q)$
T	T	T	F
T	F	T	F
F	T	T	F
F	F	F	T

当 p 和 q 都为假时 $\neg(p \vee q)$ 取真；否则 $\neg(p \vee q)$ 为假。

3.

p	q	$\neg p$	$\neg q$	$\neg p \wedge \neg q$
T	T	F	F	F
T	F	F	T	F
F	T	T	F	F
F	F	T	T	T

当 p 和 q 都为假时 $\neg p \wedge \neg q$ 取真；否则 $\neg p \wedge \neg q$ 为假。

4.

p	q	$\neg q$	$p \wedge \neg q$	$\neg p$	$(p \wedge \neg q) \vee \neg p$
T	T	F	F	F	F
T	F	T	T	F	T
F	T	F	F	T	T
F	F	T	F	T	T

当 p 和 q 都为真时 $(p \wedge \neg q) \vee \neg p$ 取假；否则 $(p \wedge \neg q) \vee \neg p$ 为真。

5.

p	$\neg p$	$p \wedge \neg p$
T	F	F
F	T	F

$p \wedge \neg p$ 永假。

6. p：我学习很努力；q：我通过期末考试；r：我这门课不及格。

a.

p	q	r	$q \vee r$	$p \wedge (q \vee r)$
T	T	T	T	T
T	T	F	T	T
T	F	T	T	T
T	F	F	F	F
F	T	T	T	F
F	T	F	T	F
F	F	T	T	F
F	F	F	F	F

b. 假

7. 真

3.4

检查点练习

1.

p	q	$\neg p$	$\neg q$	$\neg p \to \neg q$
T	T	F	F	T
T	F	F	T	T
F	T	T	F	F
F	F	T	T	T

2. 真值表显示 $\left[(p \to q) \wedge \neg q \right] \to \neg p$ 永真；因此它是一个重言式。

p	q	$\neg p$	$\neg q$	$p \to q$	$(p \to q) \wedge \neg q$	$\left[(p \to q) \wedge \neg q \right] \to \neg p$
T	T	F	F	T	F	T
T	F	F	T	F	F	T
F	T	T	F	T	F	T
F	F	T	T	T	T	T

3. a. p：你用生发灵；q：你每天用它；r：你秃头了。

p	q	r	$\neg r$	$p \wedge q$	$(p \wedge q) \rightarrow \neg r$
T	T	T	F	T	F
T	T	F	T	T	T
T	F	T	F	F	T
T	F	F	T	F	T
F	T	T	F	F	T
F	T	F	T	F	T
F	F	T	F	F	T
F	F	F	T	F	T

b. 不是假的。

4.

p	q	$p \vee q$	$\neg p$	$\neg p \rightarrow q$	$(p \vee q) \leftrightarrow (\neg p \rightarrow q)$
T	T	T	F	T	T
T	F	T	F	T	T
F	T	T	T	T	T
F	F	F	T	F	T

因为所有情况下命题为真，所以它为重言式。

5. 真

3.5

检查点练习

1. a.

p	q	$\neg q$	$p \vee q$	$\neg q \rightarrow p$
T	T	F	T	T
T	F	T	T	T
F	T	F	T	T
F	F	T	F	F

两个命题等价因为它们的真值表相同。

b. 如果我没有失去我的奖学金，那么我去上课。

2.

p	$\neg p$	$\neg(\neg p)$	$\neg\left[\neg(\neg p)\right]$
T	F	T	F
F	T	F	T

因此它们的真值相同，$\neg\left[\neg(\neg p)\right] \equiv \neg p$。

3. c　　**4.** a.如果你不是跟车太近，你就看不见这个。　　b.如果还没到洗衣服的时间，那么你还有干净的内衣。　　c.如果考试期间需要监督，那么有些学生不诚实。　　d. $q \to (p \vee r)$

5. 逆命题：如果你没有看到地中海俱乐部，那么你在伊朗。

否命题：如果你不在伊朗，那么你就会看到地中海俱乐部。

逆否命题：如果你看到一个地中海俱乐部，那么你就不在伊朗。

3.6

检查点练习

1. 你不是发烧，而是感冒。　　**2.** 巴特·辛普森不是卡通人物或托尼·瑟普拉诺不是卡通人物。

3. 你没有在下午 5 点出发，并且你会准时到家。

4. a.有些恐怖电影一点也不可怕，或者一点也不好笑。　　b.你的锻炼力度不够并且你变得更强壮。

5. 如果我们不能游泳或我们能航行，今天是有风的。

3.7

检查点练习

1. 有效　　**2.** 有效　　**3.** 无效　　**4.** a.有效 b.无效 c.有效　　**5.** 有效　　**6.** 有些人没有领导力。

3.8

检查点练习

1. 有效　　**2.** 无效　　**3.** 有效　　**4.** 无效　　**5.** 无效　　**6.** 无效

4.1

检查点练习

1. a. $\left(4\times 10^3\right) + \left(0\times 10^2\right) + \left(2\times 10^1\right) + \left(6\times 1\right)$ 或 $\left(4\times 1\,000\right) + \left(0\times 100\right) + \left(2\times 10\right) + \left(6\times 1\right)$

b. $\left(2\times 10^4\right) + \left(4\times 10^3\right) + \left(2\times 10^2\right) + \left(3\times 10^1\right) + \left(2\times 1\right)$ 或 $\left(2\times 10\,000\right) + \left(4\times 1\,000\right) + \left(2\times 100\right) + \left(3\times 10\right) + \left(2\times 1\right)$

2. a.6 073　b.80 900　　**3.** a.12 031　b.468 721　　**4.** a.80 293　b.290 490

4.2

检查点练习

1. 487　　2. 51　　3. 2 772　　4. 11_5　　5. 1031_7　　6. 110011_2　　7. 43023_5

4.3

检查点练习

1. 131_5　　2. 1110_2　　3. 13_5　　4. 1605_7　　5. 201_7　　6. 23_4

4.4

检查点练习

1. 300 222　　2. 　　3. 1 361　　4. 1 447

5. CCCXCIX

6. 二
　千
　六
　百
　九
　十
　三

7. 885

5.1

检查点练习

1. b　　2. $2^3 \cdot 3 \cdot 5$　　3. 75　　4. 96　　5. 90　　6. 下午 5:00

5.2

检查点练习

1. 　　2. a.>　b.<　c.<　d.<　　3. a. 8　b. 6　c. −8

4. a. 37　b. −4　c. −24　　5. a. 8 年　b.14 年　　6. a. 25　b. −25　c. −64　d. 81

7. 36　　8. 82

5.3

检查点练习

1. $\dfrac{4}{5}$ 2. $\dfrac{21}{8}$ 3. $1\dfrac{2}{3}$ 4. a. 0.375 b. $0.4\dot{5}$ 5. a. $\dfrac{9}{10}$ b. $\dfrac{43}{50}$ c. $\dfrac{53}{1\,000}$ 6. $\dfrac{2}{9}$

7. $\dfrac{79}{99}$ 8. a. $\dfrac{8}{33}$ b. $\dfrac{3}{2}$ 或者 $1\dfrac{1}{2}$ c. $\dfrac{51}{10}$ 或者 $5\dfrac{1}{10}$ 9. a. $\dfrac{36}{55}$ b. $-\dfrac{4}{3}$ 或者 $-1\dfrac{1}{3}$ c. $\dfrac{3}{2}$ 或者 $1\dfrac{1}{2}$

10. a. $\dfrac{2}{3}$ b. $\dfrac{3}{2}$ 或者 $1\dfrac{1}{2}$ c. $-\dfrac{9}{4}$ 或者 $-2\dfrac{1}{4}$ 11. $\dfrac{19}{20}$ 12. $-\dfrac{17}{60}$ 13. $\dfrac{3}{4}$ 14. $\dfrac{5}{12}$

15. $2\dfrac{4}{5}$ 个鸡蛋；3 个鸡蛋

5.4

检查点练习

1. a. $2\sqrt{3}$ b. $2\sqrt{15}$ c. 不能被简化 2. a. $\sqrt{30}$ b. 10 c. $2\sqrt{3}$ 3. a. 4 b. $2\sqrt{2}$

4. a. $18\sqrt{3}$ b. $-5\sqrt{13}$ c. $8\sqrt{10}$ 5. a. $3\sqrt{3}$ b. $-13\sqrt{2}$ 6. a. $\dfrac{5\sqrt{10}}{2}$ b. $\dfrac{\sqrt{14}}{7}$ c. $\dfrac{5\sqrt{2}}{6}$

5.5

检查点练习

1. a. $\sqrt{9}$ b. 0, $\sqrt{9}$ c. -9, 0, $\sqrt{9}$ d. -9, -1.3, 0, $0.\dot{3}$, $\sqrt{9}$ e. $\dfrac{\pi}{2}$, $\sqrt{10}$ f. -9, -1.3, 0, $0.\dot{3}$,

$\dfrac{\pi}{2}$, $\sqrt{9}$, $\sqrt{10}$

2. a. 乘法结合律 b. 加法交换律 c. 乘法分配律 d. 乘法交换律 e. 加法同一性 f. 乘法可逆性

3. a. 封闭 b. 不封闭

4. a. 表主体中的所有元素都是集合中的所有元素。

b. $(2 \oplus 2) \oplus 3 = 2 \oplus (2 \oplus 3)$

$0 \oplus 3 = 2 \oplus 1$

$3 = 3$

c. 0 d. 0 的相反数是 0，1 的相反数是 3，2 的相反数是 2，3 的相反数是 1。

e. $1 \oplus 3 = 3 \oplus 1$；$3 \oplus 2 = 2 \oplus 3$

$0 = 0$ $1 = 1$